生 态 学 名 著 译 丛

大夏生态与环境书系

The Theory of Ecological Communities

生态群落理论

Mark Vellend 著

张 健 张昭臣 王宇卓 刘翔宇
宋厚娟 高志文 王 昕 张 然 译

高等教育出版社·北京

图字：01-2019-6064号

内容简介

生物多样性与群落生态学研究中充斥着大量不同的理论、模型和概念，仅用来解释生物多样性维持机制的假说就有一百多个。这些理论或假说多是针对特定群落中的特定结果，很难找到普适性的理论来解释群落多样性。本书所提出的生态群落理论以一种新颖而独特的方式呈现了群落生态学的核心概念，使我们更容易理解生态群落各关键过程的本质及其内在联系，为寻找群落生态学的普适理论提供了新的思路。

本书适合生态学和进化生物学方面的高年级本科生、研究生和研究人员。

图书在版编目（CIP）数据

生态群落理论/（加）马克·维伦德（Mark Vellend）著；张健等译. --北京：高等教育出版社，2020.7（2023.4重印）

书名原文：The Theory of Ecological Communities

ISBN 978-7-04-053883-0

Ⅰ. ①生… Ⅱ. ①马… ②张… Ⅲ. ①群落生态学 Ⅳ. ①Q145

中国版本图书馆CIP数据核字（2020）第057734号

策划编辑 殷 鸽 责任编辑 殷 鸽 封面设计 张 楠 版式设计 徐艳妮
插图绘制 黄云燕 责任校对 吕红颖 责任印制 赵义民

出版发行	高等教育出版社	网　址	http://www.hep.edu.cn
社　址	北京市西城区德外大街4号		http://www.hep.com.cn
邮政编码	100120	网上订购	http://www.hepmall.com.cn
印　刷	北京盛通印刷股份有限公司		http://www.hepmall.com
开　本	787mm×1092mm 1/16		http://www.hepmall.cn
印　张	13.75		
字　数	260千字	版　次	2020年7月第1版
购书热线	010-58581118	印　次	2023年4月第2次印刷
咨询电话	400-810-0598	定　价	99.00元

物 料 号 53883-00
SHENGTAI QUNLUO LILUN

中文版序

我非常高兴看到 *The Theory of Ecological Communities* 中文版得以出版。对于以英语为母语的人来说，母语就是我们作为科学家进行准确交流的语言，这是多么幸运的事情，但我们很容易忽略这一点。但是，作为一名主要以第二语言（法语）生活和工作的大学教师，我非常清楚地知道使用第二语言（或第三/第四语言）工作时所面临的挑战，以及那些被翻译成第一语言的文章或著作的价值。对于我和其他许多人来说，如果没有译文，林奈、洪堡以及无数其他生物学和生物地理学先驱的工作都将是可望而不可即的。历史发展到今天，全世界的科学家都需使用英语，大家都使用一门“通用”的科学语言确实有利于交流与合作，但基于单一语言的科学研究不可避免地会使世界上很大一部分科学家处于相对劣势的窘境。我希望这本书的译著能够在应对这一劣势方面起到一定的作用，帮助更多读者接触到这本书，并且促进读者更深刻地理解书中的思想。

自 2016 年本书出版以来，很多人给了我不同形式的反馈，包括面对面的个人讨论和小组讨论、通过电子邮件或视频会议的在线讨论（有时录制在 YouTube 上）以及专门的书评（Dormann 2017，Dresow and Grossman 2018，Fox 2016，Gotzenberger and Lepš 2018，Rossini 2019，Thakur 2017）。对这本书的反馈也以文献引用的形式出现，从中可以看出这本书是否以及如何影响后续的研究。虽然三年时间还不足以评估一部著作的影响，但这些实例和反馈引发了我一些初步的思考。

首先，我认为这本书在生态学课程教学中的用处最大。通过这本书，学生可以将该领域的许多理论和思想提炼为四个关键的高层级过程（选择、漂变、扩散和成种）中的一个或多个来理解群落生态学。因此，该框架对于群落生态学的教学非常有用。我很高兴收到教师和学生在这些方面的频繁反馈以及评论，其中包括许多充分使用了第 6 章中的 R 代码来模拟群落动态的读者。我希望中国的老师和学生同样能从本译著中获益。

其次，书中核心思想对研究者的影响与我 2010 年发表的论文（Vellend 2010）的影响密不可分。许多研究者引用我 2010 年的论文与这本书，只是为了让读者对群落生态学的核心思想有一个大致的了解，但也有一些研究展示了更直接的影响。例如，在不同类型的群落中，研究者用本书提出的概念方法对上述四个高层级过程与许多低层级过程（如竞争、捕食、环境等）进行了区分（如 Nemergut *et al.* 2013）。我认为，这本书与中性理论（Hubbell 2001）和集合群落理论（Leibold and Chase 2018）的两部著作一起，有助于激发人们检验生态漂变（和相关变量“有效群落大小”）对群落动态影响的兴趣（如 Liu *et al.* 2018，Ron *et al.* 2018，Siquera *et al.* 2019），目前已有一些论文直接使用模拟代码来检验这一问题（如 Svensson *et al.* 2018）。最近，Godsoe 等（2019）建议我们需要第五个基本的高层级过程“传动差”（transmission bias）去完善本书的框架。传动差最明显的例子是种内的性状变异（如表型可塑性），这在本书中有所提及，但不是作为一个高层级过程。我很高兴看到这本书启发的新观点，很期待看到其他研究人员对本书的一些可能的修改建议。

我希望在未来很长一段时间内，《生态群落理论》仍然可以成为世界各地的学生、教师和研究人员的一个有用资源。作为本书的读者，如果你们有任何想法，请毫不犹豫地告诉我，我欢迎任何语言形式的反馈！

Mark Vellend

2019 年 1 月 31 日

参考文献

Dormann, C. F. 2017. Book review: *The Theory of Ecological Communities*. *Basic and Applied Ecology* 19: 94.

Dresow, M. W., and J. J. Grossman. 2018. Community ecology made easy. *Metascience* 27: 283.

Fox, J. 2016. Book review: *The Theory of Ecological Communities* by Mark Vellend. Dynamic Ecology blog (19 December 2016). https://dynamicecology.wordpress.com/2016/12/19/book-review-the-theory-of-ecological-communities-by-mark-vellend/

Godsoe, W., K. Eisen, and D. Stanton. 2019. Transmission bias's fundamental role in biodiversity change. *BioRxiv* doi: 10.1101/527028.

Gotzenberger, L., and J. Lepš. 2018. The time is ripe for general theory in community ecology. *Conservation Biology* 32: 499–501.

Hubbell, S. P. 2001. *The Unified Neutral Theory of Biogeography and Biodiversity*. Princeton: Princeton University Press.

Leibold, M. A., and J. M. Chase. 2018. *Metacommunity Ecology*. Princeton: Princeton University Press.

Liu, J., M. Vellend, Z. Wang, and M. Yu. 2018. High beta diversity among small islands is due to environmental heterogeneity rather than ecological drift. *Journal of Biogeography* 45: 2252–2261.

Nemergut, D. R., S. K. Schmidt, T. Fukami, S. P. O'Neill, T. M. Bilinski, L. F. Stanish,

J. E. Knelman, J. L. Darcy, R. C. Lynch, P. Wickey, and S. Ferrenberg. 2013. Patterns and processes of microbial community assembly. *Microbiology and Molecular Biology Reviews* 77: 342-356.

Ron, R., O. Fragman-Sapir, and R. Kadmon. 2018. Dispersal increases ecological selection by increasing effective community size. *Proceedings of the National Academy of Sciences* 115: 11280-11285.

Rossini, R. A. 2019. Book review: *The Theory of Ecological Communities* (MPB-57). *Austral Journal of Ecology* 44: 353-354.

Siquera, T., V. S. Siato, L. M. Bini, A. S. Melo, D. K. Petsch, V. L. Landeiro, K. T. Tolonen, J. Jyrkankallio-Mikkola, J. Soininen, and J. Heino. 2019. Community size affects the signals of selection and ecological drift on biodiversity. *BioRxiv* doi: 10.1101/515098.

Svensson, E. I., M. A. Gómez-Llano, A. R. Torres, and H. M. Bensch. 2018. Frequency dependence and ecological drift shape coexistence of species with similar niches. *American Naturalist* 191: 691-703.

Thakur, M. P. 2017. Putting community ecology in a better order. *Trends in Ecology and Evolution* 32: 6-7.

Vellend, M. 2010. Conceptual synthesis in community ecology. *The Quarterly Review of Biology* 85: 183-206.

致　谢

本书所阐述的思想离不开很多人的启发和鼓励。常言道，科学的不断进步是因为我们“站在巨人的肩膀上”。于我而言，我非常幸运地能与许多伟大的科学家交流，他们对我思想的形成有着巨大影响。

首先，非常感激我本科和硕士期间的科学导师，他们是麦吉尔大学（McGill University）的 Martin Lechowicz，Marcia Waterway 和 Graham Bell。我对生态学的第一次切身体会是作为一名助理，在加拿大魁北克圣伊莱尔山（Mont. Saint-Hilaire）的原始森林中协助导师实施所主持的一个项目的野外工作。和大多数缺乏经验的本科生一样，我主要负责在实验室里把莎草碾碎，进行植物组织克隆的培养，然后将其种植在长达数千米的森林样带内。我们非常期待跟随导师进行实地考察，那时 Marcia 教我们如何识别物种，Graham 讲解理论背景，而 Marty 则负责两者之间衔接的所有工作。起初，Graham 认为，森林植物在概念上与他实验室中那些试管内快速演化的藻类没有本质差别，这种过于简化以至于消除了自然界所有美丽和神秘的观点，让我们大多数人印象深刻。如此剥离常人难以应付的复杂网络细节，寻求普适性规律的呼吁，起初着实让我难以接受；正如 Marty 和 Marcia 也坚持认为，理论模型的构建应该基于自然界的真实情景，而不是本末倒置。本书的概念框架可能与我在 20 世纪 90 年代从事薹草属（*Carex*）植物研究时的想法没有多大差别。

我的博士导师 Peter Marks 和 Monica Geber，促进了我在科学实践和理论探索上的深刻思考；更重要的是，他们提供了自由的环境，坚定不移支持我在生态与演化领域方面的畅游和探索。Stephen Ellner 激发了我对理论研究的兴趣，他清晰的思维至今仍启发着我。另外，还有一个人值得一提，或许他看到后会很惊讶，他是我同学 Sean Mullen，当时我们都是博士一年级学生，作为生物学导论课程的教学助理在教室等学生的时候，他不经意地说道：“研究森林植物的遗传变异模式与你所感兴趣的群落水平的模式是否存在一致性，这将是非常棒的工作。”这句话为我今后 10 年的大部分研究指明了方向，特别是引起了我对整合群落生态学和种群遗传学的兴趣，这两个学科也是本书概念框架的基础。谢谢你，Sean！

我的灵感的另一个主要来源是 2001 年 Stephen Hubbell 教授关于中性理论的著作，它本质上是将种群遗传学的一组特定模型（选择过程模型除外）引入群落生态学中。从某种意义上来讲，本书相当于对 Hubbell 工作的进一步延伸，即有关选择过程模型的引入。Janis Antonovics，Bob Holt 和 Joan

Roughgarden 也对“生态与演化的很多过程非常相似”这一观点做了基本论证。和这些生态与演化领域的巨人面对面交流使我受益匪浅。

2010 年前后，群落生态学课程的学生和同事（大都是青年人）鼓励我把这些想法写成一本书。我要感谢这些为我提供理论试验场、提出宝贵意见并给予我鼓励和支持的人们，他们分别是：过去三次我教授群落生态学课程中遇到的同行和学生，其中两次在不列颠哥伦比亚大学（University of British Columbia），另一次在舍布鲁克大学（Université de Sherbrooke）；我的研究组、昆士兰大学（University of Queensland）的 Margie Mayfield 研究组和各种讨论小组的学生；以及我在多个研讨会上认识的学生。这些学生和他们将来的学生是本书主要的目标读者之一。

2009 年，美国国家生态分析和整合中心（the National Center for Ecological Analysis and Synthesis，NCEAS）的 John Orrock 博士和我合作完成了本书中的一个章节（Vellend and Orrock 2009），对本书的观点做了梗概性的介绍。Anurag Agrawal 大力支持我将一份更详细的论文作为约稿文章提交给 *Quarterly Review of Biology* 期刊（Vellend 2010）。在这篇论文发表前后，我收到了来自 Peter Adler，Bea Beisner，Marc Cadotte，Jérôme Chave，Jon Chase，Jeremy Fox，Amy Freestone，Jason Fridley，Tad Fukami，Nick Gotelli，Kyle Harms，Marc Johnson，Jonathan Levine，Chris Lortie，Brian McGill，Jason McLachlan，Christine Parent，Bob Ricklefs，Brian Starzomski，James Stegen 和 Diego Vázquez 非常鼓舞人心且（或）具有建设性的重要意见（尽管其中很多意见非常简短，也不一定是正面的）。毫无疑问，我的这份名单不可能详尽无缺，对此我深表歉意。这本书的大部分内容完成于昆士兰大学，在此期间，我的朋友 Margie Mayfield 为我提供了一个舒适的工作环境。

最后，在本书的写作过程中，我收到了很多人提供的信息，包括数据、建议和中肯的反馈。Véronique Boucher-Lalonde，Will Cornwell，Janneke HilleRisLambers，Jonathan Levine，Carmen Montaña，Laura Prugh，Adam Siepielski，Josie Simonis，Janne Soininen，Caroline Tucker 和 Tad Fukami 慷慨地提供了用于分析和制图的原始数据。Jeremy Fox，Monica Geber，Dominique Gravel，Luke Harmon，Liz Kleynhans，Nathan Kraft，Geoffrey Legault，Jonathan Levine 和 Andrew MacDonald 对本书中的特定议题或章节提供了反馈。Andrew MacDonald 修改和完善了本书中的 R 代码，并教授我编程技巧（在这方面我还差很远）。最后，我要特别感谢 Véronique Boucher-Lalonde，Bob Holt，Marcel Holyoak，Geneviève Lajoie，Andrew Letten，Jenny McCune，Brian McGill 和 Caroline Tucker 阅读了全书，并提供了非常好的反馈意见。如果没有大家的帮助，这本书必将大为逊色。在此，我向每一位无论在何种程度上给予我慷慨帮助的人们致以衷心的感谢！

目录

第三部分 实证研究

第四部分 结论、反思以及未来的方向

第1章 绪论

许多刚刚步入生态学领域的人都免不了关注一个看似简单的问题：为什么我们会在不同地方发现不同种类和不同数量的物种？无论你关注的是森林里的鸟类，山坡上的植物，湖泊里的鱼，岩岸上的无脊椎动物，还是人体内的微生物，这个问题都是一样的。其实，只要你在地球上的大部分地方漫步一小段路程，都很容易找到这个问题的部分答案。当漫步在北美东部的任何一个城市或城镇时，我们会发现，在人行道裂缝或路边较为干燥环境生长的植物与那些在潮湿的沟渠中生长的植物不同，与生长在树木繁茂的公园里的植物也不同。再如，一些鸟类可以在城市密集的地区达到非常高的数量，而其他鸟类则只能见于湿地或森林。因此，我们每天都可以在不同的地方找到物种随环境变化而变化的证据（图 1.1）。

图 1.1　位于加拿大魁北克省梅根蒂克山国家公园（Parc National du Mont Mégantic）中的圣约瑟夫山（Mont Saint-Joseph）的东坡，展示了环境条件与群落组成之间的空间关系。在海拔 850~1100 m 的寒冷斜坡上部是以香脂冷杉（*Abies balsamea*）为优势种的北方森林（暗色区），坡下是以糖枫（*Acer saccharum*）为优势种的落叶林（浅色区）。这张照片摄于春季落叶林的叶子大量出现之前（2013 年 5 月 8 日）。近景是相对平坦的私人土地（海拔约 400 m），主要是由不同树种组成的幼龄林。从左到右，这张图片实际跨度约为 4 km。

然而，当我们更深入地观察时，事情就没那么简单了。有些地方看起来环境条件极为相似，栖息的物种却不尽相同。有些物种看起来应该生活在相似的环境，却几乎从不在同一个地方出现。两个受到相似干扰（如干旱或火灾）的地方却有着非常不同的演替轨迹。同样是 1 hm^2 的森林，一个森林可能比另一个森林的物种多 100 倍以上。因此，构建能够解释和预测该现象的理论是一个重大的科学挑战。在过去的 150 年里，生态学家已经接受了这一挑战，他们提出了数百个概念或理论模型。然而，由于几乎每个模型都是基于地球上的一种或多种群落类型提出的，因而并不具有普适性，从而导致解释群落格局的模型越来越多。

因此，在讲授生态学相关课程时，我们面临的一个主要挑战是：如何在概念上将群落生态学中的理论思想尽可能简单地组织起来，以帮助学生理解群落生态学的全貌。长期以来，无论是在教科书还是其他综述性著作中，我们都是按照生态学中的研究方向来逐一介绍，而不是根据划分这些研究方向的基本生态过程来组织授课内容。例如，在植物群落生态学课程中，大致包括草食作用、竞争、干扰、抗逆性、扩散、生活史权衡等内容（Crawley 1997，Gurevitch *et al.* 2006）。同样，对群落生态学的概念处理可能会包括很多有争议的理论，如岛屿生物地理学（island biogeography）、优先效应（priority effect）、拓殖–竞争模型（colonization-competition model）、局域资源–竞争理论（local resource-competition theory）、中性理论（neutral theory）、集合群落理论（metacommunity theory）等（Holyoak *et al.* 2005，Verhoef and Morin 2010，Morin 2011，Scheiner and Willig 2011，Mittelbach 2012）。因此，如果授课教师要求每位本科生或研究生罗列出影响群落结构和多样性的过程（我已做过多次测验），那么将会收到来自每位学生的一份长长的列表，这些加起来有 20 ~ 30 项。

本书的中心论点如下：所有的群落动态模型都是基于四个基本过程，或者说是高层级过程（high-level process）：选择（selection，指不同物种的个体之间的选择）、生态漂变（ecological drift）、扩散（dispersal）和成种（speciation）（Vellend 2010）。这些过程与演化生物学的四个过程——选择、漂变、基因流、突变（mutation）相似，它们使我们可以用一种比传统方法更简单的方式来组织群落生态学的知识体系，看似杂乱独立的理论观点可以被理解为几种基本过程的不同组合。通过阐明基于这四个过程的一系列假设和预测，我们就可以建立起一个生态群落的普适理论。如第 2 章所述，这一理论并不适用于群落生态学下的所有主题。例如，该理论完全适用于同一营养级，也称为水平群落（horizontal community）内竞争和/或促进（facilitation）作用的物种模型，然而对于涉及不同营养级间相互作用的模型，该理论最多适用于预测复杂食物网内水平组分的特征。尽管如此，我还是参照 Robert MacArthur 和 Edward Wilson 的《岛屿生物地理学理论》（*The Theory of Island Biogeography*）（1967）和 Stephen Hubbell 的《生物多样性与生物地理学的统一中性理论》（*The Unified Neutral Theory of Biodiversity and Biogeography*）（2001）的方式，把我的理论和书称为《生态群落理论》。

1.1 内容概览

本书的首要目标是提出一个关于群落生态学的综合理论框架，以帮助研究人员和学生更好地理解该领域中众多理论之间的联系。这些想法最初是在 Vellend（2010）这一文章中提出的，这本书是该理论的一个更为翔实的版本，书中重申了早期文章的要点，但在很多方面又进行了完善和扩展：

- 第一，本书更全面地介绍了群落生态学理论的发展史（第3章），并且从一个全新的视角（源于哲学家 Elliott Sober）来解释为什么高层级过程（选择、生态漂变、扩散和成种）在群落生态学中具有普适性（第4章）；
- 第二，本书详细地描述了群落生态学中的各种假说和模型是如何与本书提出的普适性理论的四个基本过程相匹配的（第5章）；
- 第三，本书提供了简单的R语言代码，用于对实证检验的预测，阐明如何通过调节群落动态的一些基本规则，构建各种经典的生态学模型，以及促进读者自行探索这些动态过程（第6章）；
- 第四，本书在对生态学实证研究中的一些关键目标和挑战进行概述后（第7章），将生态群落理论运用到对基于选择（第8章）、生态漂变与扩散（第9章）、成种作用（第10章）的假设和预测的系统化描述中，并评估了每种情况下当前的实证研究是否支持预测结果。从本质上讲，第8—10章的内容是根据本书提出的普适性理论重构群落生态学中实证研究的资料库，这一理论比通常在该学科教科书中的理论更加简单。
- 第五，第11章和第12章对本书的一些主要结论进行了阐述，并对未来可能的研究方向进行了展望。

1.1.1 作为初学者、专家或介于两者之间的读者如何阅读这本书？

本书适合生态学和演化生物学方面的高年级本科生、研究生和已有所建树的研究人员阅读。这是我在研究生期间希望能读到的一本书。我相信本书以一种新颖而独特的方式呈现了群落生态学的核心概念，使我们更容易掌握群落动态各关键过程的本质，以及不同方法之间是如何联系起来的。我已经用这本书作为我的教学工具，同时我也希望这本书能够激励已有建树的研究人员从不同角度思考他们的研究，进而也有可能影响他们讲授群落生态学课程的方式。因此，我以教学（针对初学者）和科研（针对专家读者）两个为核心目标来写作本书。我相信，介于初学者和专家之间的研究生读者可以从本书中获益最多。

在学术交流和教学过程中，我们面临的一个普遍挑战是既要保证那些本领域的专家参与其中，又能吸引对该话题不熟悉的听众。如果读者对生态学家所要解释的群落水平上的物种多样性格局、群落结构以及用于解释这些格局的一些因素（如环境条件、竞争和干扰等）已有所了解，那么他们可以从这本书中收获最多。在本书一开始，我从一个较基础的层面进行阐述，并提供了一些我认为必要的背景知识（第2—3章），但即便如此，若要充分理解生态学的历史（第3章）和一些更复杂的研究案例（第8—11章），还需要深入学习原始文献。对于专家读者，他们无疑会遇到可以略读的章节，但我希望本书各章节都有足够多新颖的观点或方法可以吸引他们。如果您是生态学领域的专家，且想要快速了解本书内容，您可以直接从第 3 章的结尾（第 3.4 节）开始阅读，因为在这一节我开始从介绍学科背景过渡为具体阐述我自己的观点和理论。根据我收到的对本书早期版本的反馈，专家读者在本书后半部分（第 8—12 章）将会了解到最“新”的一些论点。

1.1.2 不可避免的权衡

本书涵盖了各式各样的主题（包括模型、问题、方法等），这必然涉及几个方面的权衡。首先，我对每个主题的讨论深度非常有限。尽管读者可以从本书了解到检验生态漂变或随空间变化的选择过程（spatially variable selection）等的不同方法的优缺点，但他们无法从本书了解到各实证研究的所有细节。我本人对很多领域并不完全了解，即使是我很熟悉的领域，我也有意避免所有细节，以免偏离我试图传达给读者的核心内容。但本书里附有大量的参考文献可供感兴趣的读者深入研究。其次，本书很少涉及具体的统计学方法，尽管它们在生态学文献中随处可见。本书使用大量来自文献的实证结果，但大多数是以图表的形式展现的，以便读者自己观察这些数据中的规律。有兴趣的读者可以查阅原文中的 p 值、斜率、r^2、赤池信息量（Akaike information criterion，AIC）等。最后需说明的是，本书并没有包括各研究领域的所有最原始文献。尽管我用一整章来描述群落生态学的思想史，并希望能把群落生态学家认为“经典”的大部分论文都包括在内，但我的核心始终是思想的交流，而不是追溯这些思想的起源。

1.1.3 本书灵感的来源

在绪论最后，为确保我已对构成本书核心框架的思想来源进行了介绍，我采用致谢的方式来结束这一部分。感谢那些让我发现了种群遗传学和群落生态学的概念之间存在着惊人的相似性的重要论著（Antonovics 1976，Amarasekare 2000，Antonovics 2003，Holt 2005，Hu *et al.* 2006，Roughgarden 2009）。实际上很多研究人员也已经注意到了这些相似之处，特别是种群遗传学的中性理论被引入生态学之后（Hubbell 2001）。据我所知，大多数群落生态学家尚未学习到种群遗传学理论的思维方式，也未尝试找出一个更具普适性的理论来重组群落生态学中那些令人眼花缭乱的理论、模型和思想，并且这个理论仅包括四个高层级过程。本书就是我在这个方向上的尝试。

第一部分

群落生态学的方法、思想和理论

插图：西双版纳一处森林　创作者：陈项境

第2章 生态学家如何研究群落?

在接下来的三章，我拟达到三个目标：① 界定生态群落理论的适用范围；② 描述一些基本的群落格局；③ 介绍群落生态学的发展历史。本章主要集中在目标①和②，但对目标③也略有涉及。目标③将在第 3—4 章进行更全面的介绍。

生态学家研究生物群落的方式各不相同。在同一研究系统（如温带湖泊）中，有的生态学家仅关注浮游植物群落，而有的关注浮游动物与某一优势鱼类之间的相互作用；有的关注一个湖泊群落的构建过程，而有的描述景观尺度上几个湖泊或整个大陆范围内数千个湖泊的分布格局；有的研究湖泊中的物种数量动态变化的原因，而有的探究湖泊中的某些特定物种动态变化的机制。因此，任何关于群落生态学的研究都必须从一开始就确定至少三件事：研究的目标物种集、分析的空间尺度和感兴趣的群落属性。接下来的两节将根据目标物种集（第 2.1 节）和分析的空间尺度（第 2.2 节），建立生态群落理论的适用范围。相对于关注局域尺度（local scale）上种间相互作用的传统群落生态学观点（Morin 2011），本理论的适用范围在某种意义上更狭窄（主要侧重于单一营养级），在另一意义上则更广泛（侧重于所有空间和时间尺度）。在确立了本书理论所适用的范围后，我在第 2.3 节将对生态学家试图理解的一些群落属性进行描述。

2.1 生态群落划分的不同方法

所有的科研工作都必须明确它们的研究对象，因此群落生态学家也首先要定义他们所研究的生态群落。在理想状态下，广义上的生态群落是指在一个特定时间和地点上包含所有物种（病毒、微生物、植物、动物）的有机体集合（图 2.1a）。然而，在实践中，这一理想状态几乎从未得到满足。研究人员经常仅通过关注整个群落的某个子集来开展他们的研究，这个子集是根据分类学、营养级位置或特定的交互作用来选择的（Morin 2011）。对研究人员划定群落的各种方式有了一些认识后，我们可以采用最常用的关于“群落”的定义，即“生活在特定地点和时间的多个物种组成的一组有机体”（Vellend 2010，Levins and Lewontin 1980）。一旦研究人员选择了一组有机体作为目标群落，那么生态系统的所有其他生物和非生物组分都会在概念上被排除在目标群落之外。从某种意义上说，它们或被完全忽略，或在调查中作为研究对象的影响因素，而不是正式成为研究对象本身的一部分（图 2.1）。

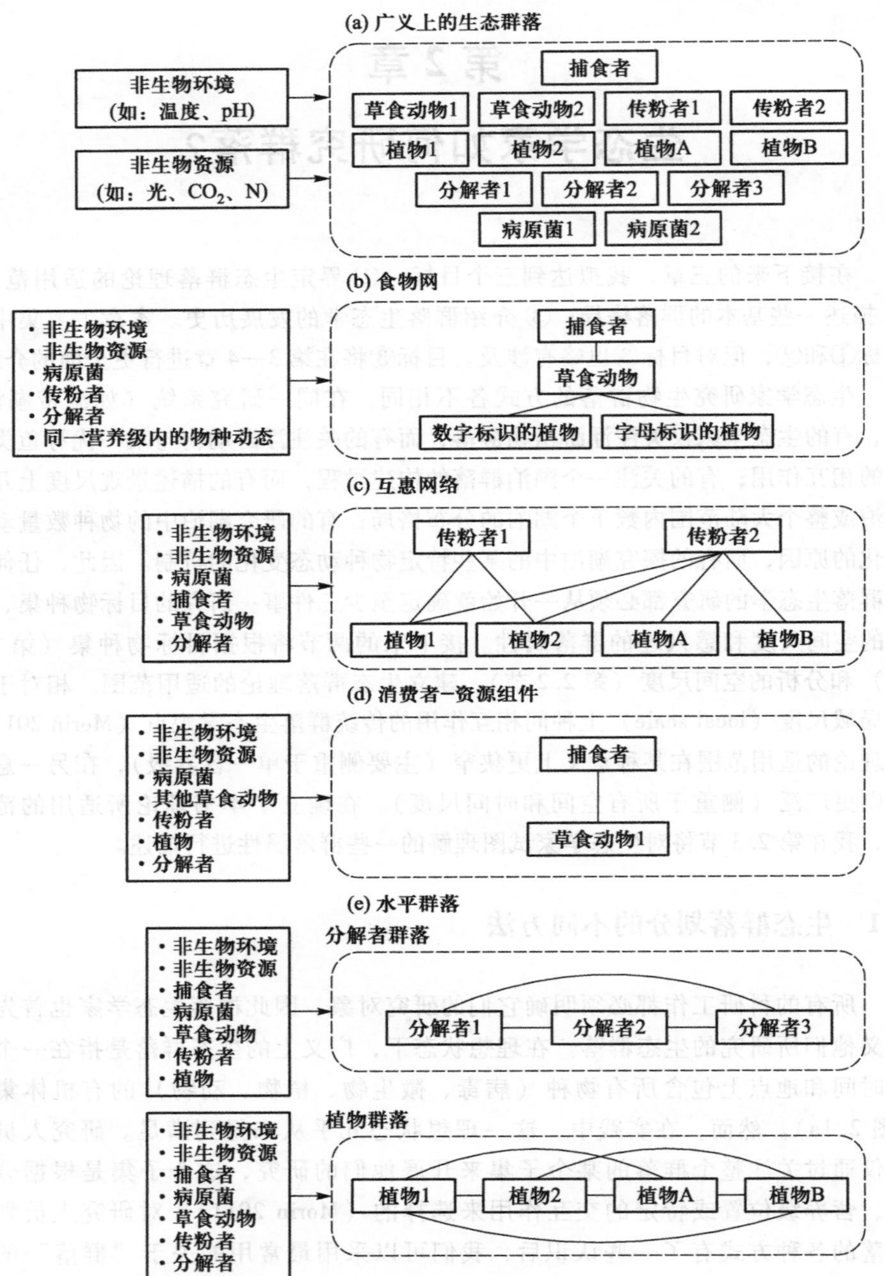

图 2.1 在一个假想的陆地生态系统中，定义群落生态学研究对象的各种方式。每个图表示的是同一生态系统，但关注的研究对象（虚线框中的内容）不同。实线表示种间相互作用（为了简化，（a）省略了实线），虚线框外的实线框表示生态系统所有被排除的因子。数字标识的植物（植物 1 和 2）与字母标识的植物（植物 A 和 B）的区别在于它们所属的功能群不同，不同功能群物种的研究（如草本和灌木植物）主要集中在（b）的食物网分析中。

在一个群落内，我们所关注的目标物种集有多种定义方式。在一些早期的群落生态学研究中，即使植物群落（Clements 1916）和动物群落（Elton 1927）存在相互作用，研究人员仍将它们视为两个独立的研究对象。在当代生态学中，食物网的研究（McCann 2011）侧重于摄食关系，往往忽略了同营养级内物种间的差异，并且排除了非摄食作用和一些摄食作用（如授粉昆虫摄食花蜜）（图 2. 1b）。互惠网络（mutualistic network）的研究（Bascompte and Jordano 2013）侧重于两组相互作用的物种，如植物及其传粉昆虫或菌根，而不考虑其他（图 2.1c）。也有研究关注少数有着强相互作用的物种，Holt（1997）称之为"群落组件"（community module），例如特定的消费者-资源种对（consumer-resource pairs）（如猞猁和野兔）（图 2. 1d）。

最终，生态学家可以选择关注某一特定营养级（如植物）或特定分类群（如鸟类或昆虫）的物种，同样也排除了其他（图 2. 1e）。生态学家将这样一个研究单元或类似的研究对象称为一个"集合"（assemblage）（Fauth *et al.* 1996）、"种团"（guild）（Root 1967）、"具有相似生态特征物种"的集合（Chesson 2000b）或"水平群落"（Loreau 2010）。这些术语都非常晦涩，缺乏图 2. 1 中其他术语所具备的准确性。由于缺乏一个更好的术语，在本书中，我简单地称它们为生态群落，有时为了区分也会称之为水平生态群落（简称"水平群落"）。

2. 1. 1　水平生态群落作为本书的研究重点

生态群落理论完全适用于水平生态群落，因此本书主要是关于水平群落的，这也是整个生态学领域中的研究重点之一（见第 7 章）。作为一名植物生态学家，我在群落生态学方面的实证研究主要关注不同时间和空间尺度上的植物群落（如 Vellend 2004，Vellend *et al.* 2006，2007，2013）。本书中列举的也多是以植物为研究对象的图表，且所描述的理论可以很好地适用于植物群落。但该理论同样适用于在资源或空间上有共同需求的任何物种，如浮游植物、固着的潮间带无脊椎动物、食籽者、分解者、捕食性昆虫或鸣禽。重要的是，在这些群落中，物种间不仅存在竞争——这一历来备受生态学家关注的相互作用，还存在促进作用（有利影响）和很多通过生态系统中的其他生物或非生物成分产生的积极或消极的间接相互作用（Holt 1977，Ricklefs and Miller 1999，Krebs 2009）。因此，本书的理论不仅仅是关于竞争的。

在水平生态群落中，不同物种的个体在适合度（fitness）上存在相似的生物和非生物限制，单一物种种群中，群落动态与基因型的遗传动态也非常相似（Nowak 2006，见第 5 章）。适合度可以在相同或不同物种的个体间用类似的方法来量化，因此种群遗传学的许多理论模型可以容易地应用于生态群落的物种中。生态群落中的物种就像种群遗传学中的等位基因或基因型一样（Molofsky *et al.* 1999，Amarasekare 2000，Norberg *et al.* 2001，Vellend 2010）。这些模型仅基于四个高层级过程：在种群遗传学中是选择、漂变、突变和基因流，在群落生态学中则是选择、生态漂变、成种和扩散。对于多营养级间的研究，我们仍可以找出种群遗传学和群落生态学中相同的四个高层级过程，但它们之间的类比关系较弱。

上面提到的这一整合方式在关于食物网（McCann 2011）、互惠网络（Bascompte and Jordano 2013）和消费者-资源组件交互作用（Murdoch *et al.* 2013）等的一系列专著中已有涉及。本书整合了水平生态群落文献中的相关概念，构建了一个综合框架（图 2.1），这一框架涵盖了以前的专著涉及的水平群落生态学的特定模型和理论（MacArthur and Wilson 1967，Tilman 1982，Hubbell 2001）。食物网、互惠网络、消费者-资源组件交互作用和水平群落的概念框架是否能够以及如何真正地融合，而不是简单地将它们堆叠在同一个概念框架下或组合在一些特定环境中（这两种情况都有很多例子），还有待观察。在开始下一节之前，我想强调一下，本书以水平生态群落作为研究重点并不意味着忽视营养级间相互作用的重要性，也没有忽视任何其他过程或变量的重要性。相反，如前所述，它只是把消费者或病原菌或共生生物当作直接研究对象之外的生物或环境的一个组分，这一组分能对目标群落产生强烈的选择，也可能会对这个目标群落的变化做出响应（图 2.1）。

2.2 无处不在的尺度问题

在群落生态学领域，除了研究者关注的物种类型各不相同外，所聚焦的空间尺度也存在差异。生态群落的一些定义［见 Morin（2011）的综述］将种间相互作用作为一个必要条件，从而为群落的空间范围设定了一个上限。我认为没有一个客观的方法可以定义这样的空间范围，因此我更倾向于在定义生态群落时将种间相互作用和空间范围这些限定都排除在外。我认同 Elton（1927）的观点，即“群落的概念是非常灵活的，我们既可以用它来描述赤道附近森林中的动物群，也可以用它来描述一只老鼠盲肠内的动物群”。因此，本书中的生态群落理论可以用于任何时空尺度上的群落属性分析（见第 2.3 节），不仅适用于传统意义上所定义的群落生态学，也适用于生物地理学、宏生态学（macroecology）或古生态学（paleoecology）。

尽管“群落”这一概念的定义在空间尺度上比较灵活，但需指出的是，一个尺度上观察到的过程和格局可能与另一个尺度上观察到的有很大差异，同一个群落可能会受到多个尺度上的生态过程的共同影响（Levin 1992）。例如，森林中一棵树的生长可能只受到几米范围内邻近个体竞争的影响，也可能受到数百米范围外传粉昆虫的影响，甚至还有可能受到来自几千公里以外由南太平洋水循环变化引起的气候波动的影响。在后面章节中，我们将会清楚地看到，一些过程，如负频率依赖选择（negative frequency-dependent selection），可能是由高度局域化的种间相互作用或大尺度上的扩散权衡引起的。我想要强调的是，我们几乎不可能为我们感兴趣的生态现象的研究定义一个“正确”的尺度（Levin 1992），尤其是在我们可能对决定群落结构和动态的多个相互作用过程感兴趣的情况下。

尽管研究尺度可以在很小的区域和整个大陆间连续变化，但为了方便起见，群落生态学家常常将其视为离散的尺度，如局域尺度（最小的）、全球尺度（最大的）、区域尺度（介于两者之间的）（Ricklefs and Schluter 1993b，Leibold *et al.* 2004）。在很多研究中，研究区范围可能变化很大，如 1 平方米的样地、几平方公里的岛屿或数百平方公里的大陆的一部分，但并不需要严格地界定研究尺度。在另外一些情况下，研究人员会涉及多个尺度上的格局或过程，通常这些格局或过程既在最小的目标区域内出现，也在更大的尺度范围上起作用。在这些情况下，尺度问题是非常容易处理的。按照惯例，我分别把它们称为“局域”和“区域”，同时需要指出这些术语除了表示一个研究区嵌套在另一个研究区内的事实外，并无确切含义（见第 5 章）。简单地说，多个局域群落的集合就是一个区域尺度的“集合群落”（metacommunity）。

2.3　生态群落的属性

对于任一目标群落和空间尺度来说，生态学家都已经定义了各种不同的群落属性。通常，我们感兴趣的是物种数（物种丰富度）、物种多度的均匀性以及物种性状的变异（物种/性状多样性）、物种分类和物种的平均性状（物种/性状组成）以及这些属性与立地特征之间的关系。本节将介绍如何量化这些群落属性，它们将会在后面的章节中经常遇到。

一个群落的基本定量描述是物种多度，我们可以称之为 $\boldsymbol{A}$。对于一个由四个物种组成的群落，若各物种的多度分别为 $a_1=4$、$a_2=300$、$a_3=56$ 和 $a_4=23$，那么 $\boldsymbol{A}=[4, 300, 56, 23]$。这些多度值可能是一个样地的枫树、山毛榉、白蜡树和松树的成年个体的数量，也可能是一个样地的四种啄木鸟的数量。这就等同于把 S 个物种中每一种的多度看成一个“状态变量”（state variable），而整个群落的状态是指它在 S 维空间中的位置（Lewontin 1974）。群落生态学中的大多数观测研究包括来自多个样地或局域群落的数据，在此情况下，原始数据由“物种×样地”矩阵表示，矩阵内的元素为物种多度（图 2.2），其中很多值可能为零。这个矩阵代表一个集合群落，由多个连接的物种多度向量组成，每一个样地 $j(\boldsymbol{A}_1, \boldsymbol{A}_2, \cdots, \boldsymbol{A}_j)$ 都有一个物种多度向量。有了这些数据，在不需要任何其他数据的情况下，我们就可以计算“一阶”群落属性（“first-order” community property），如下所示。

多度

	样地1	样地2	样地3	样地4
物种1	4	0	315	0
物种2	300	250	0	223
物种3	56	120	74	101
物种4	23	18	0	0

1个群落（样地1）

集合群落（样地1—样地4）

样地1:

物种丰富度=4

辛普森均匀度指数=

$1/\Sigma freq_i^2=1/\Sigma[(4/383)^2+(300/383)^2+(56/383)^2+(23/383)^2]=1.57$

物种多度分布(秩–多度图):

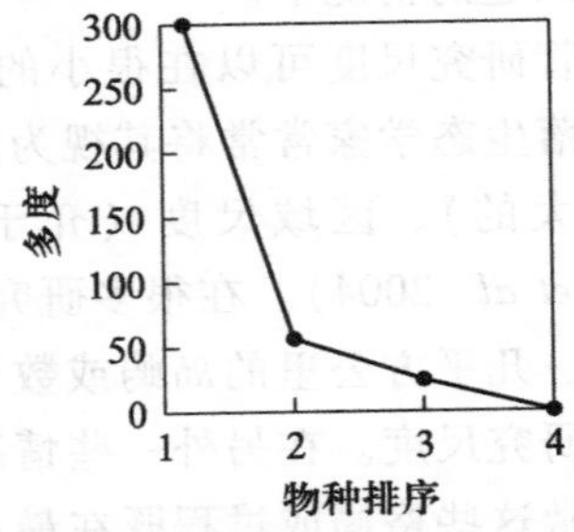

图 2.2　一个集合群落的基本定量描述。物种多度向量 A_1（灰色阴影）表示样地 1 群落的多元“组成成分”，而矩阵表示由 4 个不同样地的群落组成的集合群落。右侧展示了样地 1 群落的其他初级属性的计算。$freq_i$表示物种 i 的频率，即物种 i 的多度除以该样地所有物种的总多度。

2.3.1　单一群落的一阶属性（图 2.2）

物种丰富度：指某一样地的物种数（即 A 中非零元素的数目）。在对个体数不同的多个样地比较时，研究者常通过对每一个样地上给定的个体数目进行重复性的随机取样，计算抽样中的物种数，以标准化不同样地间的物种丰富度，这个过程称为稀疏标准化方法（rarefaction）。非标准化的物种丰富度有时被称为“物种密度”（species density）（Gotelli and Colwell 2001）。

物种均匀度或物种多样性：在其他条件相同的情况下，物种多度分布越均匀，由物种多度计算的均匀度或多样性指数越高。例如，同样包含两种植物的森林，两种植物多度相同的森林比两种多度相差很远的森林的均匀度更高。常用的物种均匀度/多样性的指数有香农–维纳指数（Shannon-Wiener index）、辛普森指数（Simpson' s index）以及各种熵值（Magurran and McGill 2010）。这些指数通常是基于每个物种的频率计算得到的，物种 i 的频率为 $freq_i=a_i/\Sigma(a_i)$。

物种组成：多度向量 A（有时仅被记录为出现/未出现的形式）本身可以作为群落的一个多元属性，我们也常试图解释或预测它的变化规律。

物种多度分布：除了关注各物种在多度上的变化，所有物种的多度分布格局，如物种多度分布曲线是呈对数正态分布还是其他分布形式，也是群落的一个属性，已经引起了生态学家的极大兴趣（McGill *et al.* 2007）。

2.3.2　多个群落（即一个集合群落）的一阶属性

β 多样性：通常，我们计算不同地点之间物种组成的相异程度来研究物种组成，即 β 多样性。β 多样性的度量方法可以是基于所有研究样地计算的单个数值，或更常用的两两群落间的相异性指数。这样的指数有很多（Anderson *et al.* 2011）。简单地说，具有相似多度向量的两个样地（如图 2.2 中的样地 1 和 2）之间的 β 多样性较低，而多度向量相差很大的两个样地（如图 2.2 中的样地 1 和 3）表现出较高的 β 多样性。例如，热带雨林和温带森林之间的 β 多样性将远远高于温带森林里两个相邻样地的 β 多样性。这种差异既可能是由于每个地点内各物种的周转率不同，也可能是由于这两个地点内物种多度的差异。

在群落生态学中，描述生态群落格局的属性往往还包括另外两类数据。首先，我们可以将每个物种的特征属性（性状）纳入单个或多个群落的群落属性计算中（Weiher 2010；图 2.3）。例如，除研究物种的数量（物种丰富度）和在不同地方生存着的物种种类（物种组成）外，我们还可以研究不同物种间的体型大小（性状多样性，trait diversity）或不同地点间物种的平均体型大小（性状组成）是如何变化的（McGill *et al.* 2006）。物种间的系统发育关系是整合物种特征的一个特例，我们可以通过它来计算物种间在演化上的亲缘程度，作为系统发育多样性（phylogenetic diversity）的一个指标（Vellend *et al.* 2010）。

多度

	样地1	样地2	样地3	样地4
物种1	4	0	315	0
物种2	300	250	0	223
物种3	56	120	74	101
物种4	23	18	0	0

性状1	性状2	性状3	性状4
0.2	320	0.5	20
0.6	298	0.1	16
0.9	412	0.1	26
1.3	300	0.2	21

样地特征1	10	1	7	16
样地特征2	0.01	0.4	0.2	0.5
样地特征3	90	92	95	97
样地特征4	12	0.1	0	5

图 2.3　用于计算二阶群落属性的三个数据表。这些属性值是通过整合物种特征（性状）或立地特征（如环境变量）而获得的。本例中的性状指的是物种水平的性状，即所有样地内同一物种的性状值是相同的。

其次，我们可以使用样地的立地特征（如样地面积、环境或地理隔离）来量化其与一阶群落属性的关系，这一关系本身也是一种有待解释的格局。例如，我们通过分析物种丰富度与面积或生产力之间的统计关系，试图理解这些关系在不同情况下是如何变化的（Rosenzweig 1995）。严格地说，并不是所有的立地特征（如温度、地理隔离程度、捕食者是否存在）都是“环境变量”，但为简单起见，本书通常使用“环境”一词来指代它们。鉴于这些整合的数据已超出了基本的“物种×样地”矩阵形式，我们可以把这些格局描述为“二阶”群落属性（“second-order” community property）。

2.3.3 结合物种特征的二阶群落属性

性状多样性：性状多样性指数可以用来量化一个群落内各物种间的单个或多个性状变异程度。由于性状对适合度有一定影响（Violle *et al.* 2007），常跟“功能”紧密联系在一起，所以这些指数常被用来表征“功能多样性”（functional diversity）（Laliberté and Legendre 2010，Weiher 2010）。

性状组成：一个特定性状在群落水平上的均值本质上是一种量化群落组成的方法（Shipley 2010）。

2.3.4 结合样地特征的二阶群落属性

多样性与环境关系：是指局域多样性（任何一阶或二阶指标）与某一特定样地特征之间的关系。常用的样地特征包括调查的样地面积（种-面积关系）和各种“环境”变量，如生产力、干扰历史、海拔、纬度、pH、地理隔离度或土壤有效水分等（Rosenzweig 1995）。

群落组成与环境关系：是指物种组成（包括性状或系统发育组成）与样地特征之间关系的强度与特性。这一分析可以用多种不同的方法来实现（Legendre and Legendre 2012），包括用样地间某一特征（如样地之间的地理距离）的差异来表征两两样地间的 β 多样性。我将在第 8 章进一步讨论这些问题。

需要强调的是，每个群落属性都有非常多的计算方法，并可以通过更多不同的方法来分析这些属性。这些已在其他文献中有详细描述（Magurran and McGill 2010，Anderson *et al.* 2011，Legendre and Legendre 2012）。我在这里列出的仅是一些概念上易区分的、可量化的基本群落格局。

综上所述，本书提出的生态群落理论最适用于水平生态群落，可适用于任何时空尺度。群落生态学家已经描述了各种各样的一阶和二阶群落属性的格局，我将在接下来的章节中探讨如何将这些群落属性理解为四个高层级过程（即选择、生态漂变、成种和扩散）相互作用的结果。

第3章

群落生态学思想简史

思想不是凭空产生的，就本书而言，以下两方面对我的启发功不可没：一是群落生态学看似“混乱”且松散的一些模式和格局（McIntosh 1980，Lawton 1999）；二是生态学和演化生物学在概念上的发展，这些概念的发展为我提出一个可以用来解决这种混乱的普适性理论指明了方向（Mayr 1982，Ricklefs 1987，Hubbell 2001，Leibold *et al.* 2004）。本章的主要目的是按历史发展顺序梳理群落生态学的理论，此外还将探讨两个问题：一是对于群落生态学“一片混乱”的认识是如何形成的；二是本书的理论缘起何处。为此，我将阐述与水平生态群落最相关的生态学研究简史。据此，如果你开始疑惑这些群落生态学的历史片段究竟是如何整合在一起的，其实，这正是我想要提出的观点之一，也是本书余下部分要解决的问题。如果你已经对群落生态学的历史非常熟悉，可以直接阅读第3.4节和第3.5节，在这两节中我提出了一些综合性、前瞻性的观点。

群落生态学的历史是一个非线性发展史。对于当前的任何一个研究领域（如集合群落或基于性状的群落分析），沿着不同的知识链追溯，就会发现有不同的源头。同样地，大多数基本的生态学观点（如竞争排斥原理或个体论）对目前许多不同的研究领域都有影响（McIntosh 1985，Worster 1994，Kingsland 1995，Cooper 2003）。因此，每一个人对发展史的描述都不尽相同。此外，由于生态学的基本主题涉及很多常见现象，如植物和动物的分布与行为，所以生态学的核心思想可以追溯到几千年前（Egerton 2012）。以现代标准来看，许多19世纪的科学家和博物学家，包括洪堡（Alexander von Humboldt，1769—1859）、达尔文（Charles Darwin，1809—1882）和瓦尔明（Eugenius Warming，1841—1924）等，都可以视为群落生态学家。然而，若要理解当今群落生态学中的各个部分是如何整合在一起的，我们很大程度上需要依赖相关概念的最新发展。

本书所追溯的历史跨越一百年左右。我无意提供一个全面的或者涵盖所有重要贡献的历史描述，因为已经有一些卓越的生态学发展史的著作这样做了（McIntosh 1985，Worster 1994，Kingsland 1995，Cooper 2003，Egerton 2012）。我将着眼于涵盖学习现代“水平”群落生态学所必备的背景知识（见图2.1），主要关注三个主题的发展：① 理解群落格局（第3.1节）；② 从简化的数学模型中生成并检验相关假说（第3.2节）；③ 检验大尺度过程的重要性（第3.3节）。第3.4节着重介绍近50年来群落生态学中有关各种主题的一系列争论和研究热潮，这些是本书提出的生态群落理论的基石。这一章的重点主要集中在回溯群落生态学的概念及其发展历程，同时包括少量的实证研究。实证研究将在第 7—10 章进行详细介绍。

3.1 理解自然界的群落格局

一个多世纪以来，野外生物学家一直在描述生态群落中的各种格局，并试图从数据中归纳出理论和推论。生态学最早的一个理论争论是“自然界中的群落是否可以被视为离散实体”的问题。美国植物生态学家 Frederic Clements (1916) 赞同这一观点。他认为，一个群落是一个有机实体，在这个实体中，物种如同人体的器官一样相互依赖，即“超有机体论”（superorganism hypothesis）。根据这个观点，沿着环境梯度的物种组成变化不是渐变的，而是突变的（图 3.1a）。由于群落内物种之间这种强烈的相互依存关系，当我们沿着成熟森林的山坡向上爬行时，可能会发现自己要么位于群落类型 1，要么位于群落类型 2，而很少处在过渡群落类型中（图 3.1a）。

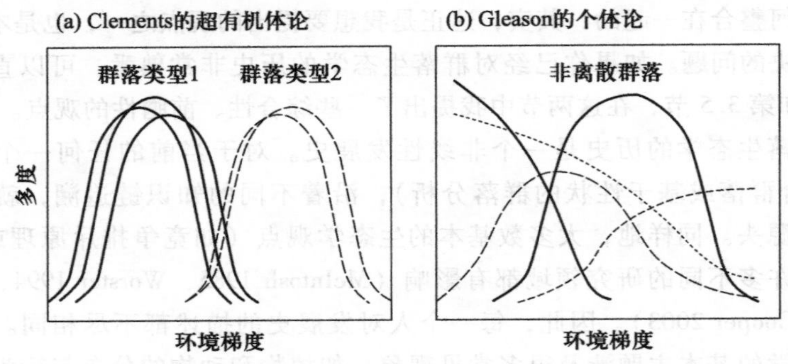

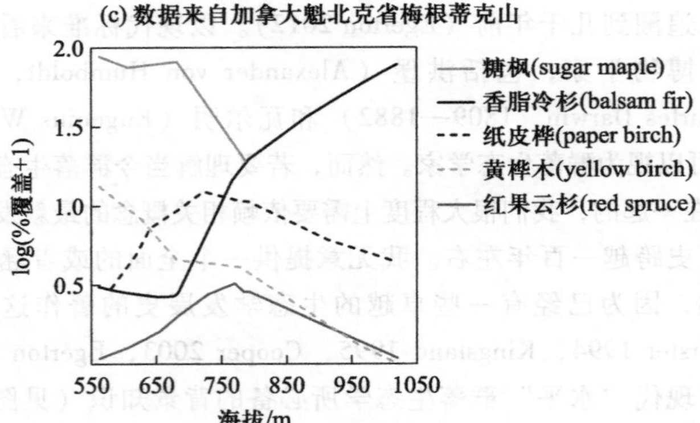

图 3.1 （a，b）关于物种沿环境梯度分布及物种在群落（即沿 *x* 轴的特定点）中的组织形式的两个不同假说；（c）在加拿大魁北克省梅根蒂克山，沿海拔梯度的 48 个植被样方中多度最高的 5 个树种的局部加权散点平滑（LOESS）曲线（张力 = 0.7）［数据来源于 Marcotte 和 Grandtner (1974)］，这些数据显示，群落组成是沿梯度逐渐变化的，因此支持 Gleason 的个体论。

Clements的观点与传统的植被分类方法可以很好地结合。植被分类是20世纪初欧洲植物学家的一个主要研究方向，其中以Josias Braun-Blanquet和他的同事们开创的“法瑞学派”（Braun-Blanquet 1932）最具代表性。植被分类的基本数据来源于植物群落调查，进而将这些样地组合成一个分层级的植被分类方案（每个样地被分配到特定植被“类型”），因此隐含地假设生态群落是离散的实体。

美国植物生态学家Henry Gleason提出了一个与Clements的“超有机体论”相反的观点，即“个体论”（individualistic hypothesis）。Gleason认为，群落中每种物种都以独特的方式对环境条件做出响应（图3.1b）。根据这一观点，在某一特定地点发现的一组物种更多的是源于特定物种或“个体”对各种环境因素的响应，而不是物种间强烈的相互依赖作用（Gleason 1926）。支持这一观点的调查数据发现，群落组成沿环境梯度（如海拔）是渐变的，而不是从一个群落类型突然转变到另一个群落类型（Whittaker 1956，Curtis 1959；图3.1c）。这一事实使得生态学家将群落定义为在任意空间单元内出现的一组物种的集合，正如我在本书前面所提到的那样（见第2章）。

直到20世纪50年代，群落调查数据的分析仍以定性分析为主。虽然定量数据以表格或图形来呈现物种丰富度是如何沿特定梯度变化的（如图3.1），但研究结论是从这些表格和图形的定性分析中得出的（如Whittaker 1956）。因此需要定量的多变量分析方法，这一需求是通过“排序”（ordination）方法来实现的（Bray and Curtis 1957）。多元排序的目的是根据多元物种组成，将调查样地“按顺序排列”。这种方法首先将每个地点测量的各物种的多度作为一个单独的变量，从而使感兴趣的“响应”变量在本质上是多元的（即第2章描述的物种多度向量）。许多物种表现出正或负的相关性，因此排序方法通常能够识别并提取相对较少且便于分析的维度，而大多数群落组成变化可以用这些维度体现（Legendre and Legendre 2012）。例如，如果我们仅对用于创建图3.1c的物种×样地数据进行排序（不需包含任何有关海拔的信息），那么排序分析的第一轴将与海拔密切相关，因为很多物种表现出沿该轴变化的格局。借助这种方法我们得以定量地探讨：哪些环境变量或空间变量可以最好地预测样地间群落组成的变异呢？

就各种群落理论对不同变量的解释能力做出不同预测的情况而言，多元群落分析的结果原则上可以进行实证检验（见第8—9章）。一个最近的例子是：中性理论（见第3.3节的描述）预测环境变量（如海拔或pH）对群落组成无直接作用，而样地间的空间距离起着重要作用。在过去的50多年中，新的多元群落分析方法的开发和应用不断涌现，并已成为当前研究的主要突破点（Anderson *et al.* 2011，Legendre and Legendre 2012，Warton *et al.* 2015）。

正如第 2 章所述，生态学家还记录了许多其他的群落水平的格局，如种-面积关系、相对多度分布、性状（如个体大小）分布等，并随之寻求对这些格局的解释。很多解释源于不同的数学模型（详见下面两节）。

3.2　种间相互作用的简化数学模型

种群模型在生态学中具有巨大影响力。种群模型的工作可以追溯到几个科学家的重要贡献（Kingsland 1995），特别是由 Alfred Lotka 和 Vito Volterra 分别提出的物种相互作用模型（另见 Nicholson and Bailey 1935）。这种类型的模型可用于理解已观察到的群落格局，并可用来预测群落在不同条件下的动态变化。第 6 章介绍的模拟模型都属于这一类。为理解这些模型及其衍生出来的无数模型，我们必须从简单的单种群模型说起。

种群增长是一个成倍增长的过程。当单个细菌分裂为两个，种群数量增加了一倍；当两个细胞分裂时，产生了四个个体，种群数量再次加倍。如果 N_t 代表时间 t 上的种群数量，并且细胞分裂发生在不连续的时间阶段，那么，$N_1=N_0\times2$，$N_2=N_1\times2=N_0\times2\times2$，以此类推。对于任何一个“繁殖系数” R，$N_{t+1}=N_t\times R$（Otto and Day 2011）。在该方程中，种群数量可以成倍地无限制增长（图 3.2a），因此该方程也称为种群指数增长模型。为了将该模型转接到其他更加复杂的模型上，我们定义 $R=1+r$，r 代表种群内禀增长率。Otto 和 Day（2011）使用符号 r_d 来区分离散时间模型的 r 和连续时间模型中 r 的定义（$r=\log R$），但这里我只用 r 来简化符号。如果 $r>0$，则种群数量增长，反之下降，即

$$N_{t+1}=N_t(1+r) \text{　或　} N_{t+1}=N_t+N_t r$$

在现实世界中，任何种群都不可能无限增长。虽然许多因素可以限制种群增长，但对于单一物种来说，最可能的是资源的消耗，因为越来越多的个体消耗同一有限的资源。以此类推，当种群密度低时（即没有有机体可以耗尽资源），资源非常丰富，种群可以成倍增长；随着种群数量增大，资源将逐渐枯竭，种群增长速度也将减缓。如果将某个特定区域可维持的最大种群数量定义为 K，即环境容纳量，那么当种群大小接近 K 时，种群增长速度应该减小。我们可以将实际的种群增长速率表示为 $r(1-N_t/K)$，其中 N_t/K 表示种群与 K 接近的程度，$1-N_t/K$ 表示种群距离环境容纳量 K 的程度。如果 $N_t=K$，那么现实的种群增长速率为零；且随着 N_t 接近零，实际的种群增长速率接近 r。种群增长的逻辑斯谛模型可以很好地描述这一现象（图 3.2a），即

$$N_{t+1}=N_t+N_t r(1-N_t/K)$$

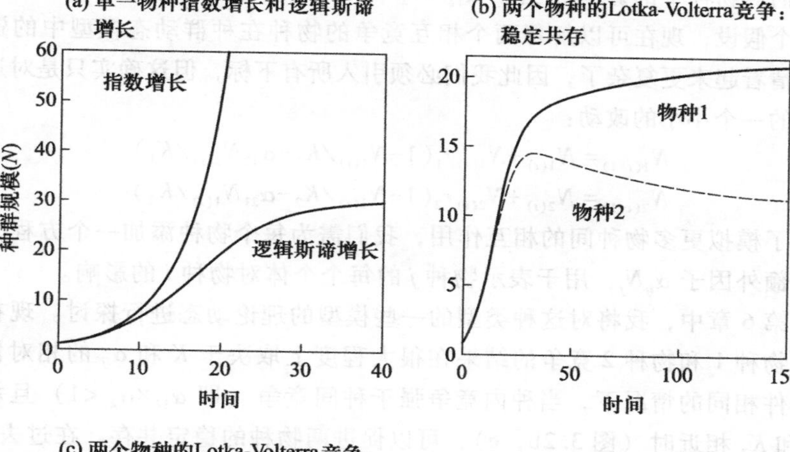

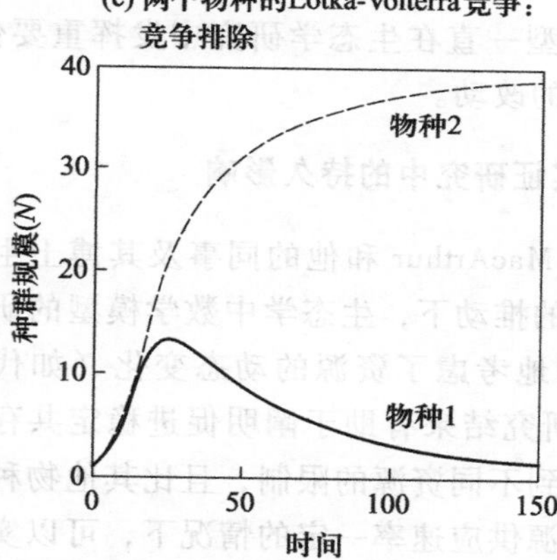

图 3.2　(a) 单一物种的指数增长模型和逻辑斯谛增长模型（Logistic growth model）；(b, c) 两个物种在 Lotka-Volterra 竞争模型（Lotka-Volterra competition model）下的种群动态。在所有图形中，$r=r_1=r_2=0.2$（详见正文中的公式）。在 (b) 和 (c) 中，$\alpha_{21}=0.9$，$\alpha_{12}=0.8$，即物种 1 对物种 2 的竞争效应要比相反的更强。对于 (a) 中的逻辑斯谛增长模型，(b) 中的两个物种以及 (c) 中的物种 1，环境容纳量 $K=30$。在 (c) 中，$K_2=40$，为物种 2 提供了优势，从而克服了其较弱的竞争效应。

逻辑斯谛模型是对种群指数增长模型（exponential population growth model）的一个小的修订，其仅在指数增长模型上加入了一个减小种群增长速度的变量。当然，其他物种也会耗尽有限的资源，或给这一物种提供新的资源。随着第二个物种的加入，现在需要使用下标 1 和 2 来标记代表不同物种的变量和参数（如 N_1 和 N_2）。一种简单的模拟种间竞争的方法是：将物种 2 的每个个体对物种 1 的影响，表示为物种 1 的个体对其自身影响的一部分，我们称这个参数为竞争系数 α_{12}(物种 2 对物种 1 的影响)。如果物种 2 的个体以物种 1 消耗资源的速度的一半消耗物种 1 所需的资源，那么 $\alpha_{12}=0.5$。如果群落中存在物种 2 的 N_2 个体，那么它们对物种 1 的影响相当于 $\alpha_{12}\times N_2=0.5\times N_2$ 个物种 1 个体对自身的影响。基于这个假设，现在可以解释两个相互竞争的物种在种群动态模型中的资源消耗。事情看起来更复杂了，因此我们必须引入所有下标，但这确实只是对逻辑斯谛模型的一个小小的改动：

$$N_{1(t+1)}=N_{1(t)}+N_{1(t)}r_1(1-N_{1(t)}/K_1-\alpha_{12}N_{2(t)}/K_1)$$
$$N_{2(t+1)}=N_{2(t)}+N_{2(t)}r_2(1-N_{2(t)}/K_2-\alpha_{21}N_{1(t)}/K_2)$$

为了模拟更多物种间的相互作用，我们需为每个物种添加一个方程，且包括一个额外因子 $\alpha_{ij}N_j$，用于表示物种 j 的每个个体对物种 i 的影响。

在第 6 章中，我将对这种类型的一些模型的理论动态进行探讨。现在不难看出，物种 1 和物种 2 竞争的结果在很大程度上取决于 K 和 α_{ij} 的相对值。在其他条件相同的情况下，当种内竞争强于种间竞争（即 $\alpha_{12}\times\alpha_{21}<1$）且承载能力 K_1 和 K_2 相近时（图 3.2b，c），可以促进两物种的稳定共存。在过去近 100 年中，这一种间相互作用的基本数学模型一直在生态学研究中发挥重要作用，很多模型都是在该模型基础上或多或少的改动。

3.2.1 种群模型在群落生态学理论和实证研究中的持久影响

二十世纪六七十年代，在以 Robert MacArthur 和他的同事及其博士生导师 G. Evelyn Hutchinson 为代表的生态学家的推动下，生态学中数学模型的研究掀起了一股热潮。许多物种竞争模型准确地考虑了资源的动态变化（如代表植物竞争的限制性营养动态方程），这些研究结果有助于阐明促进稳定共存的各物种间的权衡。例如，如果两个物种受到不同资源的限制，且比其他物种占用最有限资源的速度更快，那么在两种资源供应速率一定的情况下，可以实现稳定共存（Tilman 1982）。

最终，生态学家认识到，无论具体模型或自然群落怎样变换，种间竞争的长期结果仅取决于两个关键因素（Chesson 2000b）。这个结果的得出首先是认识到，物种的稳定共存从根本上取决于每个物种在其种群密度变得极低时具有增加的趋势，否则导致竞争排斥。即使从最初的 Lotka-Volterra 竞争模型也可以了解到，物种共存也取决于两个关键的相互作用的因素：① 种内竞争必须强于种间竞争（$\alpha_{12}\times\alpha_{21}<1$）；② 在给定空间 K，物种间的平均表现差异（即适合度差异）必须足够小，以免超过条件①促进共存的作用。这本质上也是各物种可以相互区别的两条途径，在“现代物种共存理论”（modern coexistence theory）的理论框架中（HilleRisLambers *et al.* 2012），它们分别被称为“生态位差异”（niche difference）和“适合度差异”（fitness difference）（Chesson 2000b）。用数学术语来说，种群很小时的增长率（用 r_{rare} 表示）可以表示为这两种差异以及可以将它们表示为种群增长率单位的比例系数 s 的函数（MacDougall *et al.* 2009）：

$$r_{\mathrm{rare}}=s(\text{适合度差异}+\text{生态位差异})$$

为简单起见，我所描述的模型迄今为止主要侧重于单一封闭群落中的动态，且环境在空间和时间上是均质的。许多其他模型已放宽了这些假设条件，如涉及了空间或时间环境的异质性。在我们现在称之为“集合群落生态学”的框架下，探索了两个或更多局域群落间不同程度的扩散造成的后果（Leibold *et al.* 2004）。本书第 5—6 章将给予更详细的介绍。

数学模型以及将它们的逻辑扩展到特定情境的许多解释模型已激发了各种实证研究（参见第 8—9 章）。高斯最先使用由微生物或微小体型的物种（如草履虫、酵母）组成的微型生态系统来估计一个特定模型的参数（Gause 1934），然后在独立实验中测试其预测能力（另见 Vandermeer 1969，Neill 1974）。高斯基于该实验结果提出了“竞争排斥原理”（competitive exclusion principle）：从本质上说，鉴于物种之间某些适合度差异的必然性，竞争相同资源的两个物种，如果没有足够大的生态位分化，是无法共存的（Chesson 2000b）。Hutchinson（1961）将该原理延伸到貌似都在争夺同样少量资源的大量物种中，通过对湖泊中的浮游植物进行观测，提出了“浮游生物悖论”（paradox of the plankton）。

迄今为止，许多研究旨在描述可能促进物种共存的种间差异（如与不同非生物环境条件或不同的资源分配有关的）（Siepielski and McPeek 2010）。还有很多研究试图在物种分布或群落组成的观测数据中寻找物种间竞争的证据，这一直是二十世纪六七十年代关注的研究中心（Diamond 1975，Weiher and Keddy 2001）。其中一种群落格局是由两个物种的分布而形成的“棋盘格”（checkerboard），即一个物种或另一物种经常出现在一些给定的地点，但两个物种几乎很少同时出现（Diamond 1975）。还有一些研究通过实验控制一些特定因素（如其他物种的密度或出现与否、资源供应、扩散），进而检验某物种或另一物种之间是否存在强烈的相互作用（如竞争、捕食或促进作用）或理论模型预测的群落组成变化（Hairston 1989）。所有这些研究在当代群落生态学中都很活跃（Morin 2011，Mittelbach 2012）。

3.3 大尺度格局与过程

一般来说，生态学的格局以及用于解释这些格局的各个过程的相对重要性受空间尺度的影响（Levin 1992）。例如，在较小空间尺度上（如相对较小的单个池塘），可能在中等生产力下发现最高的物种多样性，而在较大尺度上（如相对较大的流域），物种多样性可能随生产力的提高而稳步增加（Chase and Leibold 2002）。生态群落这一术语的很多定义都包括了群落内物种间存在相互作用这一条件（Strong *et al.* 1984，Morin 2011），这样就对群落的空间范围设置了上限。尽管界定这样一个上限的具体位置是非常困难的（另见第 2

章)，但对于大多数有机体来说，其空间尺度可能是平方厘米（微生物）、平方米（草本植物）或公顷（小型哺乳动物）而非平方公里。然而，群落生态学的核心问题，诸如为什么在不同地点或不同时间会出现不同类型和不同数量的物种，与在较大空间尺度上（如生物地理区域）开展研究的科学家所关注的问题完全相同。这样的科学家以前可能被称为生物地理学家，而今天他们也许会被称为宏生态学家，或仅仅说是生态学家。而我也会称他们为群落生态学家。

解释大尺度群落格局（如不同大陆或生物群系的比较）的确需要考虑一些在较小尺度上通常被认为微不足道的重要过程。例如，一个地区的地质和演化历史在形成区域生物圈时起主要甚至主导作用（Ricklefs and Schluter 1993a)。然而，这样的区域生物圈在漫长的历史发展过程中相互交叉并彼此融合，为物种竞争等一些“典型的”群落水平的过程提供了一个机会，在决定大尺度群落格局中扮演重要角色（Vermeij 2005，Tilman 2011)。另外，差别迥异的含有独立或半独立演化史的物种的生物群系往往可以出现在非常接近的地方（如在同一个山坡上出现的温带森林、寒带森林和苔原)。最后，区域生物圈或物种库（species pool）中包含的物种的类型和数量可能在理解不同过程怎样影响局域尺度格局这一类问题中起着重要作用（Ricklefs and Schluter 1993a)，如物种多样性与某一特定环境梯度的关系（Taylor *et al.* 1990)。所有这些观察和理念的根源都可以追溯到至少一百年前。然而，它们与群落生态学中的小尺度研究的整合则是相对较近的研究话题。

一些被认为在相对较大空间尺度上起作用的过程已经以各种方式在理论模型中得到了体现。麦克阿瑟（Robert MacArthur）与威尔逊（Edward Wilson）在1967年一起提出了“岛屿生物地理学理论”（MacArthur and Wilson 1967)，该理论与麦克阿瑟提出的局域尺度的物种相互作用模型相反。岛屿生物地理学理论假设，岛屿上的局域物种组成是不断变化的，物种多样性是由从大陆迁入的新物种和局域物种灭绝之间的平衡而决定的。因此该模型能预测并有助于理解为何在更小和更孤立的岛屿上物种多样性在减少这一问题（图3.3)。

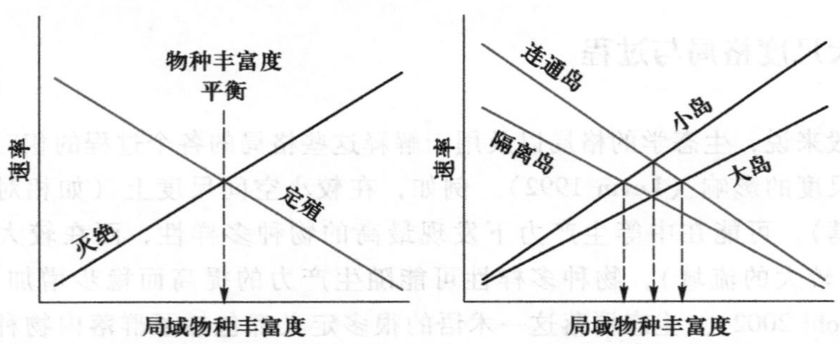

图3.3 MacArthur和Wilson（1967）的岛屿生物地理学理论的基本特征，该理论说明了岛屿面积和连通性/隔离程度对物种丰富度的影响。

有趣的是，岛屿生物地理学理论的核心并不区分各物种的来源（species identity）（Hubbell 2001）。在不考虑物种来源时，来自某个大陆种库的个体以一定的速率到达特定的岛屿。随着迁入物种的增加，以及新迁入物种的减少，物种的迁入率（新物种到达的速率）会随着岛屿上局域物种数的增加而降低。因此，较大的岛屿可以容纳更多的物种种群。如果不考虑物种来源的差异，较大岛屿上的种群具有更低的局域灭绝率。Hubbell（2001）认为，岛屿生物地理学理论是广义中性理论的一个特例，因为岛屿生物地理学理论假定不同物种的个体间不存在出生率和死亡率上的差异。Hubbell 进一步指出，在大范围的空间尺度上，成种和个体水平的出生-死亡过程可用于预测物种多度分布、种-面积关系以及群落相似性的距离衰减（即距离越远的群落，群落组成的相似性越小）。

在 21 世纪初，Hubbell 提出的中性理论的预测惊人地符合上述描述的实际群落格局，这一现象在生态学中引起了许多重大争议和一系列后续研究，其中大多数都致力于报道未被中性理论预测的格局（McGill 2003b，Dornelas *et al.* 2006，Rosindell *et al.* 2012）。其中，许多格局（如物种组成和环境间的强烈相关性）已经众所周知。我认为，中性理论给我们带来的一笔长久的财富是：它一直在提醒我们，无论选择过程是否在形成生态群落格局中起重要作用，那些与产生物种差异并无直接关系的过程，如生态漂变、扩散和成种，也可以在构建相同的生态群落格局或其他不同的格局中发挥重要作用。

成种过程一直被认为是决定大区域之间物种数量差异的一个关键因素，因为它是物种“输入”到给定区域仅有的两种途径之一（将在第 5 章中进一步讨论）。为解释物种多样性的纬度梯度，MacArthur（1969）勾勒出一个与岛屿生物地理学模型非常相似的模型，唯一不同在于该模型是迁入和成种与灭绝过程之间的平衡，而不是迁入与灭绝间的平衡（另见 Rosenzweig 1975）。很明显，如果一个地区的物种多于另一地区，那么输入（成种和迁入）与输出（灭绝）的平衡必定不同。

在二十世纪八九十年代，Robert Ricklefs 及其同事的工作极大地推进了我们对区域种库（由成种、迁移和灭绝产生）在决定局域尺度群落格局中具有重要作用的认知（Ricklefs 1987，Cornell and Lawton 1992，Ricklefs and Schluter 1993a）。我用两个例子来说明这一研究方向的基本要点，它们都可说明基于局域优势物种间的相互作用的预测与基于区域种库决定局域群落格局的预测是截然不同的。首先，如果局域物种多样性受到竞争的限制（即群落中的物种是“饱和”的），那么小斑块上的物种数将不受区域种库的影响，除非区域种库极小。然而，如果局域群落的竞争不足以对物种数施加限制，那么局域群落的物种丰富度应随区域物种丰富度增加而线性增加（Cornell and Lawton 1992）。这一预测的基础可以理解为岛屿生物地理学模型的一种变型（Fox and Srivastava 2006）（图 3. 4a）。在实证研究中，不同生态系统的研究结果差异较大，涵盖了图 3. 4b 中两个假设之间的所有可能（见第 10 章）。

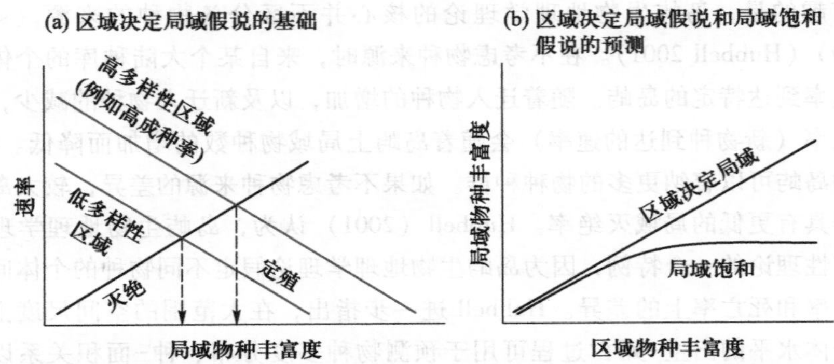

图 3.4 (a) 应用岛屿生物地理学理论预测区域多样性对局域多样性的影响，以及对“区域”假说与“局域”假说相互矛盾的两种预测的图形描述；(b) 说明只有在超出一定水平的物种丰富度时，才会出现局域饱和。

第二个例子适用于解释物种多样性与某一环境变量（如生产力）之间的关系。对经常观察到的物种丰富度和生产力之间的驼峰形关系，“局域”假说可能这样解释：严酷的环境限制了大多数物种的分布，仅有少数适应低生产力的物种可以生存，在高生产力条件下强烈的竞争会降低物种多样性，而在中等生产力条件下这两种类型的物种可以共存（Grime 1973）。相反，“区域”假说可能这样解释：物种竞争对丰富度与生产力关系没有直接作用，但在整个区域生物圈的演化过程中，中等生产力条件占据了时空优势，在该条件下演化出最优适合度的物种更多（Taylor *et al.* 1990）。因此，区域种库的有效大小在不同生境中随生产力变化而变化，从而决定了局域物种多样性格局。仅用一种格局检验这些相互矛盾的假说是不可能的，但如果多样性-环境关系的变化趋势在不同地区之间有所不同，那么根据区域或种库假说（the species pool hypothesis），我们应该可以根据大的空间或时间尺度上的主导因子来预测多样性-环境关系的变化趋势（Pärtel *et al.* 1996，Zobel 1997，Pärtel 2002）（图 3.5）。尽管目前很多研究都支持种库假说（见第 10 章），但极少有研究直接检验这一预测。

3.4 群落生态学近 50 年的百家争鸣

近 50 年来，群落生态学的发展在很大程度上可理解为对某一特定现象、过程或方法产生的一系列此起彼伏的研究热潮，而这些研究工作的重要性在当时并未被重视（图 3.6；也参见 McIntosh 1987，Kingsland 1995）。每一波研究浪潮都以一本或多本书的出版为标志，这些出版物因此可作为本章所述历史的标志（Cody and Diamond 1975，Tilman 1982，Strong *et al.* 1984，Diamond and Case 1986，Ricklefs and Schluter 1993a，Hubbell 2001，Chase and Leibold 2003，Holyoak *et al.* 2005）。

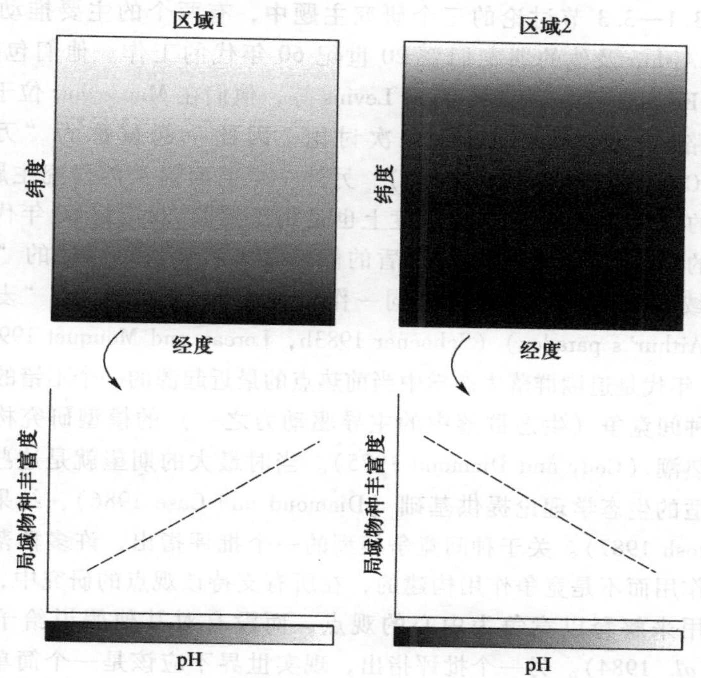

图 3.5　用“种库假说”解释多样性与环境关系的图示。在区域 1 中，高 pH 在该区域图形（上部区域）中占主导地位，因此多样性与 pH 呈正相关；而对于区域 2 来说，结果则完全相反。

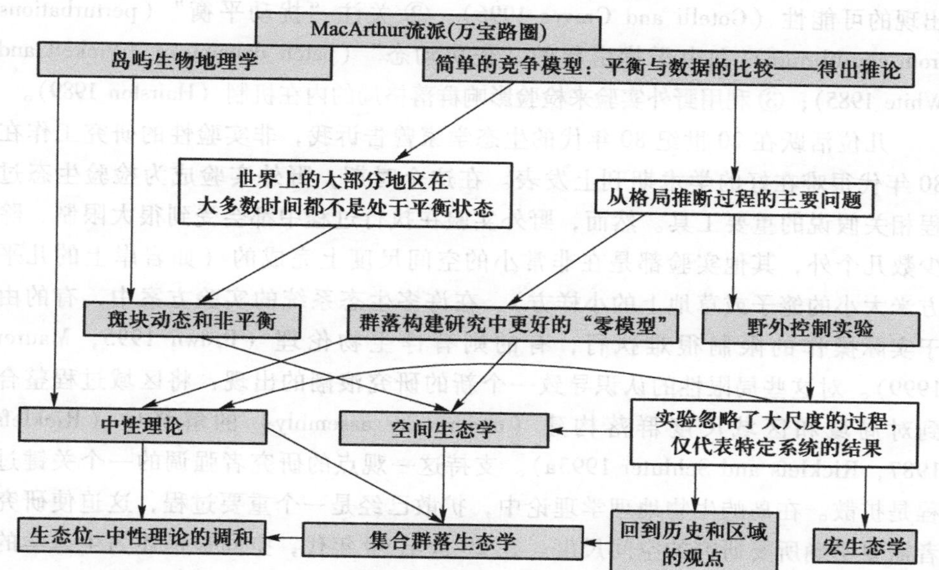

图 3.6　在过去的 50 年中，群落生态学中的主要研究内容、方法、理论或概念框架（灰色框）。它们通过某一特定范式的薄弱环节（白色框）相联系。

在第 3.1—3.3 节讨论的三个研究主题中，有两个的主要推动力来源于 Robert MacArthur 及他的朋友们在 20 世纪 60 年代的工作。他们包括 Richard Lewontin，Edward Wilson 和 Richard Levins 等，他们在 MacArthur 位于美国佛蒙特州万宝路镇的湖景房中进行多次讨论，因此一起被称为“万宝路圈”(Marlboro Circle)(Odenbaugh 2013)。另外一个前面提及的研究主题（“理解实地观测的群落格局”）在很大程度上也是用于检验 20 世纪 60 年代提出或至少阐述过的理论思想。一些相互矛盾的假设（如控制群落格局的“局域”假说和“区域”假说）可以追溯到同一作者（图 3.6），即所谓“麦克阿瑟悖论”(MacArthur's paradox)(Schoener 1983b，Loreau and Mouquet 1999)。因此，20 世纪 60 年代是追溯群落生态学中当前热点的最近起源的一个不错的起点。

基于种间竞争（生态群落中的主导驱动力之一）的模型研究构成了第一波的研究热潮（Cody and Diamond 1975）。当时最大的期望就是这些模型能够为一个普适的生态学理论提供基础（Diamond and Case 1986），结果却事与愿违（McIntosh 1987）。关于种间竞争模型的一个批评指出，许多群落更多的是基于捕食作用而不是竞争作用构建的，在所有支持该观点的研究中，所收集的数据都被用来解释以竞争为中心的观点，而没有对其他假说给予充分考虑(Strong *et al.* 1984)。另一个批评指出，现实世界不应该是一个简单模型的平衡解，因为现实世界很少处于平衡或简单的状态（Pickett and White 1985，Huston 1994）。这两个批评导致了至少三方面研究的开始或复兴（即下一波研究浪潮）：① 使用零模型（null model）来评估在不考虑竞争的情况下某些格局出现的可能性（Gotelli and Graves 1996）；② 关注“扰动平衡”(perturbations from equilibrium）和由干扰引起的“斑块动态”(patch dynamics)(Pickett and White 1985)；③ 利用野外实验来检验影响群落格局的内在机制（Hairston 1989）。

几位活跃在 20 世纪 80 年代的生态学家曾告诉我，非实验性的研究工作在 80 年代很难在好的学术期刊上发表。在这个时期，野外实验成为检验生态过程相关假说的重要工具。然而，野外实验在执行过程中都会受到很大限制，除少数几个外，其他实验都是在非常小的空间尺度上完成的（如岩岸上的几平方米大小的笼子或草地上的小样方）。在许多生态系统的实验方案中，有的由于实际操作的限制很难执行，有的则有悖生物伦理（Brown 1995，Maurer 1999）。对这些局限性的认识导致一个新的研究浪潮的出现：将区域过程整合到对局域和区域尺度群落构建（community assembly）的解释中（Ricklefs 1987，Ricklefs and Schluter 1993a）。支持这一观点的研究者强调的一个关键过程是扩散。在岛屿生物地理学理论中，扩散已经是一个重要过程，这迫使研究者需要明确所要研究的空间尺度。在 20 世纪 90 年代，空间被描述为生态学的“下一个前沿”（Kareiva 1994），“空间生态学”(spatial ecology)(Tilman and Kareiva 1997）是这一时期的一个流行语，正如“集合群落生态学”是现在群落水平研究中的流行语一样（Leibold *et al*. 2004，Holyoak *et al*. 2005）。

岛屿生物地理学理论（MacArthur and Wilson 1967）对生态学的发展产生了重大影响，对保护生物学的发展影响可能更大，因为该理论为预测生境丧失引起的物种灭绝和自然保护区设计提供了理论基础（Losos and Ricklefs 2009）。“斑块状景观”（通常指类似岛屿般的残余栖息地）这一思想，以及斑块上时常发生的局域灭绝和拓殖，是“斑块动态”研究方向的一个中心话题（Pickett and White 1985）。如前所述，过去 30 年来在生态学中颇具争议的 Hubbell（2001）提出的中性理论，也是受岛屿生物地理学理论的启发。中性理论被认为是集合群落理论框架的一个支柱。在过去 15 年中，生态学家一个努力的方向是去调和中性理论对自然界中某些格局的成功预测和它的一个明显错误的假设（不同物种在个体水平上的生态等价性）之间的矛盾（Gewin 2006，Gravel *et al*. 2006，Holyoak and Loreau 2006，Leibold and McPeek 2006）。

3.5　群落生态学理论的完善与扩展

在过去一个世纪中，群落生态学的各种模型、概念、流行术语、方法和哲学观点此消彼长，这导致刚入门的学生很难找到一个可以囊括所有这一切的总体框架。每个新的观点或理论通常都仅强调一个或几个过程，却不一定排除了其他过程。例如，中性理论强调除选择过程以外的一切，生态位理论侧重于选择，集合群落理论强调扩散等。当我还是一名群落生态学专业学生的时候，陷于不同主题的各种研究热潮之中使我最终认识到，所有这些过程都可以归结为种群遗传学四个过程的类比，我们可以轻易地将种群遗传学看作适用于群落生态学中所有内容的统摄性概念框架。

在生物群落中，“选择”这一术语只是零星地用来描述不同物种的个体间的生态过程（Loreau and Hector 2001，Norberg *et al*. 2001，Fox *et al*. 2010，Shipley 2010），但从 Lotka-Volterra 竞争模型至今，凡是涉及种间差异、具有确定性结果的生态模型基本都是描述群落选择过程的模型（Vellend 2010）。因此，选择过程一直是群落生态学的核心概念。生态漂变过程通过群落内物种的出生和死亡而产生潜在影响。虽然生态学家认识到这一过程已经有很长一段时间，但直到 Hubbell（2001）提出中性理论之后，漂变这一概念在生态学领域才站稳脚跟。同样，近几十年来，扩散在一些重要的生态模型中一直占据主导地位，但集合群落概念的发展（Leibold *et al*. 2004）才使我们认识到扩散过程是影响群落构建的中心过程之一。最终，研究任何尺度的群落生态学（Ricklefs and Schluter 1993a），包括最近兴起的宏生态学（Brown 1995），都需考虑区域种库的重要性，需将成种过程纳入影响生态群落的基本过程中。以这四个过程为基础，当前的群落生态学理论的大杂烩都可以被理解为这些关键过程的各种不同组合。

第二部分

生态群落理论

插图：木荷　创作者：陈项境

第4章
对生态学和演化生物学普适性理论的追寻

从根本上说，本书提出的生态群落理论是我在发现并阐述生态学中最普适性理论（应涵盖群落生态学中大量的思想、概念、假说和模式）过程中的尝试。在我详细描述这一理论（第5章）之前，我们有必要先思考一下这两个问题：为什么群落生态学家以其他方式寻求普适性理论的结果并不尽如人意？为什么让我备受启发的种群遗传学理论可以作为演化生物学普适而强大的理论基础而被广泛接受？本章除了简要总结生态群落理论外，回答这两个问题是本章的主旨。

4.1 生态群落的普适（和非普适）模式

几十年来，生态学的一个主旨是寻找自然界中“普适性”的模式，即在许多不同环境下（例如，在珊瑚礁、北极苔原或热带森林中，或三者同时出现）都以相似的形式出现的模式。MacArthur（1972）曾经说过：“科学的目标是寻找重复的模式，而不是简单地积累事实。”我们可以把这看作寻求生态学普适性的“格局优先”（pattern-first）途径（Cooper 2003，Roughgarden 2009，Vellend 2010）。在自然界中，我们确实可以找到许多重复出现的模式。例如：物种数总是随着面积的增加而增加，这个种-面积关系只有几种变化形式（Rosenzweig 1995）；一个群落常包括少数几个多度很高的物种和许多稀有种（McGill *et al.* 2007）；不同生物类群的物种多样性从热带到两极都是递减的（Rosenzweig 1995）。然而，据我所知，在群落生态学中，没有任何“普适性”模式是真正普适的［如 Wardle 等（1997）报道了一个负的种-面积关系］。一些最初被认为是高度普适的理论，后来却发现在不同生态系统间存在很大差异（如多样性-生产力关系；Waide *et al.* 1999）。最重要的一点是，格局优先途径的一个前提是普适性格局仅对应一个普适的机理或过程（Brown 1995），但实际上，许多相同的格局可以由几种不同的机理或过程产生，通常被称为“多对一”问题（Levins and Lewontin 1980）。因此，仅仅依靠在自然界中频繁观察到的格局无法归纳出一个生态群落的普适性理论。

4.2 影响生态群落格局构建的过程

寻求群落生态学普适性理论的另一种途径是罗列出解释自然界所观察到的

格局的一系列内在过程（Shrader-Frechette and McCoy 1993），即“过程优先”（process-first）途径。该途径关注的问题是：哪些过程或机制会导致群落属性在空间和时间上的变化？这个问题可以通过多种方式来寻求答案。

扩散（决定了哪些物种能够进入一个地点）、非生物因子（如气候或干扰）和生物因子（如竞争和捕食）是用于解释群落格局的一组典型的因子或过程。这些因子和过程通常被认为是一系列过滤器，用来决定在任何给定的地点中哪些区域种库中的物种会出现（Keddy 2001，Morin 2011；图 4.1）。在这个筛选过程中，可能起作用的特殊因素可以列一个很长的清单，如果再考虑各因素之间相互作用的话这个清单还会更长，因此出现了不计其数的理论、模型或概念框架，但它们仅仅强调某些因子或过程的重要性。

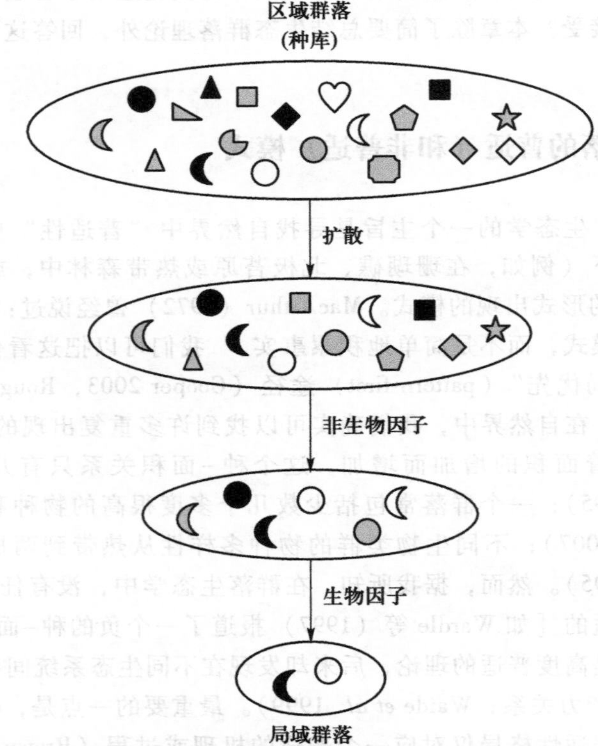

图 4.1　群落构建的过滤模型。在这个虚拟的例子中，区域群落种库中的一个随机的物种组通过扩散进入局域群落；仅圆形和半圆形代表的物种可以忍耐局域的非生物条件；竞争导致每个功能类型中仅有一个物种存活下来，最终仅两个物种因不同的资源需求而可以稳定共存。

一个基于数千个研究案例的重要结论是：任何一个因素对群落组成影响的强弱都随研究系统的变化而变化（Lawton 1999）。例如：放牧或气候变暖有时会增加植物多样性，但有时会降低（Vellend *et al.* 2013）；一个捕食者的缺失有时会引起群落内剩余物种发生巨大变化，但有时则不会（Shurin *et al.* 2002）。通过评估不同驱动因素之间的相互作用，确定给定因素在何种条件下产生何种效应，可以帮助我们深入理解其内在机制。但是，在某一层次上所获得的研究结果具有强烈的系统特殊性，这使得对普适性理论的追求，或对生态规律的验证，往好里说只是一个遥远的梦想，往坏里说则是一个死胡同（Beatty 1995）。

关于是否应该将追求生态学的普适性法则作为我们的中心目标，这一争论持续了很长时间（MacArthur 1972，McIntosh 1987，Shrader-Frechette and McCoy 1993，Lawton 1999，Cooper 2003，Simberloff 2004，Scheiner and Willig 2011）。重要的是，争论的内容通常包含一个隐含的假设，即必须按照上一段落中所描述的方式来考虑生态学过程，生态群落的普适性理论必须考虑气候、干扰、扩散、捕食、竞争和互利共生等因素。但是，我们可以从不同层次来考虑这些生态过程。例如，决定种群等位基因频率随时间和空间变化的过程在本质上是生态相关的（突变除外）。正如下一节所描述的，种群遗传学家与生态学家处理事情的方式是截然不同的。

4.3　种群遗传学理论：高层级过程

与本书最终提出的概念框架紧密相关的一个核心问题是：为什么演化生物学家一致认为，他们的学科是由一个坚如磐石且高度普适的理论基础（即种群遗传学）所支撑的，而生态学却被广泛认为是一个仅有理论和概念的空架子呢？van Valen 和 Pitelka（1974）简洁地指出："与种群遗传学不同，生态学没有已知的基本规律。"

种群遗传学和群落生态学都关注生物变异的组成和多样性在不同空间和时间上的变化规律。从理论的角度来看，无论这些变异是等位基因还是基因型（种群遗传学）或者物种（群落生态学），通常是无关紧要的。在演化生态学中，达尔文的自然选择理论和孟德尔的颗粒遗传理论（particulate inheritance）统一称为"现代综合演化论"（the modern evolutionary synthesis）（Mayr 1982，Kutschera and Niklas 2004）。这种综合的一个重要成果是产生了一系列相关的种群遗传模型，这些模型将演化动态作为四个重要过程［即选择、漂变、迁移（基因流）和突变］的后果（Hartl and Clark 1997）。尽管这一理论当前还存在很多争论，但这套模型为现代演化理论权威地位的形成提供了核心基础（Laland *et al.* 2014）。

为什么在一个类似现代综合演化论的概念框架下，群落生态学没有一组相互关联的模式呢？我认为它已经在某种程度上做到了，但未能将我们所想到的"高层级"过程（在下一节中定义）从"低层级"过程（"low-level" process）中分离出来。在物种演化的理论中，选择与漂变、基因流和突变一起构成了四个高层级过程。如果选择是稳定的，一个等位基因优于其他等位基因，其频率最终将会增加到一个固定点。如果给定等位基因的适合度取决于其频率，选择则有利于多个等位基因的稳定维持（负频率依赖），或者选择可以使"获胜"的等位基因受制于初始条件（正频率依赖，positive frequency dependence）。然而，这些陈述并没有说明为什么一个等位基因比其他等位基因有更高的适合度。原因可能涉及资源竞争、对环境压力的耐受性、躲避捕食者的能力或者许多在特定条件下能成功生存的其他因素。我把所有这些都称为"低层级过程"。Darwin（1859）将它们归入"为生存而斗争"的实例，而 Ernst Haeckel 简单地称之为"生态因子"（Stauffer 在 1957 年将其翻译成英文）。实质上我认为，同一个水平生态群落可以看作一个"种群"，其中的生物属于多个物种而不是单个物种。群落中不同物种个体间的选择，与单一物种种群中具有不同无性繁殖基因型的个体间的选择，在概念上是相同的（将在第 5 章详细说明）。

正如 Sober（1991，2000）所认为的那样，具有普适性的自然选择模型是不同基因型的个体间适合度差异的后果，而不是造成适合度差异的原因。造成适合度差异的原因有很多：某一基因型可能具有相对较高的适合度，如深色的飞蛾落在因污染而被熏黑的树上时不易被捕食者发现，从而大量存活下来（Kettlewell 1961）；在生产很多体型较大种子的年份，喙大的鸟适合度比较高（Grant and Grant 2002）。类似这样的原因还有很多。但是这些适合度差异对演化动态的预期后果在每种情况下都是相同的。性状的平均值应朝着受选择偏好的方向转变。正如这些例子所说明的那样，解释适合度差异原因的理论或模型有很多种，每种理论或模型的适用性取决于诸多因素（Beatty 1995，Sober 2000）。因此，演化理论的优势在于它把重点放在四个高层级过程（选择、漂变、迁移和突变）上。换句话说，"当演化理论忽视原因而关注后果时，它达到了最大的普适性"（Sober 1991）。群落生态学的理论也关注高层级和低层级的过程，但这两个过程并没有明显区分开。总体而言，低层级过程中可能会建立起数量庞大的、各不相同的模型。

4.4 群落生态学中的高层级和低层级过程

与（微观）演化演变一样，群落动态仅由四个高层级过程决定：选择、生态漂变、扩散和成种（Vellend 2010）。我将在第 5 章中进一步阐述这一理论框架。作为对这一理论的简要说明，让我们先考虑生态群落的最简单的问题之一：是什么导致某一特定地方的物种数量 S 随时间的推移而发生变化？图4.2 展现了一个群落，最初有 3 种物种 9 个个体。只有四种基本过程来改变物种的数量，我们可以想象一个假定的步骤，如下：

1. **成种**：白色物种的一个亚群分化成另一个种，形成一个新种，群落现在有 4 种物种而不是 3 种；

2. **扩散**（迁移）：一个在局域群落没有出现过的物种的个体，从其他地方进入群落中，群落中又多了 1 种物种；

3. **生态漂变**：即使所有生物个体具有相同期望的生存率和繁殖率，但也可能灰色个体在繁殖前全部死亡。如果发生这种情况，物种数量就会减少；

4. **选择**：白色物种比黑色和斑点物种在适合度上有优势（即在下一个生活史，该物种确实对群落物种组成的平均贡献更大），从而将它们排除在群落之外，物种数量再次下降。

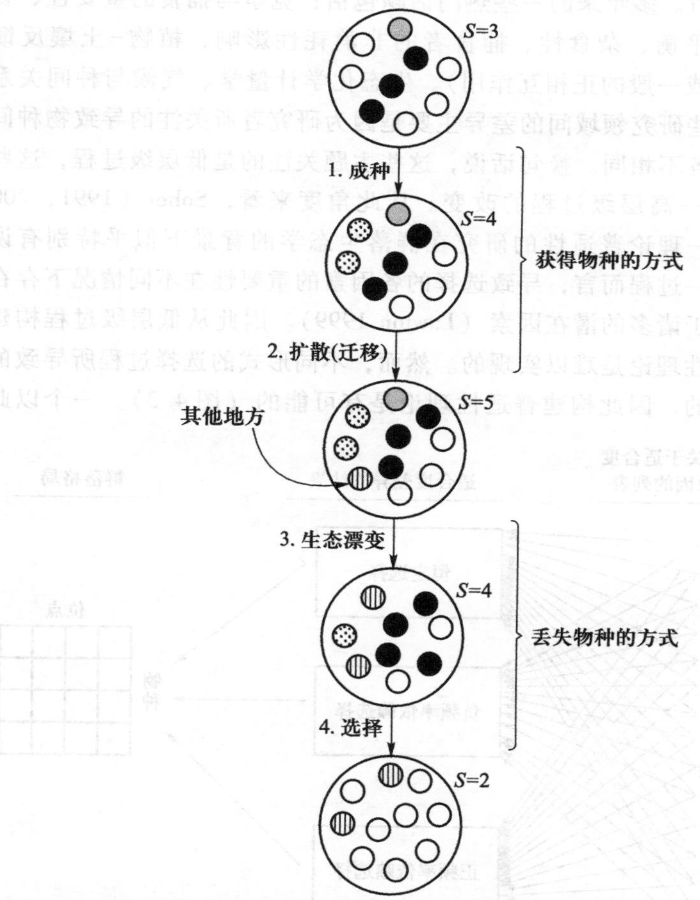

图 4.2　一个群落中决定物种数 S 变化的四个高层级过程。每一个小圆圈代表一个生物个体，不同的填充类型代表不同物种。

这些过程用数学公式来总结，即：$S_{t+1}=S_t+$成种$+$迁移$-$灭绝（参见 Ricklefs and Schluter 1993a）。其中，局域物种灭绝有生态漂变和选择两种途径。值得指出的是，尽管成种、迁移和灭绝的作用可能看起来比我所说的四个过程更小和更基本，但它们仅能直接解释物种数的变化，而不能直接解释物种组成或多度的变化，因此并不能完全解释生态群落中的所有现象。如果把不同形式的选择过程都包括在这个理论框架中，就可以最终完整描述高层级过程。这些高层级过程不仅影响着物种数的变化，还影响着我们希望研究的任何群落属性的动态。唯一一个例外是包含了种内变异（如性状）的群落属性，本书将不对此深入讨论。

很多生态学家，包括我在内，都喜欢强调他们所研究对象的复杂性。在一个生态群落中，很多事情都在同时发生。某一主题的研究方式的多样化仅受限于研究者的想象力。多年来的一些热门话题包括：竞争与捕食的重要性、物种共存的平衡与非平衡、杂食性、捕食者的非消耗性影响、植物-土壤反馈作用、促进作用（或一般的正相互作用）、生态化学计量学、气候与种间关系的交互作用等。这些研究领域间的差异主要是因为研究者所关注的导致物种间适合度差异的原因各不相同。换句话说，这些主题关注的是低层级过程，这些过程会导致选择这一高层级过程的改变。从此角度来看，Sober（1991，2000）关于自然选择这一理论普适性的研究在群落生态学的背景下似乎特别有说服力。仅就选择这一过程而言，导致选择的各因素的重要性在不同情况下存在很大差异，且取决于诸多的潜在因素（Lawton 1999）。因此从低层级过程构建群落生态学的普适性理论是难以实现的。然而，不同形式的选择过程所导致的后果是具有普遍性的，因此构建普适性理论是有可能的（图 4.3）。一个以此方

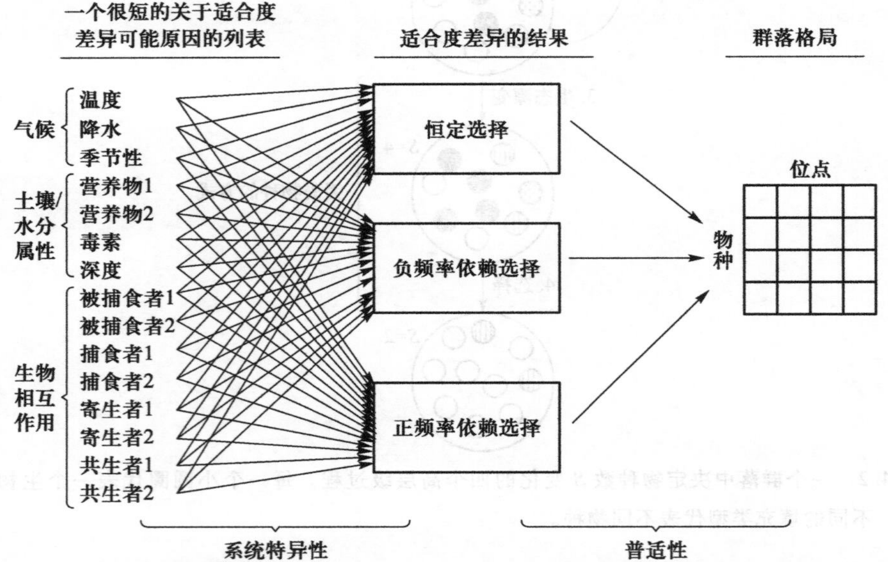

图 4.3 造成物种间适合度差异的原因是无以计数的，且具有系统特异性，但适合度差异可能导致的后果很少，且普遍适用。

式进行研究的例子是：Chesson（2000b）将稳定物种共存的许多模型（可能涉及很多低层级过程）归纳为两个关键组分：负频率依赖选择和恒定选择（constant selection）。Chesson 将“稳定化机制”（stabilizing mechanism）归因于生态位差异，将“均等化机制”（equalizing mechanism）归因于适合度差异。我将在下一章详细阐述这些观点。

回到生态群落的复杂性这一问题上，Allen 和 Hoekstra（1992）明确指出：“生态学的复杂性与其说是自然界的复杂性所导致的，还不如说是我们选择如何描述生态现象所导致的结果……换言之，是观察者的决定使系统变得复杂。”因此，生态群落可看作一系列高度复杂的低层级过程的集合产物，也可看作一组相当简单的高层级过程的产物。我认为，当旨在了解特定系统的构建方式和感兴趣的特定影响因子时（Shrader-Frechette and McCoy 1993，Simberloff 2004），关注低层级过程是完全合适且非常重要的。但是，如果我们的目标是概念整合或发展群落生态学中的普适性理论时，高层级过程也许是唯一可能的途径。

4.5 群落生态学普适性理论形成的一条途径

某一主题在教科书中的描述方式反映了该学科的教师和学生对这一主题概念结构的认知方式。教科书的作者基于整合好的概念结构来综合相关材料，学生则根据这一结构来学习这一教科书。根据我和许多同事的教学经验，学生对群落生态学中的概念整合感到非常困惑。更广泛地说，整个生态学学科也是如此（D'Avanzo 2008，Knapp and D'Avanzo 2010）。我认为其中一个原因是生态群落理论中包罗万象的主题就像是一个抽象的“万花筒”。

图 4.4 左侧部分展示了典型的群落生态学教科书中处理一些主题的简化列表（Putnam 1993，Morin 2011，Mittelbach 2012）。它们包括重要的生态格局、一些低层级过程（竞争、捕食等）、一些抽象的概念（生态位、食物网）以及始终要牢记的重要事情——尺度。这些主题以及许多次要主题都很好地反映了研究者对研究领域的划分方式。按照这种组织方式，学生们将学习许多自然界中重复出现的格局（如种-面积关系、相对多度分布），以及可能产生这种格局的很多低层级过程。这就是我前面所提到的，如果要求每个本科生或研究生写出可能影响群落组成和多样性过程的原因，为什么结果将会是每个学生都有一个很长的清单，且清单内容差异很大。这就是基于低层级过程、观察的格局和各种交叉抽象的概念来编写群落生态学教科书的代价。在一定程度上，这也可能会限制该研究领域的发展，因为它阻碍了人们对学科本质的理解（Shrader-Frechette and McCoy 1993，Knapp and D'Avanzo 2010，van der Valk 2011）。

群落生态学教科书		种群遗传学教科书	
主题	实体类型	主题	实体类型
生态格局	格局	遗传格局	格局
竞争	低层级过程	选择	高层级过程
捕食	低层级过程	漂变	高层级过程
食物网	抽象概念	迁移	高层级过程
生态位	抽象概念	突变	高层级过程
尺度	需要考虑的问题		

图 4.4 群落生态学与种群遗传学教科书中对不同主题的组织方式（修改自 Vellend and Orrock 2009）。

另一种途径是像以前一样，从描述重要的生态格局开始，但随后将重点放在高层级过程上（图 4.4 右侧部分）。我希望在随后的章节中，几乎所有关于群落生态学的理论模型和思想都可以基于四个高层级过程（选择、生态漂变、扩散和成种）以及这些过程的表现形式（如不同形式的选择）和相互作用来理解。从本质上说，高层级过程可将各个低层级过程联系起来，并且有助于简化我们对低层级过程在群落动态和格局所起作用的理解。

基于高层级过程，描述群落动态和结构的模型和思想的广义集合可以统称为“生态群落理论”。我并非从零开始提出一套新的普适性理论，或发展出任何新的组成模块。相反，我引入了现有的种群遗传学理论的核心思想，并从概念上整合了群落生态学的现有材料，使人们得以略过烦琐的细节，通过一套（相对）简单的高层级和普适性的过程来理解生态群落的动态和结构。

第 5 章
生态群落的高层级过程

所有生物有机体都经历着生长、繁殖、迁移和死亡等过程。这些事件的发生概率可能会在群落内不同物种的不同个体之间存在差异。随着时间的推移，群落中的物种又会通过成种过程形成新的物种。这些事件的累积形成了我们在不同时空尺度下观察到的多样的群落格局。正如第 4 章所述，仅有的四个高层级过程（生态漂变、选择、扩散和成种）决定着群落的动态。因此，对于任一时间或空间尺度下的一个群落，物种都能通过成种或扩散过程进入群落，选择、生态漂变和持续进行的扩散过程决定了群落内各物种的多度，某些物种也可能因此在局域尺度上灭绝。简言之，这就是本书所提出的“生态群落理论”。

在本章中，我首先详尽阐述这个普适理论框架下四个高层级过程的本质。尽管我尽量避免对先前章节和早期文章（Vellend 2010）的赘述，但为了保持一定的连贯性，一些重复在所难免。此外，由于在 Vellend（2010）的文章中对基于性状的选择和成种两个过程的描述较少，在本章我对这两个方面进行了较详细介绍。在本章的第 5.7 节，我将演示和证明如何通过这四个高层级过程的特定组合来理解群落生态学中的任意一个理论或假说。

5.1 普适理论

“改变一个模型的适用范围，是对过去仅单独考虑的现象与过程进行综合的有效方法”（Scheiner and Willig 2011，第 5 页）。本书所提到的理论就是将种群遗传学理论、部分数量遗传学和群落生态学理论并列在一起而提出的。然而，这些理论的核心思想实际上适用范围更广，它适用于“所有能够自我复制的对象”（Bell 2008，第 16 页；也见 Lewontin 1970，Nowak 2006）。这些“对象”可能是同一物种的单个有机体、不同物种的个体、计算机代码的字符串（“数码有机体”），亦或人类社会活动中一种特殊的商业行为（Mesoudi 2011）。正如贯穿达尔文自然选择理论的“保留有利变异，淘汰有害变异”（Darwin 1859），既适用于单个物种的种群，也可以用于多物种的群落。

一组具有自我复制能力对象的总体属性（如种群的平均性状值、群落的物种数或是一种特定商业行为的主体）源于以下四个基本过程：新类型的形成、从一个地方到另一个地方的迁移、从一个时间点到下一时间点的随机抽样以及选择过程。在种群遗传学中，这些特征分别由突变、迁移（基因流）、漂变和自然选择这四个基本过程形成（Hartl and Clark 1997）。在群落生态学中，与之对应的四个过程则依次是成种、扩散、生态漂变和选择（Vellend 2010）。在这两种情况下，我们假定个体都以某种形式参与到"生存斗争"中（Darwin 1859，Gause 1934）。"生存斗争"的概念是指任何一个类型在数量上的增长都是有限制的，而不是指狭义的竞争，即一个类型对另一个类型的直接负效应。

这四个过程中任意一个的影响，以及它们之间的相互作用都可以用来理解生态群落中感兴趣的格局。在接下来的几个小节，我将直观地描述各过程的基本原理。在第 6 章，我将使用定量模型模拟的方法来阐明这四个过程的基本原理，并为读者提供自行模拟和探索的工具。

5.2 生态漂变过程

出生、死亡、繁殖和扩散都是概率事件（McShea and Brandon 2010）。个体适合度是这些概率事件综合作用的结果，可以理解为：当且仅当性状 X 的存活率和（或）繁殖能力高于性状 Y 时，性状 X 相对于性状 Y 更具适合度优势（Sober 2000）。因此，某一有机体的性状 X 或者生态群落中某一物种的特性可以用来预测出生、死亡等发生的概率，但并不能预测某一特定个体的命运（Nowak 2006）。

假设在所有其他条件都相等的情况下，物种 1 和物种 2 的存活率分别为 0.5 和 0.4，那么我们期望物种 1 更具有优势，即物种 1 的适合度更高。然而，如果假定每个物种仅有两个个体，且物种的存活优先于繁殖（在此假设繁殖是无性繁殖）。那么，物种 1 的两个个体在繁殖之前死亡的概率为 $(1-0.5)\times(1-0.5)=0.25$。与此同时，物种 2 至少有一个个体繁殖成功的概率为 $1-(0.6\times0.6)=0.64$，即 1 减去物种 2 的两个个体都死亡的概率。因此，尽管物种 1 适合度较高，但由于群落动态中一些随机因子的作用，物种 2 仍可能获胜。我们将这个随机过程称为生态漂变。

如果某个群落有多个个体，假设两个物种 1 和 2 各有 1000 个个体，那么在发生死亡事件后，物种 1 的存活个体数将非常接近 $0.5\times1000=500$ 个，物种 2 则是 $0.4\times1000=400$ 个。对于物种 1 来说，相当于抛硬币 1000 次：对于任何一次抛硬币来说，我们只能猜测其结果。由于每次抛硬币的过程是一个独立事件，我们可以确定的是抛一千次硬币之后出现正面和反面朝上的次数大致相等，正面朝上的次数小于 400 或大于 600 的结果出现的概率很低（图 5.1b）。但是，如果总共仅抛 10 次硬币（即一个种群只有 10 个个体），

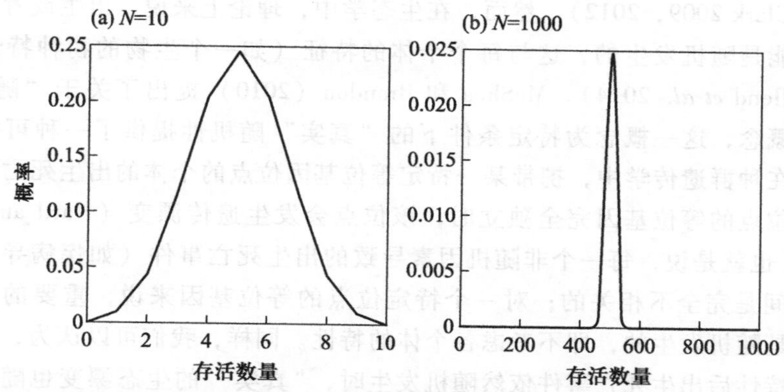

图 5.1　生态漂变的核心概念。假定一个物种的存活概率为 0.5，如果初始种群小，则实际存活的数量变化大，很难预测（a）；如果初始种群大，则存活的数量更容易预测（b）。

我们只能说出现五次正面和五次背面是最可能的结果，但其他结果也很可能会出现（图 5.1a）。

在上述例子中，我们假定了两个物种中的一个更具适合度优势，因此已经将选择过程包含在内。这样的情形是为了特别说明生态漂变并不需要以中性条件（即假设不同物种的个体具有相等的出生率和死亡率）为前提。然而，在完全中性情况（purely neutral scenario）下，生态漂变对群落动态的影响是最大的，也是最易证明的，这部分的模拟将在第 6 章予以介绍。简单地说，假定群落的大小是有上限的，局域群落中的生态漂变过程会导致物种相对多度的随机波动，且这种影响是独立于物种本身或其性状的。最终导致的结果是，一个物种通过生态漂变作用占据了绝对优势，即种群遗传学中的"固定"(fixation)，而其他物种则因生态漂变作用而在局域群落内灭绝。初始频率低的物种在生态漂变的影响下更易发生灭绝。例如，初始频率 0.05 的物种要比初始频率 0.95 的物种在随机波动的影响下更可能变成零，即达到一个稳定的终点。这个可以用数学术语来表达，即一个物种达到绝对优势的概率与其初始频率相等（Hubbell 2001）。因此，在一个完全中性的群落，生物多样性的维持取决于新物种的输入，新物种可以通过迁入或成种过程进入群落。如果假定一个不受扩散过程影响的集合群落，每个局域群落内的物种多度都发生随机而独立的生态漂变，则会导致它们的物种组成产生差异，即 β 多样性的增加。

在继续讨论生态漂变这个话题之前，我们需先弄清"随机"（random 或 stochastic）这个词的确切定义。几个世纪以来，科学家一直想要弄清"宇宙中的任何事情是否都是随机发生的"这一问题（Gigerenzer *et al.* 1989）。一种观点认为，没有任何事情是真正完全随机的，如出生、死亡或其他任何事件发生的概率只是由于我们相关知识的缺乏而无法预测，并不是说这些事件根本无法预测（Clark 2009，2012）。然而，在生态学中，理论上来说，出生或者死亡等事件可能是随机发生的，这与每个个体的特征（如一个生物的物种特性）有关（Vellend *et al.* 2014）。McShea 和 Brandon（2010）提出了关于“随机性”的一个概念，这一概念为特定条件下的“真实”随机性提供了一种可操作的定义。在种群遗传学中，携带某一特定等位基因位点的个体的出生死亡事件与个体该位点的等位基因完全独立时，该位点会发生遗传漂变（Hartl and Clark 1997）。也就是说，每一个非随机因素导致的出生死亡事件（如疾病导致的死亡）之间是完全不相关的；对一个特定位点的等位基因来说，重要的是很多事件都是随机发生的，即不考虑各个体的特性。同样，我们可以认为，当考虑了物种特性后出生死亡事件依然随机发生时，“真实”的生态漂变也随之在群落中发生（Vellend *et al.* 2014）。这个概念是不应该再受到争议的，正如我们对待遗传漂变这一概念一样。

5.3 选择过程

选择过程是生态群落中最为熟悉的过程，同时也是让人最为困惑的过程。很多生物学家已经习惯地认为选择仅仅是一个驱动种内遗传演化的过程，但我们忽略了一个事实，即这个过程有着更普遍的应用性，而且从一开始它就被认为是正确的（Darwin 1859，Lewontin 1970，Levin 1998，Loreau and Hector 2001，Norberg *et al.* 2001，Fox *et al.* 2010，Mesoudi 2011）。Bell（2008）将选择过程描述为理解自然界所需的两大知识体系之一的关键过程。物理学定律是“第一科学”（物理学、化学和生理学等）的基础，而作为“第二科学”的演化生物学、群落生态学和经济学等，“涉及了对不同种群的选择过程，不能简化为物理和化学的原理来理解”（Bell 2008）。

在一个生态群落中，选择过程源于不同物种的个体之间确定性的适合度差异（Vellend 2010）。但什么是适合度呢？简言之，适合度的定义几乎与无性繁殖的单一物种种群演化模型完全相同，只是用物种代替了基因型。个体绝对适合度（absolute individual fitness）是单位时间内一个有机体繁殖后代的期望，包括其自身的存活。为了预测群落动态，我们首先需要基于个体水平计算一个群落内每个物种的平均绝对适合度。每个物种的相对适合度（relative fitness）则通过一定的方法对物种间的绝对适合度进行标准化而获得，如绝对适合度除以群落水平的平均适合度或除以绝对适合度的最大值（Orr 2009）。在生态群落中，选择过程通过调节各物种平均相对适合度的变化范围，来影响群落组成（如物种的相对多度）的变化。

在下一节对不同类型的选择过程进行介绍之前，我们需特别注意上一段提到的三个不可分割的问题。首先，上一段提到了“期望”这个词，为什么要用“期望”这个词呢？正如上一节关于生态漂变的描述，随机出生和死亡的变幻无常意味着即使是同一环境中两个基因完全相同的个体，也可能不会产生相同数量的后代。在此，我们必须要重申一个重要的论点：“当且仅当性状 X 的存活率和（或）繁殖后代的能力高于性状 Y 时，性状 X 相较性状 Y 更具适合度优势”（Sober 2000）。如果我们前面假设的两个个体的存活率或繁殖成功率的期望都不高，即使其中一个个体在偶然情况下比另一个个体留下的后代多，它们之间也不存在适合度差异。因此，我对选择过程的定义是将适合度差异作为“确定性的”。哲学家总是在纠结这个问题（Beatty 1984，Sober 2000，McShea and Brandon 2010），但在本书里我们不需对其进一步讨论。

第二个问题是用“繁殖后代的数量”（quantity of offspring）一词替代了“繁殖后代的数目”（number of offspring）一词，后者是演化生物学中的典型用法（Orr 2009）。这一替代是考虑到物种的“多度”经常用生物量、生物体积或盖度来量化，而不是计算物种的个体数。这是由于对一些特定类型的有机体，尤其是植物，对物种个体的描述是相当主观的。例如，草本植物的个体应该定义为单一茎、簇生茎、由根茎连接的簇生茎群，还是来自同一基因的、根茎被切断的簇生茎群呢？对这个问题，我们没有更好的答案。这些度量方法各有优势，如以生物量为指标可以表明不同体型大小的物种间的差异（以生物量计算，一只麋鹿比一只兔子具有更高的“多度”）。总之，生态群落的适合度差异不一定用繁殖后代的数目来表示，这既反映了生物的现实性，又考虑了其在实践中的可行性。

最后一个值得注意的问题是本书对选择过程和群落动态的讨论中没有提到“遗传力”（heritability）这个概念。在本书中，我假设麋鹿的后代将永远是另一只麋鹿，兔子的后代也永远是另一只兔子，即它们有完美的遗传表现。尽管我们知道物种之间存在杂交以及关于“物种”概念的界定也一直存在争议（Coyne and Orr 2004），但所有的群落生态学研究几乎都以个体组合成不同的分类单元（多数情况下都以物种为基本分类单元），进而在时间和空间尺度上评价该分类单元内的多度变化。

5.3.1　选择过程的类型

选择过程的类型取决于选择的方向或强度是否随群落自身的当前状态或时空条件而变化（Nowak 2006）。以由两个物种组成的一个群落为例，我们感兴趣的是该群落内物种的相对多度（频率）而非绝对多度。由于物种 2 的相对多度只是 1 减去物种 1 的相对多度，因此通过计算物种 1 的相对多度就可以代表整个群落的状态（图 5.2 中的 x 轴）。在特定的时间点，群落内只有 2 个物种，选择只能偏好其中 1 个物种，因此 2 个物种的适合度差异（图 5.2 的 y 轴）就决定了物种频率的预期变化。

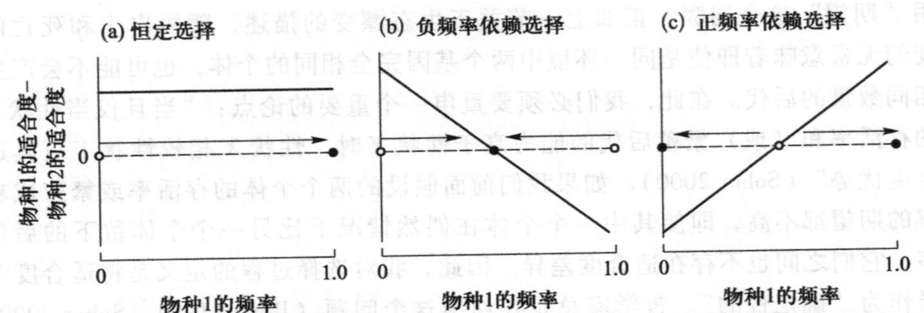

图 5.2 三种基本的选择过程的类型。实线表示适合度与频率的关系，虚线在 y 轴上代表 0。箭头表示群落变化的方向，空心圆表示不稳定的平衡点，实心圆表示最终的稳定平衡点。当选择强度或属性在局域群落之间或随时间变化时，就会产生随空间或时间变化的选择。本图根据 Nowak（2006）和 Vellend（2010）修改。

在接下来的两章中，我们只关注物种的频率（即相对多度），这个概念在种群遗传模型中使用较多（Lewontin 2004），而不关注生态学中大多数理论模型中使用的物种绝对多度或密度。当群落大小恒定时，两者之间并没有差别。尽管将低层级过程与物种相互作用相联系的内在机制可能常涉及绝对密度（Chase and Leibold 2003），但物种总的多度不变应该是一个合理的假设（Ernest *et al.* 2008）。此外，群落水平上的格局几乎都是基于相对多度来量化的，它还可以对高层级过程与群落格局之间联系的重要特征进行解释说明。例如，频率依赖而非密度依赖是理解物种共存的关键因子（Adler *et al.* 2007，Levine *et al.* 2008）。

在不同的选择类型中，恒定选择最为简单。恒定选择认为，对物种频率的选择与群落自身状态无关，有利于某个物种超过另一个物种（图 5.2a）。例如，与另一个物种相比，外界环境条件（如气候）会导致一个物种的适合度更高。预期的结果是适合度大的物种占优势，从而形成了单优群落，降低了局域物种多样性。

如果选择过程的强度或方向取决于群落自身状态，就可能会出现正或负的反馈效应。例如，如果每个物种的个体适合度受资源（氮、磷等）的限制，那么当一个特定物种的个体相对稀少时，其限制性资源会变得丰富，而其种群增长率也会相对较高（Tilman 1982），这种情形代表了负频率依赖选择。如果负频率依赖选择起作用，当两个物种个体稀少时，它们的种群就会增长，而个体数过高时又会降低，从而一个群落内现存的物种就会形成一个稳定的平衡，即物种共存（图 5.2b）。当负频率依赖选择比恒定选择更强时，有利于维持群落高的物种多样性（Chesson 2000b）。

正频率依赖选择是指物种多度越高，其适合度优势越大。例如，某一种植物以某种特定的方式改变了土壤环境，且改变后的土壤对同种个体有利（如促进互利共生真菌），而抑制异种个体生长（如通过改变土壤的 pH）（Bever *et al.* 1997）。在此情况下，群落中最终会有一个物种占主导，谁占主导取决于哪个物种在开始阶段的相对多度相比不稳定平衡点两个物种适合度相同时的相对多度更高（图 5.2c）。这种“优先效应”是对于给定的一组环境条件下多种稳定共存状态的一种简单情况，这些状态通常是通过某种形式的正反馈产生的（Scheffer 2009）。正频率依赖选择减少了局域物种多样性，因为一个物种在任何一个地方都期望占主导地位，但它增加了 β 多样性（每一个地点的优势物种不同），并且会掩盖物种组成与环境的关系，因为一个局域群落的优势种取决于该种最初的频率而不是环境条件。

最终，选择过程的强度和方向也会随空间（如不同群落之间）和时间而变化。例如，由于气候因子在时间或空间上变化，物种 1 可能在某些地方或时间点上占优势，而物种 2 则在另一个地方或时间点上占优势。图 5.2a 的实线在 y 轴上小于 0 时的情况可以说明这一点。随时空变化的选择过程的强弱受群落大小和扩散等影响，在一些情况下可以促进多样性的维持和物种共存（Chesson 2000b）。这是因为基于局域环境条件的不同，随空间变化的选择过程在不同的地点选择不同的物种，这种选择过程形成和维持了强烈的物种组成和环境的关系，进而形成相对高的 β 多样性。这些预测将在第 6 章深入讨论。

5.3.2　基于性状特征的选择过程

迄今为止，上述几个选择过程的理论形式与在种群-基因模型中单种种群无性基因型中的选择类型是完全一致的（Nowak 2006，Hartl and Clark 1997）。选择过程对群落格局的影响在第 2 章已有涉及，这些既涉及群落的一阶属性，也涉及包括环境变量在内的二阶属性。在群落水平格局的量化中考虑性状特征时，群落过程-格局的关系与数量遗传学模型中的关系类似，其关注的核心是性状分布的变化（Falconer and Mackay 1996）。

在群落生态学中，基于性状相关研究的基本原理包含以下两种情形：一是性状值范围狭窄的物种具有更高的适合度，这可能是由于狭窄范围的性状值代表了物种对胁迫环境条件较高的耐受性或具有这些性状的物种比其他物种更具适合度优势（Weiher and Keddy 1995，Mayfield and Levine 2010）。就群落的性状组成而言，如果某一重要的性状值处于群落水平的性状分布的边缘，恒定选择的结果类似于方向选择（directional selection）；如果性状值处于分布范围的中间，则是稳定化选择（stabilizing selection）（图 5.3a，b）。两种情况下，群落内物种平均性状值的变异或范围都会减小（Weiher and Keddy 1995）。

不同于上一种情形，第二种主要涉及负频率依赖选择。首先，假设某一个体的适合度不仅随同种频率的增加而降低（通常所说的负频率依赖），还随与其性状相似的其他物种多度的增加而降低（基于性状的负频率依赖）。从根本上说，性状（如喙的大小、根的长短等）越相似的物种，竞争越激烈。这种情况类似于分化选择和稳定化选择的组合，取决于性状空间的范围大小（图 5.3c），最终导致群落内性状变异和间隔距离的增加（Weiher and Keddy 1995）。

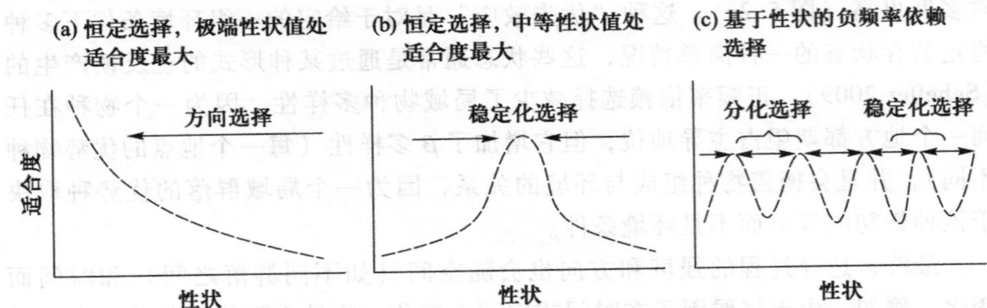

图 5.3　不同类型的选择过程对群落性状组成的影响。箭头表明从适合度较低的性状值到适合度较高的性状值的变化。在图（a）和（b）中，适合度函数可以根据局域环境条件调整；在图（c）中，波浪形的格局是基于性状的负频率依赖选择的结果，但峰值的位置取决于模型的初始条件（Scheffer and van Nes 2006）。注：这些结果仅是示意图，而并非基于模型预测的结果。

5.4　扩散过程

扩散过程是指生物有机体从一个居住地到另一个居住地的迁移运动。扩散有别于动物的季节性迁徙，后者包括了相同地点之间系统性的回迁或周期性运动。扩散是群落内新物种增加的两种途径之一（另外一种是成种过程）。迁入式扩散作用越强，局域物种多样性越高（MacArthur and Wilson 1967）。扩散也意味着局域群落的变化不再是封闭的，如果物种可以在它们到达的地方成功定殖，扩散过程就增加了空间上物种组成之间的相似性，从而降低了局域群落间的 β 多样性（Wright 1940）。扩散过程也包括了迁出过程，从而导致局域群落内个体（或繁殖体）的丧失，尽管目前尚缺少深入研究。

在一个局域群落中，随着新物种的迁入，如果新物种改变了群落内原有物种的选择策略或种群大小，那么该物种就会影响后续的物种组成和多样性。这些影响不是扩散过程自身的直接影响，而是通过改变群落组成产生的间接影响。因此群落动态的预测取决于物种迁入后新的选择机制。

当物种间的扩散能力存在差异时，物种生活史中的扩散阶段也可能涉及选择作用。例如，一些扩散能力强的物种会优先于其他物种到达受干扰后的群落，但一旦其他物种成功定殖下来，就可能通过竞争作用排除那些扩散能力强的物种。随着干扰在时空上的变化，这种情况实际上包含了随时空变化的选择过程，因为基于扩散过程的生活史权衡代表了影响潜在物种共存的低层级过程

(Levins and Culver 1971，Tilman 1994)。

5.5 成种过程

在群落生态学的传统概念框架下，大部分理论所包含的核心过程可以理解为选择、生态漂变和扩散作用的一些组合，而极少考虑成种过程。然而，当群落这一概念延伸到更大时空尺度时（Elton 1927，Ricklefs and Schluter 1993a，Gaston and Blackburn 2000，Wiens and Donoghue 2004），对成种过程的理解需要一个更加完整的逻辑。当基于过程来解释物种多样性的大尺度空间变异时，成种显然是十分重要的组成部分（Ricklefs and Schluter 1993a，Wiens and Donoghue 2004，Butlin *et al.* 2009，Wiens 2011，Rabosky 2013）。值得指出的是，在本书中，灭绝并没有作为一个单独的高层级过程来考虑，因为在一个特定的群落内，灭绝只是选择或生态漂变的一个可能结果。同样地，在种群遗传学中，一个等位基因的丧失也不会认为是一个过程，而是种群内选择和基因漂变过程可能带来的后果。

空间尺度的扩大并不是群落生态学概念框架中需包括成种过程的唯一原因。首先，即使在较小的空间尺度上（如小于10^4 km^2），尤其是在隔离的海洋岛屿上，就地成种（*in situ* speciation）是群落中增加新种的一个重要途径（Losos and Schluter 2000，Gillespie 2004，Rosindell and Phillimore 2011）。在这样的情况下，成种和扩散（迁移）对于提高物种多样性具有重要作用。其次，近年来微生物群落生态学蓬勃发展，微生物群落中表型不同的新支系会快速形成，这也迫使研究人员将成种视为一种重要的过程（Hansen *et al.* 2007，Costello *et al.* 2012，Nemergut *et al.* 2013，Kassen 2014，Seabloom *et al.* 2015）。最后，如前所述，在不考虑成种的前提下，很多局域群落格局（如物种多样性随环境梯度的变化）形成的原因是无法理解清楚的（Ricklefs and Schluter 1993a，Gaston and Blackburn 2000，Wiens and Donoghue 2004）。

尽管群落水平的成种过程与种群遗传学的突变过程相似，但连接并不紧密。因此，将群落突变模拟为在特定时间下一个个体的基因组中出现的随机遗传变化是合理的。这也是 Hubbell（2001）在他的中性理论里首次模拟物种形成时用的方法：成种的速率 ν 小，且一个有机体可以迅速变成一个新物种的唯一个体。然而，成种的方式有很多，可能受初始种群大小、分布和新物种性状产生的影响（Coyne and Orr 2004，McPeek 2007，Butlin *et al.* 2009，Nosil 2012）。成种的速率和模式也取决于群落自身的属性（Desjardins-Proulx and Gravel 2012，Rabosky 2013）。成种作为宏进化过程的一个部分在其他领域也得到广泛认可（Coyne and Orr 2004，Nosil 2012）。本书仅关注成种对第 2 章中描述的基本群落水平格局的影响。

在一个群落内，成种会使群落的物种丰富度增加。不同群落（如加拉帕戈斯群岛与南美大陆）的成种是独立发生的，进而导致这些群落间高的 β 多样性。就物种组成来看，成种为物种多度向量 $\boldsymbol{A}$ 添加了新元素，或者为样地×物种表格增加了新的一列（如图 2.2）。正如先前在迁入过程中提到的，成种可以通过改变选择效应对物种组成产生影响，尽管这并不是成种本身的初级效应，而是一个改变群落组成初始变化的次级效应。如果新形成的物种与现存物种在生态学上非常相似，那么任何一个成种所产生的次级效应可能就很小（McPeek 2007，Butlin *et al.* 2009）。

在我看来最有意思的是，成种可以促进物种多样性与环境条件之间关系的形成，即使有时是在一个局域尺度上。当成种速率或成种发生的时间随环境条件变化时，就会影响多样性-环境关系。例如，Kozak 和 Wiens（2012）采用系统发育方法分析蝾螈时发现，在热带地区，更高的成种速率有利于形成正的多样性-温度关系。Wiens 等（2007）发现在中等海拔上，蝾螈的多样性最高，这是由于相比于低或高海拔生境，蝾螈在中等海拔上拓殖最早。相关案例将在第 10 章详细阐述。

5.6 生态-演化动态的一个注记

我在 2010 年发表了本书的基本理论框架后（Vellend 2010），多伦多大学 Marc Cadotte 博士给我提了一个很好的建议，他认为，成种过程自身只是产生新的生态上相关表型的一条途径，因为适应性演化和可塑性也会改变物种表型的分布，从而影响群落的结构和动态。这一点是完全正确的。一个令人信服的生态群落演化理论可能是这样的：在同一时间，生态漂变、选择、扩散和成种决定着群落动态，基因漂变、自然选择、基因流和突变决定着物种内部的演化，潜在地改变着群落水平结构的“规则”。这种相互反馈，有时只涉及单个物种，被称为“生态-演化动态”，并且迅速成为众多研究的主题（Fussmann *et al.* 2007，Urban *et al.* 2008，Pelletier *et al.* 2009，Schoener 2011，Norberg *et al.* 2012），其中包括最近出版的一本综合专著（Hendry 2016）。

微进化（microevolution）的变化不在本书的生态群落普适理论的范畴之内，原因有二。第一，与很多其他过程一样，微进化是引起群落内选择类型和强度随时空变化的一个低层级过程。众多的低层级过程我们将在本章的下一节再具体讨论。例如，正如物种对资源水平的非线性响应，可以在一个群落内部产生波动性的选择（Armstrong and McGehee 1980，Huisman and Weissing 1999，2001），适应性演化也可以通过种内自然选择来改变群落内的种间选择（Levin 1972）。Pimentel（1968）将此称为“基因的反馈机制”，通过这种机制，每个物种的种群都可以处于一个稳定的状态（也见 Chitty 1957）。

第二，即使人们期望微进化在群落生态学中占有重要的地位（在我看来这是没有根据的），但我仍然认为在正式构建一个更加复杂的生态群落框架之前，我们首先需要建立一个基于高层级过程的基础。我们只有了解了在简单的情况下会发生什么，才有可能弄清楚在更复杂的情况下会发生什么（Bell 2008）。和许多其他研究人员一样，我始终认为，在理解特定的生态后果中考虑种内基因的变异和演化是十分必要的（Vellend and Geber 2005，Vellend 2006，Hughes *et al.* 2008，Urban *et al.* 2008，Drummond and Vellend 2012，Norberg *et al.* 2012）。然而，虽然包括生态-演化反馈机制在内的模型对于理解和预测某些生态系统的动态十分必要，但我并不清楚，整合生态和演化动态的很多特定模型是否最终会形成一个普适的生态-演化理论，或者从生态和演化的两个理论体系来看，它们是否是一种特殊的模型。

简而言之，就像基于自然选择的演化理论不需要明确地结合具体的自然选择过程（如竞争、环境压力、寄生虫）或突变过程（复制错误、辐射、化学诱导）一样，生态群落理论本身也是独立的，不需要考虑物种演化或任何其他低层级过程。由于物种是群落生态学中用来区分有机体的基本单位，所以我们仅在演化过程有新物种形成时，才把它当作一个高层级过程。

5.7　群落生态学中的基本理论和模型

在 20 世纪 60 年代，生态学理论研究兴起了大规模浪潮（详见第 3 章），这在一定程度上是因为生态学家认为普适的原理有助于理解“野外和室内观察到的难以理解的现象”（May 1976）。我本人发展群落生态学概念框架的初衷也是源于一个强烈的认知，即当前如此多样化的生态学理论却无法很好地解释所观察的格局。在 35 年前，McIntosh（1980）明确地提出了一个相似的观点：“如果我们无法为错综复杂的生态学现象提供一些简单的、易于解释的框架，那么这些生态学的模型或理论可能需要被重新梳理。”从一个生态学专业的学生的角度来看，这个问题尤为突出，因为大多数学生都能理解那些已被证实的研究结果，但很少能理解在生态学理论文献中经常出现的错综复杂概念的本质。

表 5.1 列举了生态群落理论框架下的部分理论和模型，共 24 个。如果要罗列所有的理论和模型，数量至少是现在的 3 ~4 倍（Palmer 1994）。然而，所有这样的理论或模型都可以基于下面的四个高层级过程来理解，即选择（不同的选择类型）、扩散、生态漂变和成种（详见表 5. 1）。群落生态学的理论之所以不断增长，是因为生态学家在关注无数的低层级过程和变量（如竞争、捕食、胁迫、干扰和生产力等选择过程），并且证明这些低层级过程的方式多种多样。因此，简化群落生态学理论的一个主要途径就是要认识到不同的理论

都涉及相同的高层级过程。这就是 Chesson（2000b）在构建解释局域物种稳定共存的模型时所做的事情。他认为在某种程度上，任何一个这样的模型必须包含负频率依赖的适合度（HilleRisLambers *et al.* 2012）。

表 5.1　基于本书提出的生态群落理论对一些已有理论、模型或框架的整合

理论或模型	高层级过程的术语描述	相关的低层级过程	参考文献
主要涉及单个群落的选择过程的理论			
竞争排斥原理（the competitive exclusion principle）	恒定选择	由于一个或另一个物种不可避免地会具有高的适合度优势，竞争同一资源的两个物种无法稳定共存	Gause（1934）
R^* 理论（R^* theory）	选择：恒定或负频率依赖选择	对多种限制资源的竞争；R^* 是指一个物种可以存活的最低资源水平；对于同一资源来说，具有最低资源水平的物种获胜。当不同物种对于不同资源获取的速率有所权衡时，负频率依赖可维持物种共存	Tilman（1982）
天敌介导的物种共存（enemy-mediated coexistence）	选择：负频率依赖选择	天敌（如捕食者、病原菌等）对多度最高的物种影响最大，从而对稀有种更有利。捕食者密度 P^* 与 R^* 的定义类似	Holt 等（1994）
Janzen-Connell 效应（Janzen-Connell effect）	选择：负频率依赖选择和随空间变化的选择	最早用于解释热带森林物种多样性：在母树周围专一性的天敌或病原菌最多，导致该物种的后代大量死亡，局域更新差，因此在一个非常小的尺度上，对稀有种更有利；与天敌介导的共存理论的概念相关	Connell（1970），Janzen（1970）

续表

理论或模型	高层级过程的术语描述	相关的低层级过程	参考文献
时间梯度上的储藏效应（temporal storage effect）	选择：随时间变化的选择和负频率依赖选择	三个标准：① 物种对环境的响应不同；② 个体数最多的物种，种内竞争最大，稀有种种间竞争最大；③ 物种可以以一些方式（如土壤种子库）度过不利环境	Chesson（2000b）
相对非线性竞争（relative nonlinearity of competition）	选择：随时间变化的选择和负频率依赖选择	物种对不同资源水平具有不同的非线性响应；由物种差异导致的资源随时间的波动潜在地促进了物种共存	Armstrong 和 McGehee（1980）
基因反馈（genetic feedback）	选择：随时间变化的选择和负频率依赖选择	不利选择会对某一物种的性状产生强烈的自然选择，使其可从不利的环境中恢复	Pimentel（1968）
优先效应（priority effect）	选择：正频率依赖选择	在某一生境条件下，最先定殖的物种阻碍了其他物种的定殖；这与生活史阶段（如已定殖的成年个体阻碍种子更新）或物种与环境间的正反馈（如植物-土壤反馈）相关	此概念的原始出处不详，可参考 Fukami（2010）的综述
非传递性竞争（intransitive competition）	选择：频率依赖选择	每一个物种既可能是竞争上的优胜者，也可能是竞争中的失败者，类似于石头-剪刀-布的循环关系，从而维持物种共存	Gilpin（1975）
多稳态平衡（multiple stable equilibria）	选择：正频率依赖选择	该理论较为复杂，核心在于正反馈：当超过某个阈值状态时（如珊瑚礁中大量的藻类或珊瑚），多度高的物种开始占据群落主导	见 Scheffer（2009）的综述

续表

理论或模型	高层级过程的术语描述	相关的低层级过程	参考文献
演替理论（succession theory）	扩散、选择和生态漂变	演替是群落动态的一个概括性术语，可包含所有低层级的生态学过程。演替通常用于描述干扰发生后的变化	Pickett 等（1987）
生态位理论（niche theory）	选择（所有类型）	一个概括性术语，包括所有基于物种相互作用的选择模型	Chase 和 Leibold（2003）
涉及多个群落或明确考虑空间的选择过程的理论			
空间梯度上的储藏效应（spatial storage effect）	选择：随空间变化的选择和负频率依赖选择	除用空间上的环境变异代替了时间变异外，其他的标准与时间梯度上的储藏效应相同	Chesson（2000b）
中度干扰假说（intermediate disturbance hypothesis）	选择：恒定选择、随空间变化的选择和随时间变化的选择	高干扰强度维持了少数物种的恒定选择，没有干扰的情况下仅支持少数竞争能力强的物种，而中度干扰减弱了竞争压力并形成随时间变化的选择	Grime（1973），Connell（1978）
“驼峰形”多样性-生产力假说（the hump-shaped diversity-productivity hypothesis）	选择：恒定选择和随空间变化的选择	在低生产力或高生产力条件下，压力和竞争排斥减少了物种多样性，而在中等生产力条件下可以有更多的物种共存	Grime（1973）
物种-能量理论（species-energy theory）	成种、生态漂变和选择	基于观察到的物种多样性和能量（如潜在蒸散发）之间的关系，很多低层级过程被认为是非常重要的，包括成种速率、群落大小和漂变速率	Wight（1983），Currie（1991），Brown 等（2004）

续表

理论或模型	高层级过程的术语描述	相关的低层级过程	参考文献
竞争-拓殖权衡（colonization-competition tradeoff）	扩散和高度局域化的随时间变化的选择过程	易于扩散到开阔地（如干扰后形成的林窗）的物种更容易被竞争能力强的物种所替代，而竞争能力强的物种却很难扩散到开阔地。干扰在群落内形成了时间上的变量选择	Levins 和 Culver（1971）
集合群落：集团效应（metacommunities：mass effect）	扩散和随空间变化的选择	来自源种群的持续扩散维持了很多物种在不利条件下的存活，构成了它们的汇种群	Leibold 等（2004）
集合群落：斑块动态（metacommunities：patch dynamics）	扩散和选择	这是一个包含多个模型的概括性术语。在众多模型中，拓殖-灭绝动态非常重要；我们上面提到的竞争-拓殖模型就是一个最典型的例子	Leibold 等（2004）
集合群落：物种配置（metacommunities：species sorting）	随空间变化的选择	环境条件不同，优势种也不同	Leibold 等（2004）
	包含生态漂变和（或）成种过程的理论		
随机-生态位理论（stochastic niche theory）	选择和生态漂变	包含随机出生死亡事件（即生态漂变）的生态位理论	Tilman（2004）
种库假说（the species pool hypothesis）	成种、扩散和随空间变化的选择	在不同环境条件下，局域群落的物种数由适应该环境条件下的区域种库的物种数所决定（区域种库由扩散和成种过程形成）；随空间变化的选择过程决定了物种组成-环境关系，而不是多样性-环境关系	Taylor 等（1990）

续表

理论或模型	高层级过程的术语描述	相关的低层级过程	参考文献
岛屿生物地理学理论（the theory of island biogeography）	生态漂变和扩散	局域物种丰富度是由拓殖（扩散过程）与灭绝（通过生态漂变过程）决定的，面积小和较孤立的岛屿物种多样性低	MacArthur 和 Wilson（1967）
中性理论（netural theory）	一个集合群落内的生态漂变、扩散和成种过程	局域物种多样性、相对多度分布和 β 多样性是成种、扩散和生态漂变共同作用的结果	Hubbell（2001）

注：这个列表仅作为示例，并不完整。群落生态学中的模型和理论已经在很多研究中提出，无法穷尽。

这四个高层级过程除了帮我们简化了对群落生态学理论的认识外，我相信对这些过程的认同也有助于我们更清晰地思考生态学中存在的一些争论。干扰事件作为低层级过程为我们提供了一个启发性的例子。自然干扰和人为干扰（风倒、火灾、洪水、由穴居动物形成的土丘等）在野外随处可见（Pickett and White 1985），干扰作为群落内一种选择力量是显而易见的：在同一地点，干扰时间不同，物种多样性程度亦不相同。但干扰究竟是如何影响局域物种多样性的呢？

我们常引用的一种观点认为，干扰通过降低物种密度来减缓竞争排斥作用，从而有利于生物多样性维持（Connell 1978，Huston 1979）。然而，当选择过程对一个物种的偏好胜过另一物种时，就会产生竞争排斥，干扰只是减缓了竞争排斥过程，并没有改变物种多样性减少的结果（Roxburgh *et al.* 2004，Fox 2013）。然而，干扰所引起的物种多度的减少，也影响了生态漂变过程。在比较两个有着相同平均大小的群落时，时间波动更大的群落，生态漂变发生得就更快（Adler and Drake 2008）。波动较大的群落有着较低的“有效群落大小”（Vellend 2004，Orrock and Watling 2010），这表明，干扰实际上减少了物种多样性。然而，干扰很明显也是一个随时间变化的选择过程中的低层级过程。如果负频率依赖选择同时存在，那么干扰将会促进物种共存和多样性维持（Roxburgh *et al.* 2004，Fox 2013）。虽然论证这个观点不需要涉及高层级过程，但是从生态漂变和选择过程的角度来阐述干扰对物种多样性的影响，有助于我们理解干扰的本质特征与群落生态学其他模型的联系。

5.8 为什么需要基于高层级过程的理论框架?

我曾经一直在想这样一个问题:“既然这一切都如此显而易见，那又有什么大不了的呢?”但转念又想，“这些高层级过程如此有用，为什么不以这样的方式来组织群落生态学的概念呢?”我们可以再从演化生物学角度来看一下这些问题。

本书所提出的理论是将现代综合进化论四个过程的观点应用到了群落生态学中（图 5.4，也可参见第 4 章）。在演化生物学中，四个过程理论框架的意义深远。在二十世纪三四十年代，关于演化中遗传以及变异过程的本质存在很多争议（Mayr 1982）。然而，80 年后的今天，演化生物学的核心观点已经建立完善，即变异是由突变和迁移产生的，随后受自然选择和漂变影响。以此为基础，大多数当代的演化生物学研究不再是检验这个普适理论，而是使用这个普适理论来解释更加具体的问题，如不同成种机制（Nosil 2012）或人类干扰的演化后果（Stockwell *et al.* 2003）。

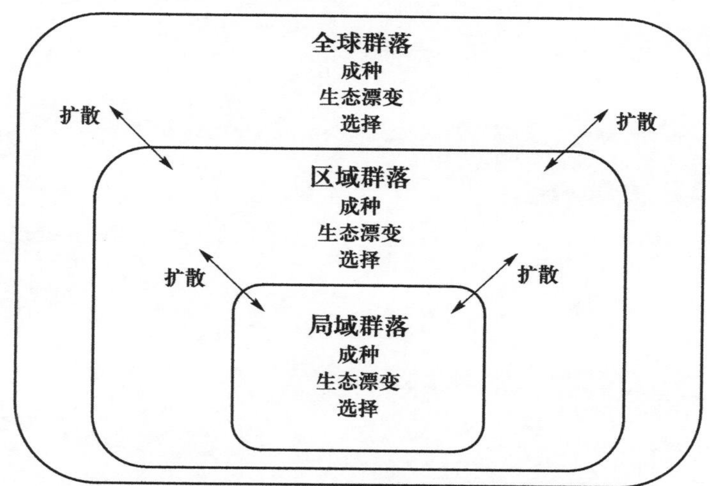

图 5.4　多空间尺度的生态群落理论的概念框架。

本书所阐述的生态群落理论并不是一个新框架，至少从某些方面来看，这个理论从一开始就是显而易见的，但它可能会非常有用。我们仍可以通过审视“突变-迁移-漂变-选择”这一理论框架在当代演化生物学中的作用（尽管已经显而易见），来窥探为何寻找群落生态学的普适理论也很重要。就此问题，我向十余位演化生物学家进行了咨询，得到了重复多次的三个回答：首先，这一概念框架为理解演化的本质特征提供了一个宝贵的教科书级的工具；其次，它提供了一个普适的理论框架，以确保不同特定演化问题的研究者之间可以相互理解，从而避免重复工作；最后，这一普适的概念框架吸引了更多年轻科学家（包括一些我咨询的人在内）从事演化生物学的研究。

基于演化生物学家对这个问题的回答，关于为什么我认为生态群落理论可以帮助学生理解数量众多又相互混杂的理论和模型的观点，也就不言自明了(上面的第一个回答)。生态学家经常由于使用新术语来包装旧观点而饱受批评（Lawton 1991，Graham and Dayton 2002，Belovsky *et al.* 2004），因此第二个回答也适用于生态群落理论。至于第三个回答，我也希望通过本书这个普适理论来引导感兴趣的年轻人从事生态学研究。

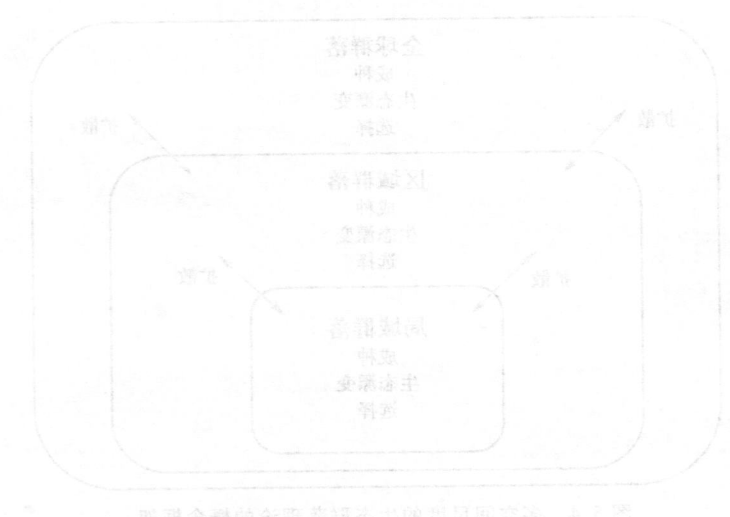

第6章 生态群落动态的模拟

到目前为止，本书基本上都是以定性的方式来介绍群落生态学的理论观点。尽管生物学领域中许多重大的理论进展都是通过定性推导而来（Wilson 2013），但数学模型对于生物学理论的发展也是不可或缺的（Otto and Day 2011，Marquet *et al.* 2014）。究其原因，首先模型可以对提出的观点进行严格检验：如果我们不能对某一特定现象进行定量描述，那么就需要质疑定性描述的逻辑是否存在漏洞。同时，模型还要求我们明确一些简洁的预设，包括那些我们视为理所当然、普遍使用的预设。其次，模型可以帮我们评估特定结果（如稳定共存）对不同条件（如环境随时间波动）的敏感性，模型也可以帮我们定量预测一些自然界存在的格局。最后，模型也为我们提供了一种概念上统一化的工具，在这个统一化的概念框架下，我们期望能将许多特定模型看作是一个或几个通用模型的特例。

本章试图达到三个目的：① 阐明四个高层级过程的不同组合情况下所期望的群落动态和格局，这为第8—10章的假说和预测提供理论基础；② 证明群落生态学中大部分模型的核心要素只是几个基本成分的不同组合；③ 为读者提供自行探索的工具，便于他们即使没有太深的数学功底也可以有效地将过程和格局联系起来。

本章以一种不同的方式行文。除了以标准文本的形式提出理论预测部分之外，我以非标准文本的形式介绍并解释原始代码，以便读者自己动手去探索。对后者不感兴趣的读者可以直接跳到介绍模型预测结果的图表部分。

6.1 建模准备

许多模型框架可用于预测和理解生态群落的动态和结构。分析模型和模拟模型（也称为数值模型）之间通常是不同的。它们的区别通常在于如何使用一个或一组方程工作，而不在于开始构建的方法，但为简单起见，我把它们视为不同类型的模型。分析模型是指有闭合解或通解的模型，这意味着方程一旦被写出来，就可以根据方程的初始条件和模型参数值来预测将来任意时刻感兴趣的结果（如给定物种的种群大小）。第3章提到的种群指数增长模型、逻辑斯谛增长模型以及Lotka-Volterra竞争模型都属于分析模型的范畴。这类模型的一大优势在于，它们的运行结果易于被准确地理解，且可以追溯到具体原因。也许最重要的是，即便只有纸和铅笔也可以建模，数学家更青睐这类模型。

然而当复杂程度超出一定限度后，就很难给出（或解释）分析模型的闭合解了，在这种情况下，研究者就需选用模拟模型。在模拟模型中，研究者首先需定义系统的初始状态（如相互作用的各物种的种群大小），以及控制后续变化的一系列方程或规则，然后再用计算机去模拟不同情景下的动态。除了包容更高的复杂性之外，模拟模型的另一优势在于，它可以对自然界发生的事件进行更具体的预测。例如，在模拟模型的代码中，我们可以看到大树死亡、种子扩散以及幼树通过竞争替代死树的过程（Pacala *et al.* 1993）。对于数学基础较好的研究者来说，如果情景不太复杂，就可以用分析模型来表示这些直观的现象（Otto and Day 2011），但大多数生态学家都没有足够的数学能力来将一个生态情景转化为方程，甚至对跟随模型专家来分析这些模型也略感吃力。

基于上述原因，我相信即使是简单的生态模型模拟（即构建分析模型是可能的）在课堂上效果也会很好，因为它便于任何生态学研究者自行探索理论上的群落动态，这比单纯听老师讲解模型更有助于学习。在学会如何将"伪代码"（即关于模型如何运行的简单结构化语言指令）转换为功能性计算机代码后，我们就可以探索这个充满理论可能性的世界了。虽然学会做到这一点需要不遗余力地努力，但这并不比掌握一部新智能手机上的几十个花哨功能难（似乎每个人都并不缺乏这方面的时间），且这仅需极少的数学知识。当然，这不是说复杂的数学在生态学中不是很重要，而是因为一个我们早已接受的事实：许多生态学从业者很难读懂理论文献，且这一局面似乎还将长久延续下去。我希望读者通过探索模型模拟更容易理解生态群落理论的核心思想。也许有人甚至会受到启发，掌握构建他们自己的分析模型所必需的技巧。

这里给出的所有模拟都是使用开源的 R 编程语言来实现的（R Core Team 2012）。为了最大限度地扩大受众面，我假设本章的读者没有任何 R 语言知识，并为模拟代码提供了详细的解释。在信息栏 6.1，我提供了第一个模型（一个局域群落的中性动态模型）的代码，以便读者可以理解模拟是如何运行的。所有代码都可以在网上获取（在线信息栏 1-8；网址：http://mvellend.recherche.usherbrooke.ca/TOEC.html）。如果想要重新绘制书中的一些图，读者需在运行模拟前进行参数设置。

6.2 局域群落动态：生态漂变

让我们从我能想到的一个最简单情景入手，即最初被用于模拟种群中等位基因频率变化的莫兰模型（Moran model）开始（Moran 1958，也见 Hubbell 2001，Nowak 2006）。我以这个模型作为本章所有模拟的基础，来证明许多模型

信息栏 6.1 用 R 语言模拟由两个物种组成的、不考虑成种过程的局域群落的中性动态

R 代码如图 B.6.1 所示。每一行代码的解释如下（序号与图 B.6.1 左边的数字一一对应）：

```
1.  J <- 50
2.  init.1 <- J / 2
3.  COM <- vector(length = J)
4.  COM[1:init.1] <- 1; COM[(init.1 + 1):J] <- 2
5.  num.years <- 50
6.  year <- 2

7.  freq.1.vec <- vector(length = num.years)
8.  freq.1.vec[1] <- init.1 / J

9.  for(i in 1:(J * (num.years - 1))) {

10.     freq.1 <- sum(COM == 1) / J
11.     Pr.1  <- freq.1
12.     COM[ceiling(J * runif(1))] <- sample(c(1, 2), 1,
        prob = c(Pr.1, 1 - Pr.1))

13.     if (i %% J == 0){
14.        freq.1.vec[year] <- sum(COM == 1) / J
15.        year <- year + 1
16.  }
17.  }

18.  plot(1:num.years, freq.1.vec, type = "l", xlab = "Time",
19.  ylab = "Frequency of species 1", ylim = c(0, 1))
```

1–6：(1) 定义初始群落大小(和时间)

7–8：创建用于存放数据的向量

9–17：(2, 3, 4) 模拟计算

18–19：绘制模拟结果图

图 B.6.1 用于模拟局域群落中性动态的 R 代码（该群落仅包含两个物种，且不考虑成种过程）。代码左边的数字是伪代码（见正文），右边的数字对应于信息栏 6.1 中的代码解释部分。在 R 中运行时，左边编号数字必须移除。完全注释版的代码见网址：http://mvellend.recherche.usherbrooke.ca/Box1.htm。

(1) 定义局域群落大小 J。J 被定义为一个对象，“<-” 表示将数字 50 赋值给 J；

(2) 定义物种 1 的初始种群大小 init.1。由此可知，物种 2 的初始种群大小即为 J-init.1；

(3) 创建一个长度为 J 的空向量来表示群落，命名为 COM；

(4) 将群落中 1∶init.1 的个体赋值为 1 表示物种 1，其余个体为物种 2；

(5) 设置模拟运行的年数；

(6) 定义最初模拟的年份为第 2 年（初始状态的群落年份为第 1 年）。如果我们想记录每年的群落动态结果，而不是每一个个体的出生死亡事件，我们需要以此来追踪从第 9 行开始的循环中的年数；

(7) 创建一个空的向量来保存输出结果。由于我们仅需保存物种1的频率，所以我们将这个向量命名为 freq.1.vec（物种2的频率=1-freq.1.vec）；

(8) freq.1.vec 这个向量中的第一个值用来记录物种1的初始频率；

(9) 开始模拟。因为每年都会发生 J 个出生死亡事件，且第一年的结果已经作为初始条件，我们需要设定循环次数（即出生死亡事件重复发生的次数）为 J*(num.years-1)。变量 i 代表循环进行的次数，第一次循环 i=1，第二次循环为 i=2，以此类推；

(10) 计算物种1当前的频率 freq.1，R 代码“COM==1”创建了一个逻辑向量，当群落 COM 中的值为1（此时为物种1）时返回“TRUE”，否则返回“FALSE”（此时为物种2）。对 COM 向量中“COM==1”的部分求和，即为物种1的当前种群大小，再除以 J 就是物种1的当前频率；

(11) Pr.1 是物种1的一个个体被抽中繁殖的概率。因为该模型是中性的，所以与 freq.1 的值相同（如果是基于选择的模型，则计算公式将有所不同）；

(12) 选择一个个体为死亡个体并且以被选中繁殖的个体代替它。由于 runif(1)是产生一个0~1的随机数，因此 J×runif(1)代表产生一个介于0~J 的随机数字。但是我们需要一个整数来选择群落中的个体，而 ceiling 方程的功能就是将随机小数进位取整，这就提供了一个在1和 J 之间的随机整数。这个整数代表将会死亡的个体。在代码的右半部分，我们根据 Pr.1.c(1，2)来确定繁殖个体的物种类别。Pr.1.c(1，2)是指从一个存放数字1和2的向量中，根据物种1的概率(Pr.1)和物种2的概率(1-Pr.1)，从该向量中随机选取1个数字。也就是说，我们选择物种1或者2中的一个个体来替代死亡个体；

(13—15) 每经历 J 次死亡后，记录数据。i%%J 返回的是 i 除以 J 的余数，每当第 J 次死亡事件发生时，i%%J 等于0，循环结束。然后再重新计算物种1的频率（第14行），并且年份增加1（第15行）；

(16—17) 终止 if 循环和 for 循环；

(18—19) 绘制结果图。从1到 num.years 作为横轴，freq.1.vec 作为纵轴，type="l"代表线图，xlab 和 ylab 分别用来设置横、纵轴的名称，ylim 代表纵轴的取值范围。

在本质上都可以通过对一个核心模型进行一次或几次很小的调整来获得。在此有必要提醒精通数学的读者，尽管本章介绍所有模型时都紧扣它们的关键生态学特征，但是在某些情况下（如拓殖-竞争的权衡、岛屿生物地理学），模型的运行并未遵循其在最初表达式中的惯用数学表达。

模拟一个无成种过程发生的中性且封闭群落的动态，下面是模拟该群落动态的莫兰模型的步骤（或者说“伪代码”）：

（1）初始群落由 S 个物种的 J 个个体组成，每个物种 i 有 N_i 个个体；

（2）随机选择一个个体死亡；

（3）随机选择一个个体产生一个后代，以取代死亡的个体；

（4）从第一步重复该过程。

这个模型的美妙之处在于它的简洁，它只需改变上述的第 3 步或第 2 步就可以产生各种不同的群落动态与格局。从表面来看，第 3 步是一个个体仅产生一个后代，在生物学意义上看似奇怪，但这等价于假定群落的所有个体均可以产生很多后代，且在一个给定的时间点上有且只有一个后代可以成为该群落的新成员。由于我们将会使用模拟来介绍本章内容，在接下来的描述中我将使用 R 代码中出现的符号和字体来指代代码本身的变量和参数。

假定一个模拟群落的状态由物种的多度向量（$[\boldsymbol{N}_1, \boldsymbol{N}_2, \cdots, \boldsymbol{N}_s]$）构成，其中 $\boldsymbol{N}_i$ 代表物种 i 的多度或种群大小。假设群落的总个体数是一个常数 `J`，我们可以按照第 5 章相关描述来计算各物种的频率。在仅有两个物种的情形下，物种 1 的频率为 `freq.1` $=$ `N`$_1$`/J`，物种 2 的频率是 `freq.2=1-freq.1`，因此想要洞悉这个群落的变化，只需追踪一个物种的频率变化就可以了。也就是说，群落格局可以完全由单个“响应”变量来解释。我们可以把这一过程（上述 4 个步骤）的 `J` 次重复看作是一个时间步长，简单地说，我们可以把这个时间步长看作一个平均寿命为一年的生物体所组成的群落历经的“一年”。

下面以上述的由物种 1 和 2 组成的群落中性模型来介绍。此模型的 R 代码在信息栏 6.1 中，它比实际需要的最简单的步骤略烦琐（用 R 语言学习类似于第 3 章中所讨论的分析模型，请参见 Stevens 2009）。因为所有个体都有均等的机会被选择为繁殖个体，所以繁殖个体是物种 1 的概率就是这个物种在该群落中的频率：`Pr.1=freq.1` $=$ `N`$_1$`/J`。在此情况下，群落的最终动态仅取决于生态漂变，物种频率随机地上下跳跃，直到其中一个物种灭绝（图 6.1）。如图 6.1 所示，生态漂变在较大群落中的作用比较缓慢，且一个给定物种最终“获胜”的概率等于其初始频率（Kimura 1962，Hubbell 2001）。

6.3　局域群落动态：选择过程

当物种之间具有适合度差异时，也就是说，当物种被选择繁殖的概率与它的频率不同时（`Pr.1` $\neq$ `N`$_1$`/J`），选择过程就会发生。设想一个群落由物种 1 的 10 个个体和物种 2 的 30 个个体组成。那么，`freq.1` $=10/40=0.25$ 和 `freq.2` $=$

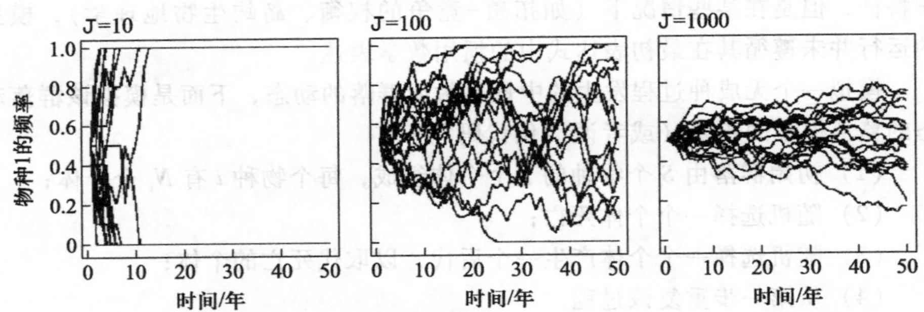

图 6.1 在仅有生态漂变的作用下，由两个物种组成的群落的动态变化。每幅图表示在给定群落大小 J 和物种 1 初始频率（init.1）为 0.5 的前提下进行的 20 次独立模拟实验的结果。R 代码见图 B.6.1 及在线信息栏 1 和 2。图中展示了在仅有生态漂变作用下，物种频率随机波动直到一个物种完全占据主导地位。在较小的群落中生态漂变作用更强；一个物种最终在群落中占主导地位的概率等于其初始频率。

30/40=0.75。如果两个物种在给定时间步长内的平均繁殖产量（即适合度）分别是 20 和 10，那么我们期望物种 1 产生了 10×20=200 个后代，物种 2 产生了 30×10=300 个后代。如果我们随机选择一个子代替代一个死亡个体，那么这个子代为物种 1 的概率为物种 1 产生的子代占所有子代的比例：(10×20)/(10×20+30×10)= 200/(200+300)= 0.4。因此，鉴于物种 1 具有更高的适合度，它在群落中繁殖成功的概率（Pr.1=0.4）高于它的频率（freq.1=0.25）。总的来说，如果物种 1 和 2 的适合度分别为 fit.1 和 fit.2，那么物种 1 的后代替代死亡个体的概率为 Pr.1=fit.1×freq.1/(fit.1×freq.1+fit.2×freq.2)（Ewens 2004）。将该方程的分子和分母同时除以 fit.2，我们可以看到，此时起作用的是两个物种的适合度比值，而不是它们的绝对值：

```
Pr.1=(fit.1/fit.2)*freq.1/[(fit.1/fit.2)*freq.1+freq.2]
```

我们将 fit.1/fit.2 称为适合度比率（fitness ratio）。在线信息栏 2（见网站）中关于选择过程的局域模型的 R 代码仅包含适合度比率，而非单独以 fit.1 和 fit.2 作为参数。

在接下来的小节中，基于选择过程对局域群落动态的影响，我们将依据两个参数对两个物种的适合度比率（fit.ratio）的模拟情景进行探讨。第一个参数是基于所有可能的物种频率的平均适合度比率（fit.ratio.avg），用来代表恒定选择的强度。第二个参数是适合度和物种频率之间关系的方向和强度（freq.dep），用来代表频率依赖的选择。这些模型的 R 代码见在线信息栏 2。如果 fit.ratio.avg=1 且 freq.dep=0，这个模型则是完全中性的，此时与信息栏 6.1 中的代码等同。在模拟不同的选择过程情景时，我们先假定 freq.dep=0，恒定选择的强度由 fit.ratio.avg 设定，然后开始模拟各种频率依赖选择和非恒定选择的情景。通过模拟不同 J 值下的情景，我们也能认识到一个事实：当群落中个体数目（J）相对较少时，基于物种适合度差异的预期结果是不确定的。也就是说，在较小的群落，随机漂变在理论上能够超过确定性过程的影响。

6.3.1　基于恒定选择的竞争排斥

如果物种 1 的适合度始终高于物种 2（即 fit.ratio 始终大于 1），那么物种 1 将趋于竞争性地排除物种 2，反之则物种 1 被排除（图 6.2）。为模拟这种情形，信息栏 6.1 中需要改变的代码是平均适合度的比例以及公式中 Pr.1 的值（即伪代码的第 3 步）。例如，保持 freq.dep=0 不变，考虑到物种 1 较小的适合度优势，我们将 fit.ratio.avg 设置为 1.1（参见在线信息栏 2）。

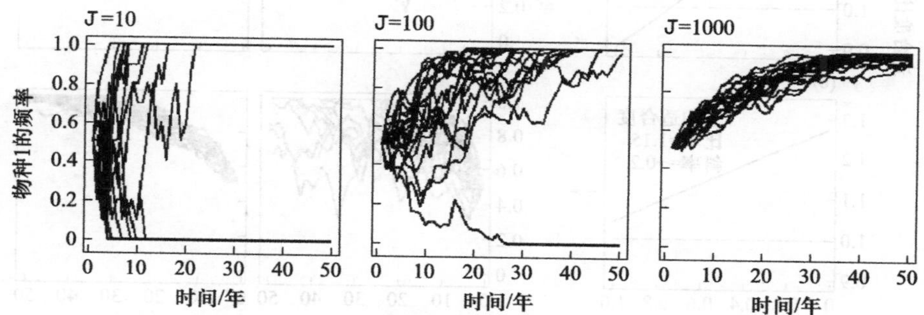

图 6.2　在恒定选择下，由两个物种组成的群落的时间动态。该选择有利于物种 1 竞争排斥物种 2（fit.ratio.avg=1.1，freq.dep=0）。每个小图展示了在给定群落大小（J）的前提下，使用在线信息栏 2 中的 R 代码 20 次独立模拟的结果。虽然选择作用有利于物种 1 在群落中占主导地位，但是在小的群落规模中结果是不确定的。

6.3.2　基于负频率依赖选择的稳定共存

如果当物种 1 是稀有种，且物种 1 的适合度高于物种 2，或正好相反，即每个物种在数量少的时候具有更高的相对优势，那么在这两个物种的多度非零时，应该存在一个稳定的平衡点（Chesson 2000b）。也就是说，在负频率依赖选择的作用下，两个物种可以共存。对于稳定共存来说，仅物种适合度与频率呈负相关关系是不够的，这种趋势还必须要大到足以超过平均适合度差异带来的影响，这样才能满足当物种 1 极其稀少时，物种 1 和物种 2 的适合度比率(fit.ratio)>1，反之亦然（Adler *et al.* 2007；图 6.3）。在图 6.3 的左边部分，线的斜率代表负频率依赖选择的强度（Chesson 的“生态位差异”），线在 *y* 轴的平均位置代表恒定选择的强度（Chesson 的“适合度差异”）。简言之，适合度和频率关系的这两个特征就是现代物种共存理论的关键所在（HilleRisLambers *et al.* 2012）。这些情景也可以使用在线信息栏 2 中的代码实现。

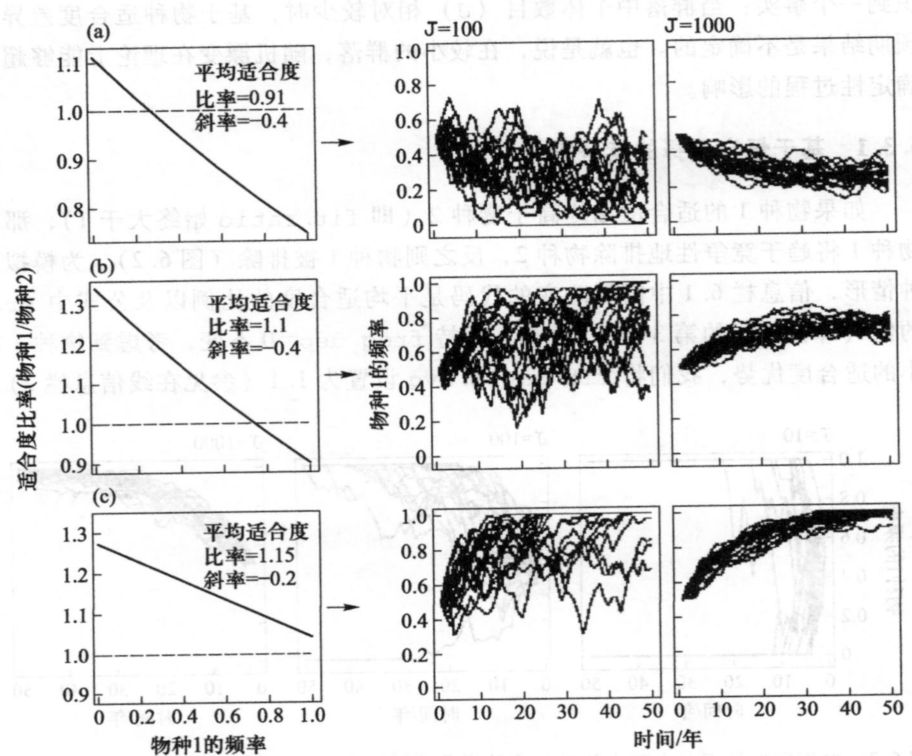

图 6.3 在负频率依赖选择下，由两个物种组成的群落的时间动态。右侧两列图展示了在给定群落大小（J）下的 20 次独立模拟结果。在前两行（图 a，b）中，相比于平均适合度差异，负频率依赖选择作用更强，从而使两物种达到一个稳定平衡状态（左图实线与虚线的交点），即物种共存。在第三行（图 c）的情况下，尽管负频率依赖选择在起作用，但由于物种 1 始终占据选择优势，两物种无法实现物种共存。R 代码参见在线信息栏 2。

为了模拟负频率依赖选择，我们需要设定适合度和频率的关系。简言之，物种 1 和 2 的适合度比率应该与物种 1 的频率呈负相关关系（图 6.3 的左边部分）。虽然一些细节对于理解该情形的关键结果并不重要，但为了确保两个物种在相对优势或劣势方面的对称性，我们可以设定适合度比率的对数作为物种频率的线性函数（见附录 6.1 和在线信息栏 2）。参数 freq.dep 代表了这个函数的斜率。当物种频率均为 0.5 时，参数平均适合度比率是适合度比率的值，图 6.3 的左边部分有效地展示了不同平均适合度比率下的适合度和频率的关系。

6.3.3 随时间波动的选择

到目前为止，在对较大群落进行负频率依赖选择的简单模拟中，群落组成（即物种频率）总是平滑地向稳定平衡的方向收敛。然而，当物种为稀有种时，我们期望来源于负频率依赖选择的稳定共存这一普遍原则使稀有种更具有长期的适合度优势，出现可能涉及时间波动的有关机制。虽然一些重要的具体条件需要在特定模型中设定（Chesson 2000b，Fox 2013），但最简单的是，适合度优势（或劣势）能够随着时间进行波动，这样每个物种在处于适合度优势时都有足够的时间来恢复它们在适合度劣势时造成的种群下降。另一种情况是“缓冲型”种群动态：即存在一些能够保证物种在不利生境下存活的一些方式（如休眠的孢子）或一些防止优势种获得压倒性优势的机制（Yi and Dean 2013）。

适合度的变化既可以由外部波动（如气候）造成，也可以通过由生物体自身所引起的内在环境波动引起（如种间资源利用的差异）（Armstrong and McGehee 1980，Huisman and Weissing 1999，2001）。为了便于说明（即不涉及对不确定共存的具体数理条件的探究），我们可以设定两个物种每隔 10 年各具一次适合度优势（假设由气候波动驱动），通过观察可以发现，每个物种都有从稀有状态下恢复原状的可能性（图 6.4；参见在线信息栏 3 中的 R 代码）。在随后章节中，我们也将继续探讨涉及沿着空间环境变化下的类似情况。

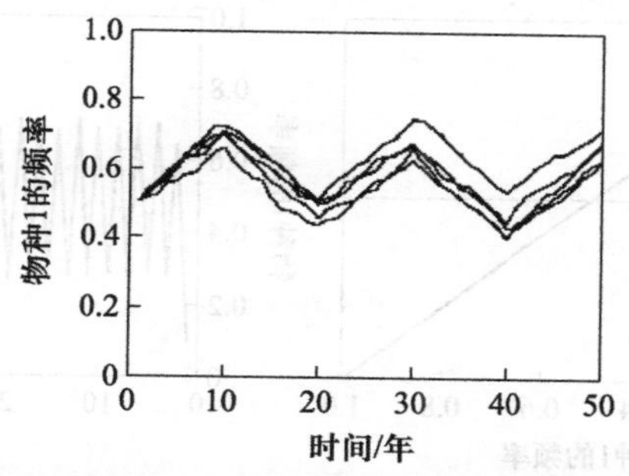

图 6.4　在随时间波动的选择过程中，由两个物种组成的群落的时间动态。该图显示了在群落大小为 4000、适合度比率分别为 1.1 和 0.91（以 10 年为间隔交替出现，0.91 是 1.1 的倒数）的情况下，执行 5 次独立模拟的结果（R 代码见在线信息栏 3）。在这些模拟中，最终某一个物种或其他物种将会通过生态漂变作用“获胜”；长期稳定的共存取决于其他条件，如种群丧失的缓冲力。

6.3.4　周期性群落动态的潜在影响

许多生态学模型的平衡并不是以一些单个指标（如给定的物种频率）来进行表征的，而是以无限地规律性波动或循环的形式来表示。大多数这样的模型都明确地包括了营养级间的相互作用（捕食者-被捕食者循环），但核心特征是具有一种重复地围绕平衡点波动的趋势，这种趋势甚至出现在一些单种群模型（May 1974）或者仅考虑竞争作用的多物种模型中（Gilpin 1975）。由于仅通过物种间的“水平”相互作用引起的有限循环的实证非常少，本小节中的模拟在很大程度上是出于理论上的兴趣，以捕捉一类可能存在的群落动态。这一主题在第 8—10 章中的实证研究中并不重点介绍。

基于前面的模拟框架，我们可以通过增加一个物种适合度对其频率变化的延迟响应来阐明这种波动动态。具体地说，如果我们使用一年最初的物种频率（有 J 个个体死亡）来计算适合度比率，并在这一年中保持该比率不变，而不是根据当前的物种频率来调整它，那么如此强烈的频率依赖会产生不确定的波动（图 6.5）。为了在 R 中实现这个模拟（见在线信息栏 4），我们用两个嵌套循环代替一个 J×num.years 次的循环。在这两个嵌套循环中，第一个循环有 num.years 步，第二个有 J 步，适合度比率定义在第一次循环开始到第二次开始之间。循环也可以出现在有三个物种的“非传递性竞争”模型中（Gilpin 1975），这意味着三个物种就像在一起玩“石头、剪刀、布”的游戏，其固有的频率依赖性为：石头胜过剪刀，剪刀胜过布以及布胜过石头。当三个物种中的任何一个的数量增加时，另外一个物种就会获得优势。例如，石头数量增加时，布就会获得优势。在此情况下，这三个物种轮流主导群落（Gilpin 1975，Sinervo and Lively 1996，Vellend and Litrico 2008）。

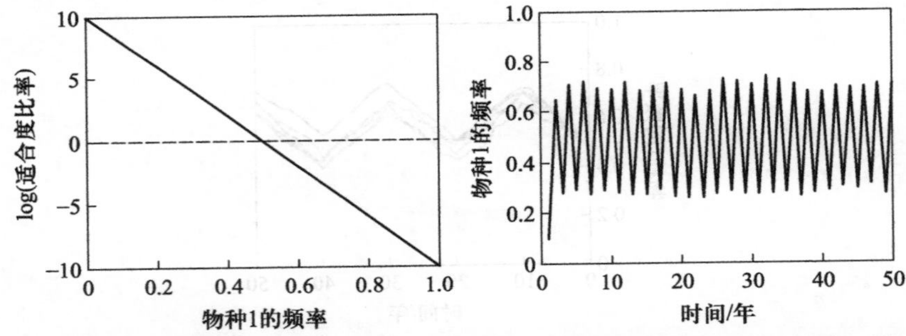

图 6.5 在极强的“延迟”负频率依赖选择作用下，由两个物种组成的群落的时间动态。在本模拟中（在线信息栏 4），物种适合度在一年中保持不变（即并不是每次死亡事件后，适合度都变），因此物种频率会不断地超过 0.5 这个准平衡点；只有在 freq.dep <−10 时波动才明显；这里展示的模拟中，J = 500，freq.dep = −20，物种 1 的初始频率为 0.1；由于左图的 y 轴经过了对数转换，物种间适合度相等时 y 轴对应的值为 0 而不是 1。

6.3.5 正反馈作用下的优先效应与多重稳定平衡

如果物种的适合度与它们的频率呈正相关（如当物种 1 是稀有种时，适合度比率小于 1），那么在模拟开始时就具有高频率的物种总是趋于排除其他物种（即表现出很强的优先效应）。模拟优先效应需要的就是将 freq.dep 的符号（在线信息栏 2）转换为正号（图 6.6）。这个模型呈现了一种最简单的可能情景。在此情景下，一个群落可以具有多个稳定平衡点，即群落中某一物种或另一物种都可以占据绝对优势。许多更加复杂且往往具有系统专一性的模型也预测了多重稳定平衡，同时经常伴随多种生物和非生物特征的变化，比如群落中主要由环境因子（如水的清晰程度）发生改变而引起的特定功能型生物类群主导地位的占据或近缺失（如大型水生植物）（Scheffer 2009）。由于所有上述模型的核心都是某一种或另一种类型的正反馈（如某些物种间的促进作用），一般说来，上述的模型要比最初提出的极其简单的模型更具普适性。

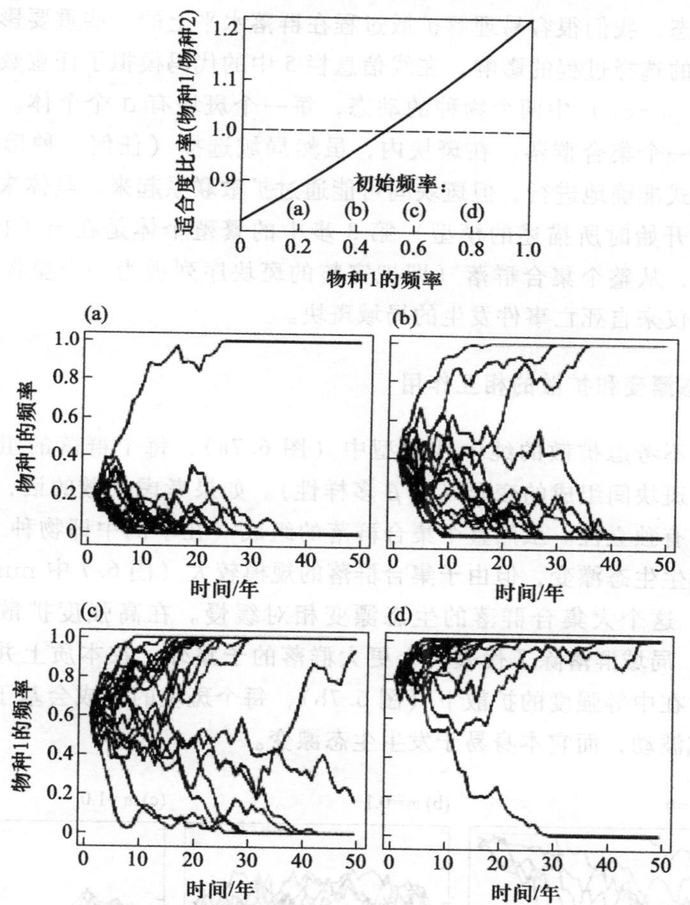

图6.6 在正频率依赖选择下，由两个物种组成的群落的时间动态。这是多稳态的一个简单例子：一个物种或另一物种在群落中占主导地位的概率可以用物种的初始频率准确地预测。当物种1的初始频率大于0.5时，物种1具有适合度优势，反之亦然（freq.dep=0.4，fit.ratio.avg=1）。在所有情况下，群落大小保持不变（J=100）。每幅小图表示用不同的初始频率运行了20次独立模拟的结果：（a）0.2，（b）0.4，（c）0.6和（d）0.8。在（b）和（c）中，初始频率十分接近0.5，因此模拟结果会随机偏向频率的任意一边，从而有利于某一物种或另一物种发生竞争排除。在（a）和（d）中，由于初始频率远离0.5，因此竞争排除的结果具有更高的预测度。图（a）—（d）的R代码见在线信息栏2。

6.4 通过扩散过程相互连接的局域群落

在本章的最后一节（第6.5节），我们将模拟更多物种在扩散和成种过程下的群落动态。然而，通过继续模拟两个物种在两个或多个局域群落或栖息地斑块下的动态，我们很容易理解扩散过程在群落水平上的一些重要影响，以及随空间变化的选择过程的影响。在线信息栏5中的代码模拟了任意数量的生境斑块（num.patch）中两个物种的动态，每一个斑块有J个个体。完整的斑块序列组成一个集合群落。在斑块内，虽然局域选择（任何一种形式）以之前描述的形式准确地进行，但斑块间可能通过扩散联系起来。具体来讲，莫兰模型（本章开始时所描述的模型）第3步中的繁殖个体是在m（扩散参数）概率条件下，从整个集合群落（即把完整的斑块序列视为一个整体）随机选择的，而非仅来自死亡事件发生的局域斑块。

6.4.1 生态漂变和扩散的相互作用

在一个不考虑扩散的纯中性模型中（图6.7a），每个群落的组成随机漂变，造成了斑块间组成的变异（即β多样性）。如果考虑扩散的话，斑块间的动态不再具有独立性。虽然整个集合群落的组成（在本例中即物种1的频率）仍然易于发生生态漂变，但由于集合群落的规模较大（图6.7中num.patch×J=10×J），这个大集合群落的生态漂变相对缓慢。在高强度扩散的情况下（图6.7c），局域群落除了代表一个更大群落的子集外，在本质上并无任何生物学意义。在中等强度的扩散下（图6.7b），每个斑块的组成会基于集合群落的平均组成波动，而它本身易于发生生态漂变。

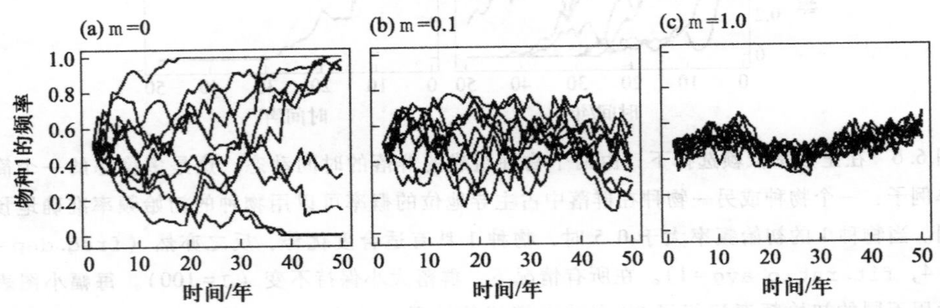

图6.7 在纯中性模型中，10个由两个物种组成的局域群落（生境斑块）的时间动态。其中，每个局域群落的总个体数J=100，且各群落具有不同的扩散能力（m）。R代码见在线信息栏5。在没有扩散（m=0）情景下，生态漂变会使斑块间具有更高的β多样性（a）；更强的扩散能力会使斑块间物种组成更均质（b，c）。

6.4.2　扩散和选择过程的相互作用

假如有两个生境斑块，每一个都选择性地偏好两个物种中的一个。如果斑块间存在扩散，那么两个物种均可能在这两个斑块中无限期地共存。换言之，随空间变化的选择过程能够提高斑块内和斑块间的物种多样性。如果选择作用的优势或劣势在斑块间是对称的，即物种 1 在斑块 1 内具有选择优势，而物种 2 在斑块 2 内具有选择优势，那么我们期望集合群落间物种共存不受扩散能力的影响。在斑块之间没有扩散的情况下（图 6.8a），每个斑块上一个物种都会最终排除另一个物种。随着扩散能力的增强（图 6.8b，c），即使一个物种在斑块上处于选择劣势（低的适合度优势），也会由于该物种从其占据高适合度的斑块中持续地扩散而在该斑块中具有更高的多度。

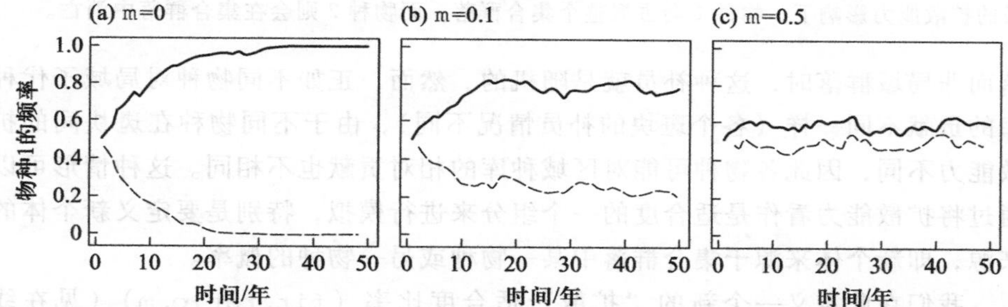

图 6.8　两种生境斑块的群落动态。物种 1 在其中一种生境斑块中具有选择优势，而物种 2 在另一种类型中具有选择优势。一种斑块上物种 1 适合度比率为 1.2（实线），而另一种生境斑块上适合度比率为 1.2^{-1}（虚线）。每个群落的大小 J = 1000。R 代码见在线信息栏 5。随空间变化的选择过程促进了两个物种的共存，其中扩散（m>0）通过抵消局域选择的作用使得物种组成在斑块间更相似。

当选择作用在斑块群落间不同时，即相比于斑块 2 中的物种 2（适合度比率为 1.1^{-1}）而言，物种 1 在斑块 1 上具有更高的选择优势（适合度比率为 1.5），足够强的扩散能力可能会导致物种 2 的灭绝。在此情形下，当缺少扩散作用时（图 6.9a），每个物种在其具有选择优势的斑块上都会排除其他物种。随着扩散能力的提升（图 6.9b，c），物种 2 的个体在斑块 1 上的补员（recruiting）处于严重的选择劣势，物种 1 在斑块 2 上的补员则具有较小的选择劣势。因此，当扩散能力达到一定程度时，斑块 2 的物种组成会被“拉”到斑块 1 的水平，最终导致物种 2 在集合群落中的消亡（图 6.9）。

6.4.3　基于不同扩散能力的选择过程：竞争-拓殖权衡

在第 6.4.1 和 6.4.2 两个小节中提到的一些模型隐含了一个假设，即所有物种都具有相同的扩散能力（代码见在线信息栏 5），当新的个体来自集合群

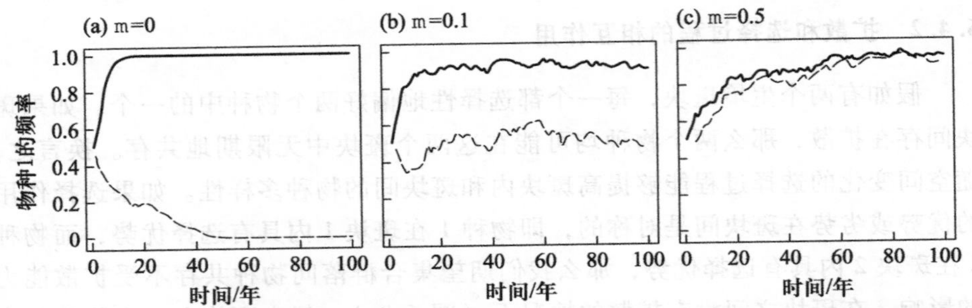

图 6.9 两种生境斑块的群落动态。物种 1 在一种生境斑块中具有选择优势，而物种 2 在另一种生境斑块中具有选择优势。在此情形下，适合度比率是不对称的：在一种斑块中是 1.5（实线），而在另一个斑块中是 1.1^{-1}（虚线）。每个群落的大小 J = 1000。R 代码见在线信息栏 5。在弱的扩散能力影响下，两个物种可以在集合群落中共存（a，b），但在非常强的扩散能力影响下，物种 1 会占据整个集合群落，而物种 2 则会在集合群落中消亡。

落而非局域群落时，这种补员就是随机的。然而，正如不同物种对局域子代种库的贡献不同一样（各个斑块的补员情况不同），由于不同物种在斑块间的扩散能力不同，因此各物种可能对区域种库的相对贡献也不相同。这种情形可以通过将扩散能力看作是适合度的一个组分来进行模拟，特别是要定义新个体的来源，即新个体来源于集合群落中某一物种或另一物种的概率。

我们在此定义一个新的“扩散”适合度比率（fit.ratio.m）（见在线信息栏 6）。当在这个 for 循环中模拟扩散过程时，首先计算物种 1 在整个集合群落中的频率，然后将该值与“扩散”适合度比率结合起来计算 Pr.1，正如补员在局域群落内发生时的情形一样。这个过程引入了抵消适合度影响的可能性：虽然物种 1 可能在局域生境具有优势（两个斑块的适合度比率 fit.ratio>1），然而物种 2 可能具有更高的扩散能力（fit.ratio.m<1）。在这类研究中，适合度通常被分为“竞争能力”和“拓殖能力”两部分。当这些“能力”之间存在足够强的权衡，使扩散能力既不太小也不太大时，这些物种可能在集合群落中共存下来（Levins and Culver 1971，Tilman 1994）。以数学的形式来说，当多个斑块间具有相同的局域选择时，集合群落更像一个大的斑块。在这个大的斑块中，某些区域（局域的某个群落）补员事件有利于物种 1，而另一些区域有利于物种 2（扩散）。尽管如此，这些结果仍然可以表明，生活史权衡可能会促进生物多样性的维持（图 6.10）。

6.4.4 包含扩散过程的模型的总结

以上所列扩散过程相关的模型都比较简单，所涉及的都只是对一个核心模型的小的改动，却阐明了许多为我们熟知且看似不同的理论结果。第一，随空间变化的选择过程（即通过环境异质性）可以作为一种生物多样性维持的强大

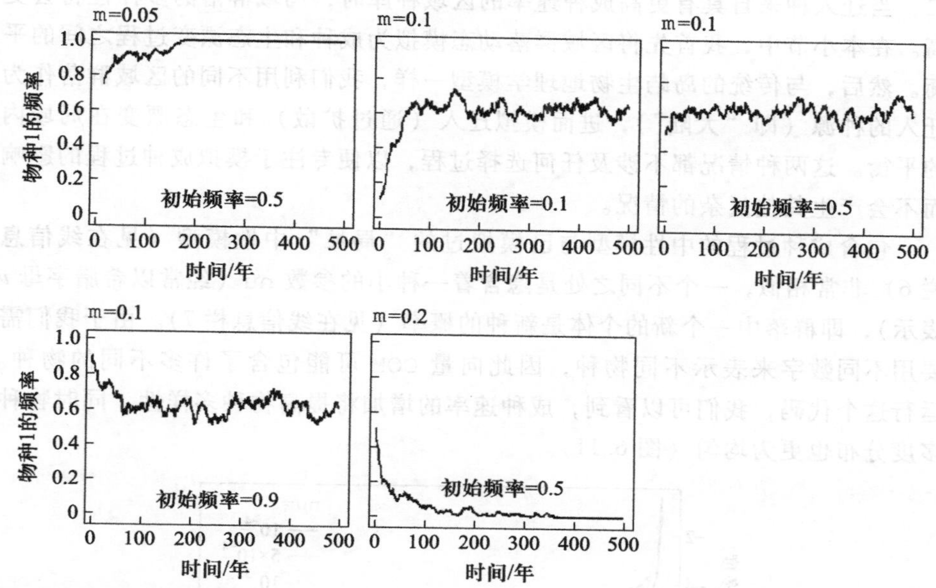

图 6.10　两种生境斑块组成的集合群落的时间动态。两种斑块的群落大小 J = 1000；在两种斑块中，物种 1 均具有选择优势（fit.ratio.avg = 1.2）；斑块间受扩散影响（m>0），从扩散能力来讲，物种 2 具有适合度优势（fit.ratio.m = 1/5）（见在线信息栏 6）。由于两种斑块的局域参数是相同的，图中结果只展示了集合群落水平的物种频率。尽管初始频率不同，但在 m = 0.1 时物种 1 的频率总是趋于平衡频率 0.6。当扩散能力较弱（m = 0.05）时，物种 1 胜出；当扩散能力较强（m = 0.2）时，物种 2 胜出。上述模拟中物种 1 的竞争能力更强（fit.ratio.avg>1）而物种 2 的拓殖能力更强（fit.ratio.m<1），因而包括了竞争-拓殖权衡模型的核心特征。

外力（Levene 1953）。第二，扩散通常维持着物种的“汇”种群，从而提高局域尺度上的多样性（MacArthur and Wilson 1967）。无论局域选择作用如何（Hubbell 2001，Chave *et al.* 2002），扩散都会导致群落组成在栖息地斑块间的收敛（即 β 多样性减小）。如果不同物种在不同地方的选择性优势差异较大，那么极强的扩散作用最终会降低集合群落的多样性（Mouquet and Loreau 2003）。最后，如果扩散能力和局域选择优势在物种间呈负相关关系（即存在权衡），那么在空间上均质的局域选择下物种也可以共存（Levins and Culver 1971，Tilman 1994）。

6.5　考虑成种过程的模型

将成种过程整合到群落动态的模拟中，可以用来说明两点。第一，更高的成种速率不仅可以提高物种多度分布的均匀性，也能够提高物种多样性；第二，当迁入种来自具有更高成种速率的区域种库时，局域群落的多样性将会更高。在本小节中，我首先将区域群落动态模拟为成种和生态漂变过程之间的平衡。然后，与传统的岛屿生物地理学模型一样，我们利用不同的区域群落作为迁入的种源（即“大陆”），进而模拟迁入（通过扩散）和生态漂变在局域内的平衡。这两种情况都不涉及任何选择过程，以便专注于模拟成种过程的影响而不会产生其他复杂的情况。

包含成种过程的中性模型与已模拟过的“局域”中性模型（见在线信息栏 6）非常相似，一个不同之处是隐含着一种小的参数 nu（经常以希腊字母 ν 表示），即群落中一个新的个体是新种的概率（见在线信息栏 7）。由于我们需要用不同数字来表示不同物种，因此向量 COM 可能包含了许多不同的物种。运行这个代码，我们可以看到，成种速率的增加将提高物种多样性，同时物种多度分布也更为均匀（图 6.11）。

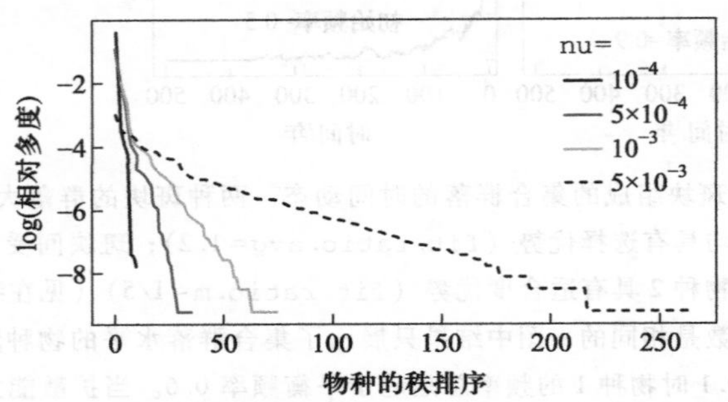

图 6.11 由不同成种速率（nu）的中性模型构建的群落的相对多度分布。在所有情况下，群落大小 J=10000。图中展示了模拟的 10000 年后某一时间点的结果。R 代码见在线信息栏 7。

当在局域群落的动态模拟中加入迁入过程时，我们就可以探索成种速率对局域多样性的影响（通过它对区域种库的影响）。一个局域群落的补员从区域种库来选取，其概率为 m，该值由图 6.11 表示的一个相对多度分布所定义。一个物种在区域种库的相对多度（频率）代表了当迁入发生时该物种被选择为提供新个体的概率。这基本上是一个基于个体的岛屿生物地理学模型（MacArthur and Wilson 1967）。模拟此类情景的 R 代码见在线信息栏 8。

通过以上这些模拟，我们可以看到那些众所周知的结果，即物种多样性随面积（由 J 代表）和迁入速率（m）的增加而升高。我们也可以发现，如果迁入种来自具有更高成种速率的区域种库时，局域多样性会更高（图 6.12）。这是种库假说解释物种多样性沿环境梯度变化趋势的关键所在（Taylor *et al.* 1990）。如果我们假设图 6.12a 和图 6.12b 分别代表两种不同的生境类型（如低生产力和高生产力的生境），那么图 6.12b 较高的局域多样性是由于其具有较高的成种速率，而不是局域选择作用的差异所致。

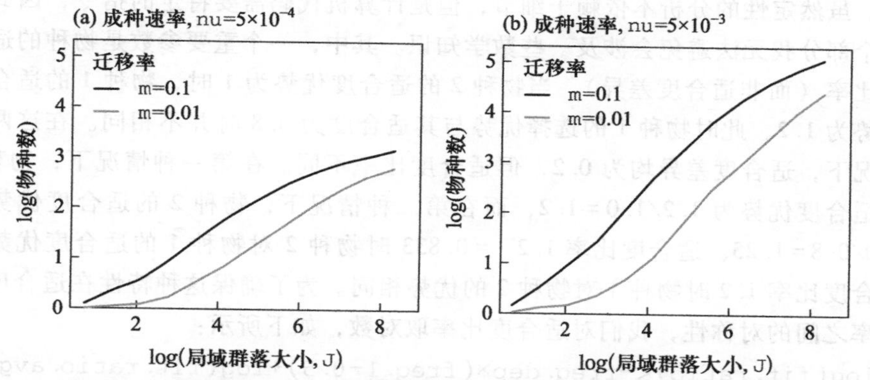

图 6.12　相互独立的局域群落（中性群落）中物种多样性和群落大小（面积）的关系。这些局域群落具有不同的迁入速率（m）且迁入个体来自具有不同成种速率（nu）的种库。R 代码见在线信息栏 8。

6.6　总结

本章所描述的不同群落动态可能涉及多种不同的生态学机制，包括养分、干扰、捕食、病原菌、环境波动、生理权衡、生活史权衡以及生物地理环境等。然而，这些相对简单的模拟场景却说明了大量模型的关键特征，这些模型描述了一个局域群落内处于同一营养级物种间相互作用或者受扩散和成种过程影响的一系列局域群落的动态。重要的是，这些动态过程都可以通过修改几行计算机代码来模拟，且它们又会产生许多用于实证检验的预测（见第 8—10 章）。

鉴于我们给定的模型可以由一些相同的生态学现象说明，同时模型中简化的假设（如常数 J）并不足以涵盖一些我们感兴趣的现象（如捕食与被捕食关系），因此许多熟悉数学模型的研究者将会认为这些模型模拟是非常笼统的。然而本章的目标读者主要是其他 95% 的生态学家。通过将事物随时间改变的一些简单原则转换为可读的计算机语言，我们可以产生很多用于实证检验的预测，同时提供一个简单的切入点，以理解有关相互作用物种的一大类生态模型的关键特征。同时，这些模型中包括的相关高层级过程是非常少的，仅包括生态漂变（受群落大小影响）、扩散、成种和几种类型的选择，以及它们在时空上的变异。

附录 6.1　适合度与物种频率的关系

简单地说，我们对负频率依赖选择这个术语的解释是：物种的适合度优势是随该物种频率的上升而下降的函数。但是单调的负相关函数可以有多种形式。虽然定性的分析不依赖于细节，但是计算机代码需要特定的指令，因此在这个部分我无法避免会涉及一些数学知识。其中，一个重要参数是物种的适合度比率（而非适合度差异）。当物种 2 的适合度优势为 1 时，物种 1 的适合度优势为 1.2，此时物种 1 的选择优势与其适合度为 0.8 时并不相同。在这两种情况下，适合度差异均为 0.2，但适合度比率不同。在第一种情况下，物种 1 的适合度优势为 1.2/1.0 = 1.2，而在第二种情况下，物种 2 的适合度优势为 1.0/0.8 = 1.25。适合度比率 1.2^{-1} = 0.833 时物种 2 对物种 1 的适合度优势与适合度比率 1.2 时物种 1 对物种 2 的优势相同。为了确保这种特性在适合度和频率之间的对称性，我们对适合度比率取对数，如下所示：

```
log(fit.ratio)<-freq.dep×(freq.1-0.5)+log(fit.ratio.avg)
```

式中，“-0.5” 表示当两个物种的频率相等（=0.5），同时适合度比率的平均反转换对数（**back-transformed logarithm**）在所有频率上都取均值时，`fit.ratio` 的值等于 `fit.ratio.avg`。用于计算最初的 `fit.ratio`（这是计算 `Pr.1` 所需要的）的计算公式如下（见在线信息栏 2）：

```
fit.ratio<-exp[freq.dep×(freq.1-0.5)+log(fit.ratio.avg)]
```

由此可见，在图 6.3 中，左半部分两个变量的关系呈现出轻微的曲线关系，这是因为 `freq.dep` 与 `log(fit.ratio)` 而不是 `fit.ratio` 呈线性关系。而在图 6.5 左半部分，y 轴为 `log(fit.ratio)`，则呈现出完美的线性关系。

第三部分

实证研究

插图：落叶阔叶林　创作者：邓千一

第7章

实证研究的特征

在本书前面的几章，主要集中讲述了生态学的一些概念、理论和模型。接下来我们将转向实证研究。第8—10章将评估由生态群落理论提出的一系列假说和预测的实证检验。在此之前，我们先从哲学和方法论的角度来探讨生态学家对群落进行实证研究的不同方法。本章将讨论以下问题：

- 当前的生态学文献中有多少研究与生态群落理论的假设和预测有关？这些研究又是如何根据不同的生物类群和实证方法分类的？
- 生态群落的实证研究主要有哪些方法？它们的优缺点各是什么？
- 什么推动了群落生态学的实证研究？
- 群落生态学家所采用的基本观察单位和分析单元是什么？

对群落生态学实证研究的目标、方法和分析比较熟悉的读者也许想直接跳到下一章。但就生态研究中的巨大差异（就所列因子而言）、文献范围和评估因果关系能力等方面的挑战来说，批判地评估从实证研究得出的推论将对我们有巨大的帮助。

7.1 实证研究文献的现状

在准备写本章时，我决定先走出我对群落生态学的认知误区。与所有生态学家一样，我对我所研究的生态系统（温带森林和草原植物）实证研究的概念和理论观点了解很多，对其他系统和主题则不然。在2011—2014年，我浏览了7种生态学期刊上随机挑选的某一主题的所有文章（见信息栏7.1），从中我学到了三点。第一，本书的主题（水平群落生态学，horizontal community ecology）与生态学家所做的约三分之一的研究相关。这些研究在不同生物类群和研究方法上存在偏差（如大量的植物观察研究，见表B.7.1），因此在总结这些存在很大偏差的文献时，我会尽可能地减少个人偏见。

第二，我感受到我被淹没在海量的论文之中。这一点都不奇怪，粗略计算一下，过去十年发表了超过一万篇（实际可能至少是两倍）与本书主题相关的论文（信息栏7.1）。虽然我尽量避免在专业写作中使用感叹号，但这可是一万篇专业文献啊！一个人需要一生中的每个工作日阅读不少于四篇新的文献，才刚刚能获得生态学这一领域的全面知识。尽管我没有读够一万篇文献，但是在本书的写作过程中，我搜索几百篇文献的过程足以让谷歌学术怀疑我是一个机器人，我也偶尔无法通过谷歌学术的验证（见图 7.1）。因此我没有试图涵盖所有的相关文献，而是选择了一些特定假设和预测验证的研究案例。

信息栏 7.1 群落生态学已发表文章的总结

在 2011—2014 年这四年间，我在 *Ecography*、*Ecology*、*Ecology Letters*、*Global Ecology and Biogeography*、*Journal of Ecology*、*Journal of Animal Ecology* 和 *Oikos* 这七种重要生态学期刊（涵盖了整个生态学研究范畴）中每年随机选取一期（不包括专刊），阅读了选取的 500 多篇文献的摘要。我选取的文献包括 28 期的 502 篇，其中不包括简要评论、公告、勘误表等类型的文章。在这 502 篇文献中，有 173 篇（34%）与水平群落生态学有关。这表明，水平群落生态学是近年来生态学研究的重点或几个重要主题之一，或者相关理论被用到评估群落特性（如生物多样性对生态系统功能的影响）中。我对这 173 篇论文进行了仔细分析，记录了主要生物类群和基本方法等要素。

在这些文献中，有 18 篇是纯理论研究，剩下 155 篇为实证研究，而且其中几乎有一半是关于植物的。虽然这些文献基本上所有分类群都有涉及，但有关"高等"植物和动物的研究要比微生物或藻类全面很多（表 B.7.1）。虽然有约三分之一的研究涉及野外或室内实验，但实验对于某些类群（如植物、无脊椎动物）来说，比其他类群（如脊椎动物）更常见。对于这样的一个比例我并不惊讶，让我震惊的是竟然有如此多的论文发表。

表 B.7.1 基于生物类群和研究方法的水平群落生态学的 155 篇实证论文分析的总结

方法	生物类群						总计
	微生物	藻类	植物	无脊椎动物	脊椎动物	多类群	
野外观察	5		47	17	20	9	98
野外实验		4	22	11	1	6	44
室内实验	4	1	2	5	1		13
总计	9	5	71	33	22	15	155

注：若一篇文献同时包括实验和观察两部分，则被归入野外实验或室内实验。若包括多个类群，则不会被分在其子类群下（即一篇论文仅被指定为一个独立的类别，只计算一次）。

一些粗略的计算为以下问题提供了一些答案。在过去十年内，已发表了多少篇与本书主题相关的文献？2011—2014 年，我调查的这七个期刊总共刊发了 276 期，也就是说我选择的 28 期约占总发行期数的 10%。因此，我们可以推算在四年的时间里，仅在这七种期刊上就能找到约 1700 篇相关的文献。考虑到平均来说每种期刊发文的数量会随着时间推移而增加，因此在过去10年里，这七种期刊可能发表了不少于3000篇相关文献。另外，无论是关于特定生态系统或生物类群的杂志（如*Journal of Vegetation Science*、*Marine Ecology Progress Series*），还是覆盖各种生态系统的杂志（如*PLoS One*、*Oecologia*），抑或是与保护相关的杂志（如*Ecological Applications*、*Journal of Applied Ecology*），也都发表关于群落生态学的文献。因此我估计，在过去十年里，至少有一万篇与本书主题相关的文献发表，实际数字可能至少是这个数字的两倍。

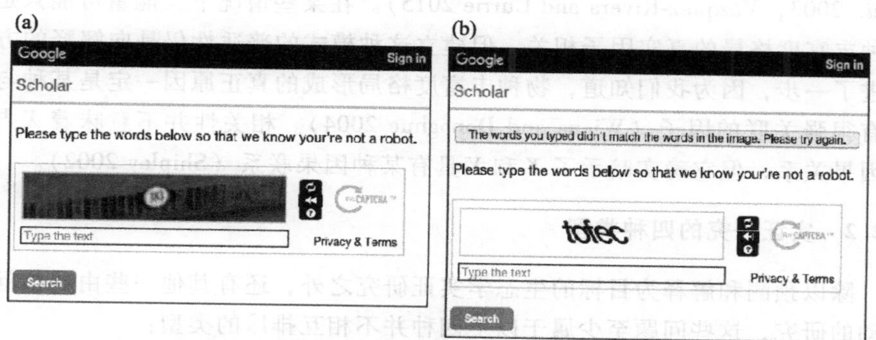

图7.1　（a）当你在短时间内查询过多文献时谷歌学术的反馈；（b）作者在这样做时被误认为是机器人。

第三，前面提到的群落生态学的实证研究具有很大差别，这种差异不仅在生物类群和生境上，也出现在研究目标、实验方法（如观察和实验）、数据收集以及分析尺度（如个体、样方和区域）上。为了解这种异质性，下面我将介绍用于划分实证研究的不同方式，并讨论野外生态学家普遍面临的一些挑战。

7.2　科学研究的动机

7.2.1　科学研究的目标：预测与解释

除描述感兴趣的现象外，科学家致力于实现两大目标：预测与解释。一些生态学家认为，预测是科学的终极目标，人们并不需要准确地解释事件发生的具体机制就能预测该事件是否会发生（Peters 1991）。例如，在大的空间尺度上（如>1000 km^2），根据可利用的能量（主要是温度和降水的函数）可以预测出许多类群的物种丰富度（Currie 1991，Hawkins *et al.* 2003），尽管不知道为什么会存在这种联系，但这种联系对气候变化下生物多样性动态的预测非常有用（Vázquez-Rivera and Currie 2015）。而其他生态学家认为，解释对于预测是必要的（即解释是理解的前提），因此解释才是更重要的目标（Pickett *et al.* 2007）。例如，过去把物种丰富度与能量联系起来的过程在将来可能并不适用，我们只能通过理解该过程来评估这种相关性（Wiens and Donoghue 2004，Kozak and Wiens 2012）。

在第8—10章中，我描述了各种可以用来检验基于过程的假说的预测工作。其中一些研究的主要目的是，通过给定的相互关系（包括关系的强度与方向）而得到的统计预测，可以在一定程度上帮助我们区分基于过程但彼此矛盾的假设。事实上，预测和解释之间的区别并不那么明确。例如，物种丰富度和能量在空间、时间和生物类群上明显的相关关系是可重复的，这表明能量很有可能是解释物种丰富度变化的“真实”决定因子（Currie 1991，Hawkins *et al.* 2003，Vázquez-Rivera and Currie 2015）。在某些情况下，能量可能只是与物种丰富度格局的真实因子相关，但建立这种模式的普适性仍是向解释的方向迈进了一步，因为我们知道，物种丰富度格局形成的真正原因一定是某种与能量有很强关联的因子（Wiens and Donoghue 2004）。相关性并不意味着 *X* 与 *Y* 的因果关系，但它确实暗示了 *X* 和 *Y* 具有某种因果联系（Shipley 2002）。

7.2.2 实证研究的四种类型

除以预测和解释为目标的生态学实证研究之外，还有其他一些由具体问题驱动的研究，这些问题至少属于以下四种并不相互排斥的类型：

（1）**自然界中有什么样的格局？**这是最基本的生态学问题。前文提到的许多生态学研究只是通过偶然的（或完全没有）观察来量化一些有趣的格局，如物种多度分布曲线的形状（常见种少而稀有种多），沿纬度梯度、干扰或岛屿面积的物种多样性格局，以及不同物种占优势的区域在空间上的不连续变化。

（2）**为什么自然界中会出现这样的格局？**例如，对于物种多样性的纬度梯度，我们可能会先想是哪些特定的环境或历史变量与多样性的关系最密切，进而推断可能的原因。当两个优势种沿环境梯度突然转变时，我们可以结合移植和移除实验来检验是竞争还是环境耐受性在其中发挥着显著作用（Connell 1961）。仅通过识别一些群落属性间的强烈相关性，我们就可以归纳这些不同类型的问题是如何相互渗透的，而认识这种相关性意味着朝找出其内在机制又前进了一步。

（3）**某个因子的生态后果是什么？**野外观察表明，气候、养分输入、生境破碎化、捕食等特定因子对很多生态后果都有潜在的重要影响。这类问题一般从一个感兴趣的因子（统计学上称为自变量）开始，然后探究群落属性(因变量）究竟是如何被这个因子影响的。不同于上面的第二个问题（它从自然界中已有的结果开始），此处的问题是通过创建或探讨假设情景来分析生态后果会怎样。这些问题通常是通过设定特定因子的实验来解决（如在湖中添加捕食者实验或生境破碎化实验）。

（4）**某种理论的假设和预测在自然界中是否适用？**前三类问题中的许多

研究都属于此范畴，但还有一部分其他理论驱动的研究不能归入前三类。物种共存理论的一些实证检验就是很好的例子。在这些研究中，研究人员可以检验种间特定性状或适合度的权衡，或单物种适合度的负频率依赖（HilleRisLambers *et al.* 2012）。在生态学研究中，数据收集者和理论研究者之间一直有着某种不稳定的关系，理论研究是以各种不同的方式融入实证研究中的（Shrader-Frechette and McCoy 1993）。这个话题将在下一节中着重讨论。

7.2.3 理论研究对实证研究的作用

一个理想化的理论应该包含一个或多个用于解释自然界普遍特征的假说，而且具有可以为检验提供依据的特定假设和预测。生态学中，我们可以按照一定标准对理论、模型或假说进行归类（Scheiner and Willig 2011），但在实践中，**理论**和**假说**这两个词通常或多或少地都被用来描述我们在自然界中可能看到现象的预测（Pickett *et al.* 2007，Marquet *et al.* 2014）。

在我看来，许多生态理论可以概括为“我预测你能在你的系统中发现我在我的系统中已发现的规律”或者“你看到我看到的现象了吗?”而不是从可能形成某种格局的原因进行推导和逻辑演绎。中度干扰假说就是这样的一个例子。该假设有一段颇有争议的历史（Fox 2013，Huston 2014）。最初的假说是从观察到的格局反推而得，并阐明了在高度干扰的条件下（适应这种极端条件的物种数少）和不受干扰的条件下（一个或几个优势种的竞争排斥；Grime 1973）发现的物种少的一些原因。然而“检验”该假设在很大程度上是去检验是否在其他地方也发现了 Grime（1973）在英国草本植被中观察到的多样性与干扰之间的单峰关系（Fox 2013）。虽然对这个问题的回答代表了一个重要的实证研究上的进步（一旦许多案例都证实，就表明了这个假说的普适性），但我认为，这些结果并不能在更广阔的理论视野中决定世界是如何运作的。无论是否符合假说，这种模式本身都不能直接归因于上述各个可能的原因。

其他一些理论从第一原则开始，提出了一个或多个关于世界如何运作的假说，然后用语言或数学逻辑做出具体预测，如生态学的中性理论。Hubbell（2001）首先假设，物种在生态功能上是等价的，群落中的个体数量具有一定的上限，以及扩散受空间上的限制。然后他提出了一系列数学模型，对物种随面积的增加而增加、物种多度分布的形状以及群落相似性随地理距离的增大而衰减做出了一系列预测。许多研究已经明确地检验了该理论的假设和预测（Rosindell *et al.* 2012，Vellend *et al.* 2014）。与“你看到了我看到的吗?”这类的理论不同，这些研究结果确实证实了生态格局和过程的广泛的理论基础。某些群落格局与中性理论的预测一致（如相对多度分布的形状）迫使我们重新考虑选择过程的重要性（见第9章），而中性理论不能预测物种组成和环境之间的密切关系，又需要我们考虑选择过程的作用（见第8章）。

本书接下来三章的内容更符合理论研究的后一种情况。在第 8—10 章，我提出了一系列关于某一特定过程重要性的假说，每一种假说都对实验数据进行了多重预测。在第 11 章，我再次回顾了"格局优先"的研究方法，并解释了生态群落理论与采用过程优先和格局优先这两种方法的研究具有同等相关性的原因和联系。

7.3 两种基本的实证研究方法：观察与实验

科学的发展源于我们对想要解释和预测的事物的观察。通常"仅仅是描述性的"、完全观察性的研究能够描述格局，但不能检验其内在的驱动过程。这一观点介于过度简化和谬误之间（Shipley 2002，Sagarin and Pauchard 2012）。正如天文学家、地质学家和流行病学家所证实的那样，通过仔细观察、提出对观察现象的不同理论和模型，并结合其他不同来源的证据，能对内在过程的理解起到极大的推动作用。生态学也是如此（Pickett *et al.* 2007）。例如，通过将观察到的在不同时空中沉积的化石花粉、冰川历史、环境条件、树木种群与分子遗传学和数学模型结合起来，可以清晰地理解在不断变化的环境中树木的地理范围变化和森林群落构建过程（Clark *et al.* 1998，McLachlan *et al.* 2005，Williams and Jackson 2007）。

如果可以进行实验设计的话，实验设计可以为检验目标假说或为更好地理解系统的运转方式提供一个无可比拟的工具（Hairston 1989，Resetarits and Bernardo 1998，Naeem 2001）。例如，为验证局域物种多样性受物种迁入率限制的假说，通过实验增加新物种的迁入率是最直接的方法（Turnbull *et al.* 2000）。实验可以在野外进行（如在自然植被样地中添加种子），也可以在实验室内进行（如通过不同程度的扩散来连接微宇宙），还可以将野外和实验室结合来进行（如在室外设置容器使之类似于小型池塘）。

尽管实验的重要性显而易见，但是如第 3 章所述，它们并不是生态学研究的灵丹妙药。除了在许多情况下实验操作不可行或不符合道德规范外，实验在可实施的空间尺度上受到严重限制，而且实验设计常常不确定是否符合自然界的真实情况（Bender *et al.* 1984，Yodzis 1988，Dunham and Beaupre 1998，Petraitis 1998，Werner 1998，Maurer 1999，Naeem 2001）。例如，我们可以对一小块土地或水体进行增温实验来检验温度的生态效应，但实验调节的温度变化总是比自然发生的更快，而且在同时不改变其他因子的情况下，执行起来更加困难。我们不能单单基于温度控制实验来预测生态群落将如何对全球变暖做出响应（Wolkovich *et al.* 2012）。最后，对于公众非常关心的生物，如大型哺乳动物或鸟类，虽然没有严格的科学标准，但很难作为生态实验的响应变量。

许多观测研究被称为"自然实验"（natural experiment）（Diamond 1986），

通过观察可以研究和分析某些人为活动引起的或自然环境变化时发生的生态学后果。例如，干扰（火灾、采伐或外来物种入侵等）可能实际仅发生在某些地区，却模拟了一个生态学家想要做的“真实”的实验设计。所有在不同条件下的样地观测研究都可以称为“自然实验”，尽管它们存在着各种不可控因子。无论如何，自然界中的“自然实验”在生态学研究中依然具有重要意义。

总之，不同的研究方法各有优缺点。表 7.1 对不同类型的生态学研究其真实性、阐明机制的能力以及公众关注度进行了主观评价。在接下来的第 8—10 章，我将采用高度多元化的方法，借助多种实证研究来说明不同假说所做的预测。

表 7.1　不同生态实证研究在真实性、对特定格局或结果的内在过程的解释能力以及公众的关注度方面的一些优缺点

方法	真实性	过程	关注度
观察法：分别在破碎化和非破碎化的自然景观中记录鸟类群落属性	高	低	高
观察法：调查不同土地利用历史的森林演替序列	高	低	高
实验法：在野外“容器群落”（container community）（如树洞中的水）中移除或添加捕食者	高	高	低
实验法：添加营养物质对池塘内浮游动物的影响	中	高	中
实验法：在野外研究植物群落对控制温度的响应	中	中	高
实验法：建立野外实验群落，评估多样性对生产力的影响或特定物种共存机制的重要性	中	中	中
实验法：实验室微宇宙中微生物的扩散效应	低	高	低

注：真实性是指结果适用于非实验情况的程度：关注度是指普通公众、管理人员或政策制定者对结果的感兴趣程度。

7.4　群落生态学的分析单元

生态学研究在总体目标、动机来源和实验方法上的差异与其在观察单元、分析单元和关注的生态因子间的差异相比是微不足道的。

在生态学中，**观察单元**是实验者感兴趣的测量对象，可能是生物器官、个体、种群、物种、样方或整个区域。**分析单元**指的是某一特定分析中使用的单元。虽然群落生态学以群落为分析对象是不言而喻的，但事实上群落生态学理论在几个不同层面上进行预测（表 7.2）。一些研究以单个树木或幼苗为研究对象，用其来检验群落生态学理论中关于种群存活或生长变化受到同种和异种个体密度影响的预测（Comita *et al.* 2010）。例如，在巴拿马巴罗科罗拉多岛（Barro Colorado Island，BCI）上著名的 50 hm^2 热带森林大样地中，长期观测的基本单位是单株树或幼苗，主要的测量或观测聚焦于林木的物种名、大小和地理位置（Hubbell and Foster 1986）。另一种可能的分析单元是物种。在这种情况下，研究者会综合每一物种的个体数据，用以检验那些可能促进物种稳定共存（性状或适合度组分的权衡）的理论预测（Wright *et al.* 2010）。

表 7.2 群落生态学实证研究中的分析单元以及每个分析单元所关注的属性变量

分析单元	被解释属性 （即 Y 变量或因变量）	可能的解释属性 （即 X 变量或自变量）
1. 样地或局域群落	• 多样性 • 物种组成（两种情况下可能都涉及性状）	• 环境（均值、方差） • 大小或面积 • 环境（如连通性） • 群落子集（如外来种） • 时间或年龄 • 样地历史
2. 对照样地	• 组成相异性（组对间的 β 多样性）①	• 地理距离 • 样地特征差异
3. 一组样地（>2 个样地，如在区域②或实验处理中的多个样地）	• 总的 β 多样性 • 前两个分析单元所包括的属性间的任一关系	在区域或集合群落尺度上评估上面列出的属性，如： • 区域物种多样性 • 在区域种库中物种或性状的分布 • 环境（如气候）
4. 个体或种群	• 适合度或物种特性 • 性状	• 同种个体和其他物种的密度或频度 • 环境
5. 物种	• 适合度（整体或特定部分） • 恒有性或多度 • 性状	• 其他适合度因子（不用作因变量） • 其他种的恒有性或多度 • 其他性状
6. 物种对	• 生态位差异 • 适合度差异 • 相互作用的强度或方向	• 系统发育差异或性状差异 • 环境
7. 一组物种（>2 种）	• 以上列出的所有 Y 变量或 X–Y 关系	• 平均性状 • 多性状的权衡形式

注：这里的“环境”指可以独立于群落本身进行测量的所有样地属性的总称（见图 2.1e）。常见的例子包括群落所需的资源水平（如营养物质、猎物）和非生物环境（如温度或 pH）、干扰机制和消费者胁迫（如草食动物、捕食者）。① 对于两两分析而言，虽然任何单变量的样地/物种属性都可以用来计算成对的差异，但这种分析在样地或物种水平上是多余的，因此这里没有列出。多元空间中的两两差异（如物种组成、地理坐标）则不可能在不损失信息的情况下降成单维。② 这里的“区域”指的是包括一组研究样地的整个范围，没有大小限制。

生态学家可以在单株树木水平上研究任意大小（如 50 m×50 m）的样地或局域群落，并在这个分析单元上对物种组成-环境或多样性-环境的关系进行检验（John *et al.* 2007）。最终，研究人员可以从不同区域的类似样地中提取数据，使总样地面积达到 50 hm^2 的分析单元并进行研究，如样地内的 β 多样性（小样方之间的组成变化）或任何其他属性如何随环境条件的变化而变化（De Cáceres *et al.* 2012）。如第 2 章所述，一个样地的特征（如环境）和一个一阶群落格局（如物种多样性）之间的关系本身就是一种群落格局，称为“二阶”群落格局。因此，可以研究地形与物种组成之间的关系强度是如何在不同森林样地间（De Cáceres *et al.* 2012）或不同亚群（如慢生种与速生种）间变化的。在后一种情况下，分析单元是一组物种。

在很多研究中，观察单位不是单个有机体，而是一个给定大小的研究样地。例如，生态学家经常用盖度值作为对植物或固着无脊椎动物在样地水平上物种多度的估计。在这些研究中，尽管我们可以选择将物种作为观察单位，并就物种间的相关分布格局进行研究（Gotelli and Graves 1996，Legendre and Legendre 2012），但样地数据已不能分解成更小的观测单位。然而，样地数据可以在不同的分析单元上进行合并。与 BCI 数据一样，人们可以研究不同样地、对照或全部样地间（如不同实验处理的样地）群落属性的变化。最后，必须指出的是，分析单元的概念与空间尺度问题是非常松散的关系。研究样地可以是 1 mm^3 的土壤样本或数百平方公里的陆地或海洋，唯一的尺度限制是在一个研究中多个样地比单个样地占有更多的空间。

在不同的分析单元上，研究人员专注他们想要解释或预测的不同的群落特征（即分析中的因变量）和可能更多的解释变量或自变量（表 7.2）。虽然很难罗列出群落生态学家关注的所有问题，但考虑用来提出特定问题的观察单位和分析单元，能帮助我们明晰一项研究与下一项研究之间的关系，这往往是生态学中一个重要的挑战。在接下来三章的实证研究中，我将涉及观察单位和分析单元的多种组合。

7.5 混杂变量与 X 到 Y 的因果关系推断：协变量问题

群落生态学家在任何研究目标、方法或分析单元下，总是面临着潜在的混杂变量（confounding variable）问题，即协变量问题（three box problem）。从群落生态学理论中得出的几乎所有预测都涉及由其他一些非生物或生物变量 X（如同种频率、环境条件）引起的某些生物属性 Y（如个体适合度、群落组成）的变化。直接检验这种预测的巨大挑战是存在许多与 X 和 Y 协同变化的其他变量。有些情况下，即使 X-Y 的因果效应微弱或不存在，这些协变量也可能产生或放大二者之间的相关性。许多实证研究必须面对这一挑战（图 7.2）。

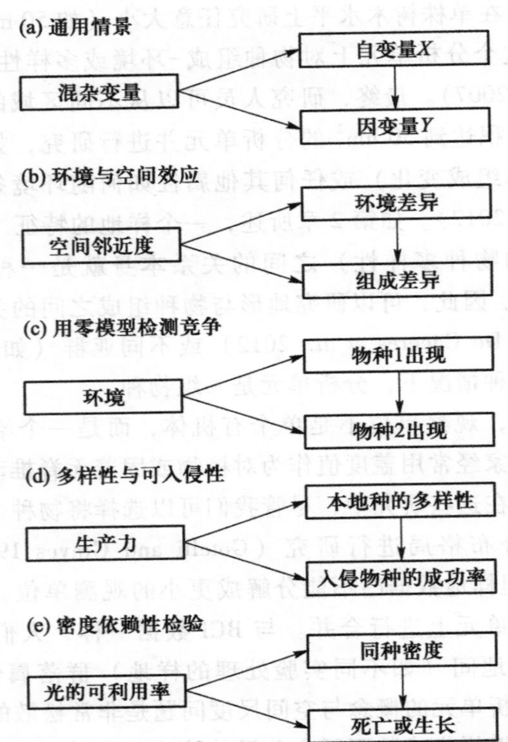

图 7.2 群落生态学中的“协变量问题”：影响因果关系检测的混杂变量。(a) 代表一个通用的情景，(b)—(e) 是几个具体的例子。为简单起见，我没有指出 *Y* 对 *X* 影响的可能性，也没有指出混杂变量受 *X* 或 *Y* 影响的可能性，这两者都有可能。

这些挑战主要有两种解决方案。首先，对于观察性研究，我们可以尝试测量最有可能的混杂变量，然后在评估特定的 *X*-*Y* 因果关系时通过统计学方法对它们进行控制。这通常采用以下两种方法中的一种完成：① 使用一种或另一种线性模型，将 *Y* 预测为 X_1、X_2…的函数，并在控制了其他 *X* 的影响后评估每个预测因子 X_i 的影响；② 使用路径分析或结构方程模型，该方法可以解释一组变量之间更为复杂的因果关系（Shipley 2002）。这种观察性研究的风险在于无法识别或测量一些重要的混杂变量。

另一种解决方案是通过设计重复和随机区组实验对混杂变量进行适当控制，然后对真正感兴趣的因子进行实验处理。这种方法可以最直接地控制潜在的混杂变量，但该方法也存在不足之处。对于一个特定的生态系统或空间尺度而言，控制实验的方法可能是行不通的，即使对自变量 *X* 的所有处理也并不一定能够解释自然界（不可操控的）中 *X*-*Y* 的关系。此外，对一个变量（如物种丰富度、空间资源异质性）的处理可能会无意地改变其他变量（如物种组成、小样方的最大资源水平）。这个问题通常可以通过改进实验设计来解决。

在接下来两章的实证研究中，我们将反复面对协变量问题。

7.6　文献浩如烟海

综上所述，生态学中的文献浩如烟海。生态学家基于不同研究目的，采用不同的观察单位、分析单元和方法进行研究，并且常需要处理潜在的混杂变量。毋庸置疑，这是一个棘手的问题。但需要谨记的是，有很多方法可以用来做群落生态学的实证研究，且在实证研究设计中的每一步决定都各有利弊。因此，本书的后面部分将着重讨论群落生态学中各种不同类型的实证研究。

第 8 章

实证研究：选择过程

在接下来的三章，我将追踪影响群落结构和动态的四个高层级过程（选择、生态漂变、成种和扩散）的实证证据。其中本章聚焦于不同形式的选择过程，第 9 章关注生态漂变和扩散，第 10 章聚焦在成种过程。

在这三章的每一章中，我首先阐述一个关于某一特定过程重要性的假说，然后基于该假说提出一个或多个预测，这些预测都来源于第 5 章和第 6 章中以文字描述或定量分析提出的模型。对于这些预测，我将简要地描述其实证检验的方法、结果以及检验方法的一些局限性。大多数情况下，我仅描述每个预测的少数研究案例。如有可能，我也会通过 Meta 分析、综述相关文章或对文献进行定性描述等方法，对不同研究或系统中的实证研究进行综合评价。紧接着我罗列了一些常见问题（frequently asked question，FAQ），这些问题涉及构成某一高层级过程的低层级过程或因素。最后，我对每个假说或预测的实证研究以及相关的挑战和局限性进行总结，并以表格的形式来结束每一章。

如第 5 章所述，高层级过程（尤其是选择过程）的实证检验中已经出现了很多不同的术语，而且数量仍在不断增多（见表 5.1）。在接下来的三章，我将用一组基于生态群落理论的、简化的层次术语来概括群落生态学中大量的实证文献。在这些章节中，我提到了一些更常见的用于描述某些假说或预测的同义词，但并未囊括所有的相关词语。表 5.1 列出了一些常用的同义术语可供查阅，并可将它们对应到第 8—10 章。

8.1 假说 1：恒定选择（群落内）和随空间变化的选择（群落间）是群落结构和动态的重要决定因素

我之所以将这两种形式的选择过程放在一起阐述，是因为在很大程度上，随空间变化的选择过程可以看作群落内恒定选择（即偏爱特定物种而不受频度影响的选择）在不同强度和方向的表现形式。这里的一个重要假设是，某些非生物或生物环境是选择形成的原因，它们使得不同物种适应不同的环境。

预测 1a：物种组成与不同空间的非生物或生物环境条件相关。

方法 1a：在一组野外样地中，量化物种组成并测量可能影响选择过程的环境变量。

这类研究几乎与生态学这个学科本身一样古老，尽管描述它们的术语随着时间的推移已发生了变化，且复杂性也在不断增加。现在我们通常将 20 世纪 60—80 年代提出的“梯度分析”（gradient analysis）（Whittaker 1975）描述为“物种配置”的检验（Leibold *et al*. 2004）。当前的大多数研究使用各种不同的多元统计方法分析数据。本质上说，在一个样地中，物种多度被认为是一个多元响应变量，回归分析或类似的方法用来检验各种环境变量对物种多度的预测能力（Legendre and Legendre 2012）。这类分析大多具有相同的步骤，都是先计算群落两两之间的差异指数（β 多样性），然后通过“基于距离”的分析来评估各样地间环境变量的预测能力（Anderson *et al*. 2011）。在过去的 20 多年里，很多工作都在确保分析环境对物种组成的作用时不受样地间空间邻近度的影响（图 7.2b）。具体而言，如果非生物环境（Bell *et al*. 1993）和物种组成的属性（如空间上的扩散限制）存在空间自相关，那么这两个相互独立的格局的叠加将会导致物种组成-环境关系的统计检验结果呈现相关性，尽管两者可能并不存在任何因果关系（Legendre and Fortin 1989）。

结果 1a：即使没有定量数据，物种组成与环境条件的相关性也极为常见。在很多各生物类群的野外识别手册中都会详细描述物种与其栖息地的密切关系，把各个物种的描述合在一起其实就是物种组成-环境关系。例如，气候变量可以较好地预测大尺度的陆地植被（图 8.1）和相关动物群落（如鸟类）

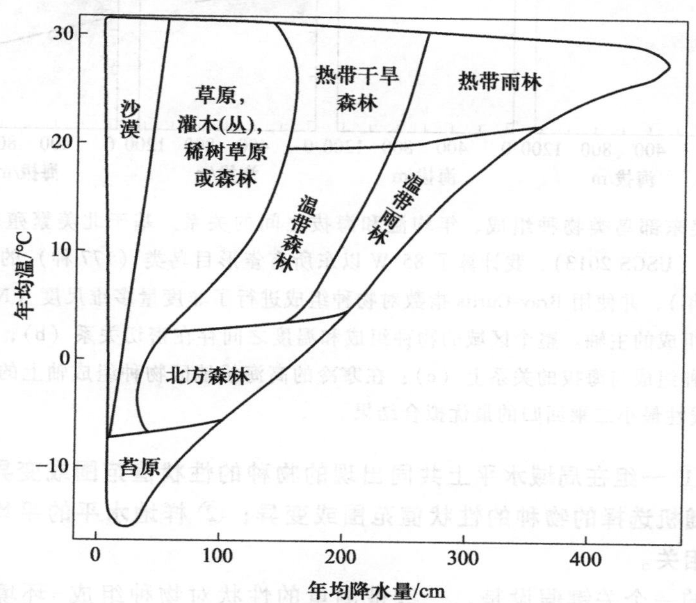

图 8.1　大尺度上植被-环境的关系。在空间上独立的区域可以发现，温度、降水量和植物物种组成之间的关系类似（尽管不完全相同），这里表示为生物群系。在降水较少（但不是最低）的情况下，非气候因素（如土壤、草食动物和火）对植被类型［草原、灌木（丛）、稀树草原或森林］起着决定性作用。该图对 Whittaker（1975）的原图进行了部分修改。

(图 8.2) 的组成格局。不足为奇的是，绝大多数的数据集在定量分析中考虑了空间邻近度（空间自相关）的影响后，仍然明确支持物种组成-环境的关系 (Cottenie 2005，Soininen 2014)。物种组成-环境关系适用的尺度和类群的范围包括从几立方毫米基质中取样的微生物（Nemergut *et al.* 2013）到全球各个生物群系（Merriam 1894，Whittaker 1975)。

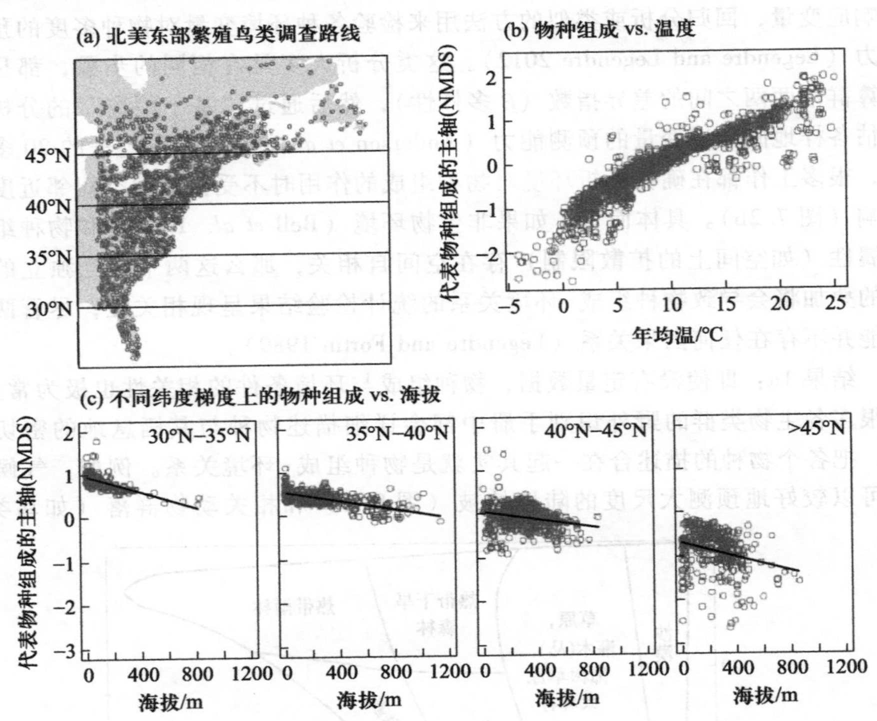

图 8.2　北美东部鸟类物种组成、年均温和海拔之间的关系。基于北美繁殖鸟类调查的 1548 条路线（USGS 2013)，我计算了 85°W 以东所有雀形目鸟类（177 种）的年平均多度（截至 2012 年)，并使用 Bray-Curtis 指数对物种组成进行了非度量多维尺度（NMDS）分析以鉴别物种组成的主轴。整个区域的物种组成和温度之间存在密切关系 (b)，这也体现在小区域中物种组成与海拔的关系上（c)：在寒冷的高海拔地区物种组成轴上的值较低。图 (c) 展示了线性最小二乘回归的最优拟合结果。

预测 1b：① 一组在局域水平上共同出现的物种的性状值范围或变异小于从区域种库中随机选择的物种的性状值范围或变异；② 样地水平的平均性状值与环境条件相关。

这里的一个关键假设是，一些被测量的性状对物种组成-环境关系有一定影响。例如，如果物种的某一性状值（如体型大小）较高，那么该物种就具有较高的适合度，从而在一些特定环境条件（如低温）而非其他条件（如高温）下保持较高的多度。尽管对于预测 1b-①，我们并不需要事先知道哪些环境变量是群落组成的最强预测因子，但我们仍可认为支持这些预测的结果是“生境过滤”或“环境过滤”的产物（Cornwell *et al.* 2006，Kraft *et al.* 2008，Cornwell and Ackerly 2009）。平均性状值本质上是量化一个群落“性状组成”的一种方法，因此预测 1b-②也可以被认为是预测 1a 的一个衍生物。

方法 1b：在一组野外样地中，测量物种水平的性状，观察群落组成，并计算性状值的平均值和范围或方差。对于预测 1b-①的检验，需将观测到的性状值范围或方差与零模型的预期结果进行比较（见下一段）。作为一个特例，基于“影响物种组成-环境关系的一个或多个性状是保守性状”这一假设（Webb *et al.* 2002）（尽管这个假设存在问题，见结果 2c），一些研究已根据系统发育相似性而不是性状相似性对各物种进行了比较。对于预测 1b-②的检验，需评估群落水平的平均性状和环境之间的相关性。

由于每个局域群落所包含的物种数都比区域种库少，我们不能简单地直接比较局域和区域性状值的范围大小。假设区域种库中有 100 个物种，每个局域群落中的平均物种数为 10 且都来自区域种库，那么任意 10 个物种组成的样本的性状值范围都必定小于或等于区域种库的范围。因此我们需要一个零模型（Gotelli and Graves 1996）来检验该假设。在此情况下，对于一个包含 S 个物种的群落，典型的方法是从区域种库中重复随机抽取 S 个物种，并将实际出现物种的群落数作为物种选择概率的权重。对于每次随机抽取，我们计算性状值的范围，从而产生一个性状值范围的“零”分布，通过该分布来评估观察到的性状值范围是否统计上明显较小（即小于零模型分布中 95% 的值）。

结果 1b：这两个预测的结果在自然界都得到了广泛证实（Weiher and Keddy 1995，Kraft *et al.* 2008，Cornwell and Ackerly 2009，Vamosi *et al.* 2009，Weiher *et al.* 2011，HilleRisLambers *et al.* 2012）。在这类研究中，与植物相关的研究最具代表性（Kraft *et al.* 2015）。其中最常测量的植物性状可能是与叶片寿命和光合速率（Wright *et al.* 2004）密切相关的比叶面积（即叶面积与干重的比率）。Cornwell 和 Ackerly（2009）在美国加利福尼亚沿海的灌丛群落中发现，随着土壤含水量的增加，平均比叶面积增加，并且比叶面积值的范围显著小于零模型预测的范围（图 8.3）。类似结果的研究在各类生物类群都有报道，包括哺乳动物的体型大小（Rodríguez *et al.* 2008）、熊蜂的舌头长度（Harmon-Threatt and Ackerly 2013）和珊瑚集群形态（Sommer *et al.* 2013）的分析。值得指出的是，虽然近年来定量分析方法已取得了巨大发展并日趋成熟（如 van der Plas *et al.* 2015），但几十年前的定性观察结果与这些预测也是一致的（Tansley 1939，Margalef 1978，Grime 1979，Weiher and Keddy 1995）。

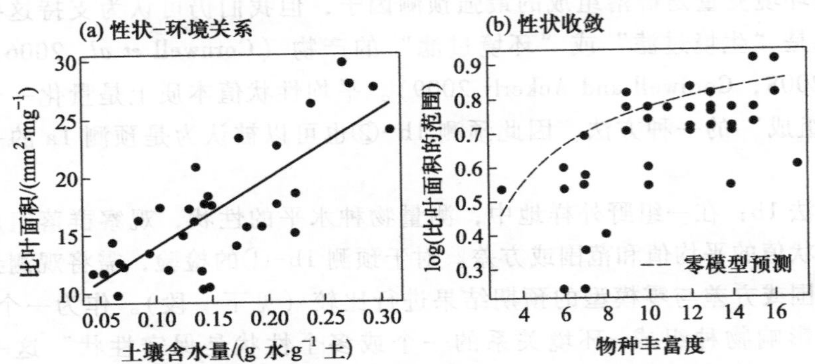

图 8.3 美国加利福尼亚沿海 44 个木本植物群落（20 m×20 m 样方）的研究支持预测 1b。这些木本植物的多度加权的平均比叶面积与土壤含水量密切相关（a），且局域比叶面积的变化范围往往小于从区域种库中随机抽取的物种的预期值（b）（图中大多数数据点位于零模型预测以下）。图（a）中的实线表示线性最小二乘回归的最优拟合结果。数据来自 Cornwell 和 Ackerly（2009）。

预测 1c：环境条件的变化会引起物种组成的非随机变化。

如果物种组成-环境关系是通过随空间变化的选择过程建立的，那么如果通过实验（即改变某个环境变量）来改变局域选择，我们预期群落组成会朝着可预测的方向变化。鉴于环境条件和群落组成总是在不断发生一定程度的变化，这一预测的检验需同时观察对照样地（即未发生这一环境变化的样地）和处理样地的群落组成变化。

方法 1c：通过实验改变环境条件（如温度、资源、捕食者或病原体的存在），分别观察改变和未改变环境条件下的群落物种组成的变化。

结果 1c：现有的实证研究极大地支持了这一预测，即环境变化一定会导致群落组成发生某种程度的变化。在实验室内进行的一些关于两个物种的经典实验，包括不同土壤类型下的植物（Tansley 1917）、不同温度或湿度条件下的甲虫（Park 1954）和不同营养供应率下的浮游植物（Tilman 1977），都表明优势物种的转变取决于环境条件的改变。在野外实验中，研究人员也已证明，通过实验控制某些潜在重要因子，如气候变化、土壤/水的化学性质、干扰、捕食者或草食动物、共生生物（如菌根真菌）等，会导致群落水平上的变化（Ricklefs and Miller 1999，Gurevitch *et al.* 2006，Krebs 2009）。例如，在一个经典实验中，Paine（1974）发现，捕食者的移除导致潮间带群落组成的巨大改变（图 8.4）。

预测 1d：物种多样性随空间上环境异质性的增加而增加。

方法 1d：① 在自然条件下观察不同环境异质条件下样地群落的变化；② 通过实验方法构建具有不同异质性的环境，观察群落对不同环境条件的响应。

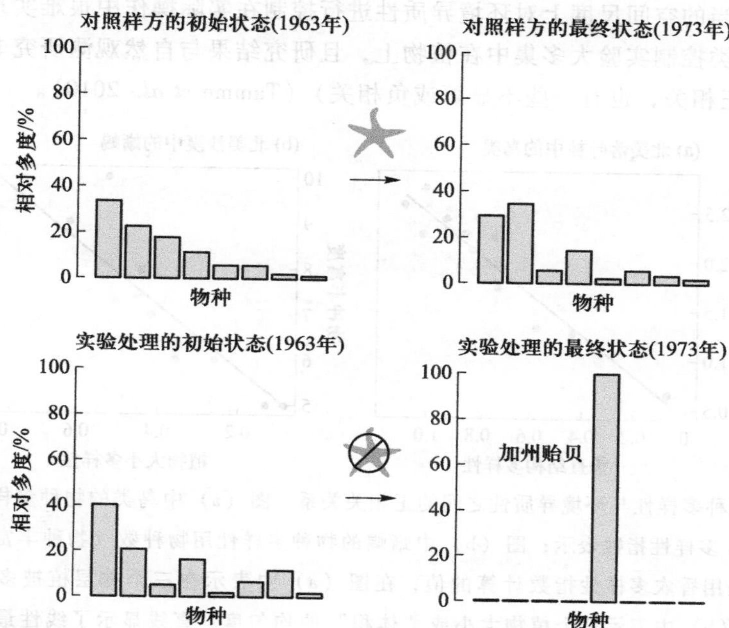

图 8.4　捕食者紫海星（*Pisaster ochraceus*）对由海洋藤壶（物种 1、4 和 8）、贻贝（物种 5）、藻类（物种 2、3 和 7）与海绵动物（物种 6）组成的海洋潮间带群落的影响。根据实验开始时对照样方的相对多度，对物种在 x 轴上进行排序。实验结果说明，去除紫海星会形成加州贻贝（*Mytilus californianus*）的单一优势群落。数据来自 Paine（1974）。

空间上的环境异质性是简单直观的，且可以用很多定量的方式来代表（Kolasa and Rollo 1991）。想象一下，我们可以在两个或三个空间维度上的多个空间位置或"微样地"测量研究样地的环境条件。对这些测量值的变异性或多样性等的量化就代表了空间上的环境异质性，其可以是连续分布变量（如 pH）的方差、分类变量（如土壤类型）的数量或各类型发生频率（如不同冠层层级的叶片数量）的均匀性。另外，尺度显然是至关重要的。在较大尺度上，随空间变化的选择是由小尺度上的恒定选择引起的。

结果 1d：这个预测的实证检验既有支持的证据，也有反对的证据。大多数自然观测研究发现，物种多样性与环境异质性之间存在正相关（见 Tews 等（2004）、Lundholm（2009）、Stein 等（2014）等的综述）。一个经典的例子是 MacArthur（1964）发现，森林鸟类物种多样性与林冠层垂直异质性呈正相关（图 8.5a）。Pianka（1967）在蜥蜴的研究中也发现了类似结果（图 8.5b）。还有一些在陆地、淡水和海洋中各种动植物的研究例子也支持了这一预测，但也有一些研究发现，多样性和异质性之间无相关性，甚至是负相关（见 Tews 等（2004）、Lundholm（2009）、Tamme 等（2010）、Stein 等（2014）等的综述）。然而，通过野外控制实验来检验这一预测的研究相对较少，一个可能的原因是，在适当的空间尺度上对环境异质性进行控制在实际操作中很难实现。目前已有的这类控制实验大多集中在植物上，且研究结果与自然观测研究非常相似（主要为正相关，也有一些不显著或负相关）（Tamme *et al.* 2010）。

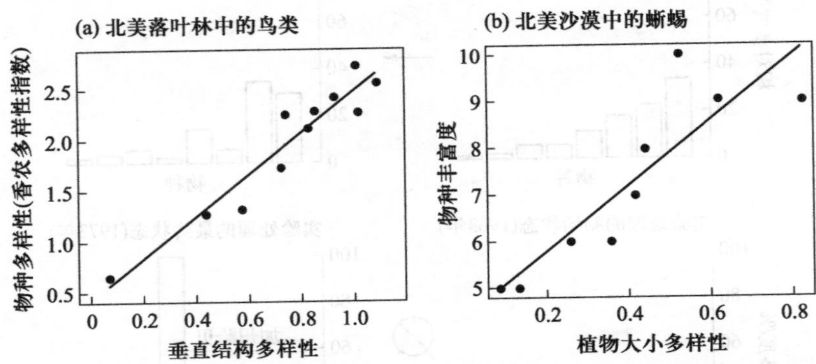

图 8.5 物种多样性与环境异质性之间的正相关关系。图（a）中鸟类的物种多样性用香农（Shannon）多样性指数表示；图（b）中蜥蜴的物种多样性用物种数（物种丰富度）来表示。x 轴是用香农多样性指数计算的值，在图（a）中表示在三个林层植被多度的均匀度，在图（b）中表示三个植物大小或“体积”的均匀度。直线显示了线性最小二乘回归的最优拟合结果。数据分别来自 MacArthur 和 MacArthur（1961）（a）以及 Pianka（1967）（b）。

与涉及环境变量的其他研究（如预测 1a）一样，对多样性-异质性这一预测的检验很可能并没有包括对目标群落影响最大的环境变量。这些研究也很容易受混杂因子的影响。假定在不同的陆地生态系统中存在一组 1 hm^2 的样地，每个样地在土壤养分和含水量（以及潜在的生产力）方面可能存在不同程度的空间异质性，从而对样地内的植物、动物或微生物群落产生影响。在更大的景观尺度上，某些区域（如高生产力）很可能比其他区域（如低生产力）更为普遍，因此相对同质的样地可能在整个样地内都具有相对一致的高生产力，而相对异质的样地则同时包括高生产力和低生产力的小样地。在此情况下，异质性将与各样地的平均水平相混淆（Tamme *et al.* 2010，Seiferling *et al.* 2014）：异质化样地的平均生产力低于同质化样地的平均值。相应地，平均水平（在这个例子中是生产力）可能通过影响其他选择形式、生态漂变或历史成种过程成为生物多样性的重要决定因素。在相同情景下，一个给定类型（高或低生产力）内的小样方在异质样地中也会更加斑块化，这样必然会通过生态漂变产生“微小斑块”（microfragmentation）效应，即小尺度上景观破碎化所形成的异质环境会通过栖息地的丧失和隔离对生物多样性产生非正面的影响（Laanisto *et al.* 2013）。实验研究可以尝试控制这些混杂的影响因素，但在自然条件状态下（如数公顷的森林）很难实现。

常见问题：与随空间变化的选择过程相关的低层级过程

哪些环境变量是选择过程的基础？在野外观测研究中，生态学家经常评估多个环境变量对样地间物种组成差异的解释能力，但必须谨记的是：一些相关但无法测量的变量有可能才是“真正”的决定因素。在某些情况下，观测研究与实验研究是紧密结合的，如样地中某一变量的改变是如何影响群落的，或实验室中不同物种是如何响应环境变化的（如 Tilman *et al.* 1982，Litchman and Klausmeier 2008）。为检验某一环境驱动因素是否产生恒定选择，我们还可以预测哪些物种的多度会随时间的变化而增加或减少。例如，随着气候变暖可以预测，适宜温暖气候的物种（如主要分布在相对温暖地区的物种）会增加，而适宜寒冷气候的物种（如分布在寒冷地区的物种）会减少（Devictor *et al.* 2012，De Frenne *et al.* 2013）。

非生物变量是直接影响适合度还是通过竞争间接起作用呢？观测和实验证据都一致表明，如果某一非生物变量（如温度）是群落动态的主要影响因子，这一变量可以通过至少两种不同的途径来影响群落动态。首先，在缺乏与其他物种相互作用的情况下，非生物条件可以直接影响适合度，在某些条件下（如气候较温暖的样地）阻止特定物种的出现或使该物种的多度减少。其次，由于某一物种的天敌（如竞争者或捕食者）仅在这些样地中存在，因此可以防止该物种在这些温暖的样地中出现。例如，经典的附着甲壳动物藤壶移植和去除实验表明，在确定物种分布深度的下限时，起重要作用的是竞争，而不是长期的浸没（Connell 1961）。

哪些功能性状调节了对选择过程的响应？与涉及多个环境变量的研究类似，基于性状的研究通常包括多个性状。其中一些性状与环境变量表现出最高的相关性或与零模型期望值存在最大偏差，可以推断它们在调节群落对选择过程的响应方面发挥着重要作用。然而，我们都知道存在着另一种可能，即被测量的性状可能只是与那些“真正”影响选择过程的“硬性状”（即难以测量的性状）相关，如生理速率（Hodgson *et al.* 1999，Violle *et al.* 2007），而我们通常只会测量“软性状”（即易于测量的性状）。

8.2 假说 2：负频率依赖选择是群落结构和动态的重要决定因素

尽管这一假说与物种共存理论密切相关（Chesson 2000b，Siepielski and McPeek 2010），但两者并不等同。首先，负频率依赖选择是物种稳定共存的一个必要条件，但不是充分条件（见第 6 章）。其次，即使负频率依赖选择的强度不足以抗衡恒定选择并进一步促进物种稳定共存（图 6.3c），但在一定条件下，物种在负频率依赖选择的作用下，可以从适合度较高的地方扩散出去，这有助于物种在某一地点的持续存在；负频率依赖选择也可以对过渡阶段的群落动态（即群落处于非平衡状态；Hastings 2004，Fukami and Nakajima 2011）产生极大影响。最后，物种共存研究中常提到"入侵性准则"（invasibility criterion），即当一个物种的多度减少到极低，其他物种的多度达到一个新的平衡时，该物种的种群增长率为正（Chesson 2000b），实际上这并不是多个物种可以在某一平衡点上稳定共存的先决条件（见信息栏 8.1）。简言之，负频率依赖选择在实证研究中的重要性并非仅局限于检验物种共存理论。

信息栏 8.1 负频率依赖选择、入侵性和物种共存

"入侵性准则"是物种稳定共存的一个判断依据（Chesson 2000b）。该准则很难用实证方法检验，因为它涉及将每个物种（每次一个）降到足够低的密度以致对其他物种没有影响，然后使群落中其他物种的多度达到新平衡，最终评估不再施加控制后目标物种的种群增长率（Siepielski and McPeek 2010）。如果这些物种的增长率都是正的（即入侵性是相互的），那么我们认为物种处于稳定共存状态。然而，稳定平衡一个更广义的定义是，任何状态（如两个物种的频率）被扰动后都有恢复回之前状态的趋势。因此，两个物种在很多群落状态下都可以在扰动后稳定共存，但不包括某个物种种群密度很低的情况。例如，物种 1 可能会受到 Allee 效应（Allee effect）的影响（Allee *et al.* 1949），因为在密度低的情况下寻找配偶的难度会增加，物种的适合度会减小，但物种 2 并没有受此影响，最后物种 1 就会被物种 2 竞争排除。最终结果是，尽管两个物种中有一个物种不遵从入侵性准则，但在较大的干扰程度下，物种也可实现稳定共存（图 B.8.1）。

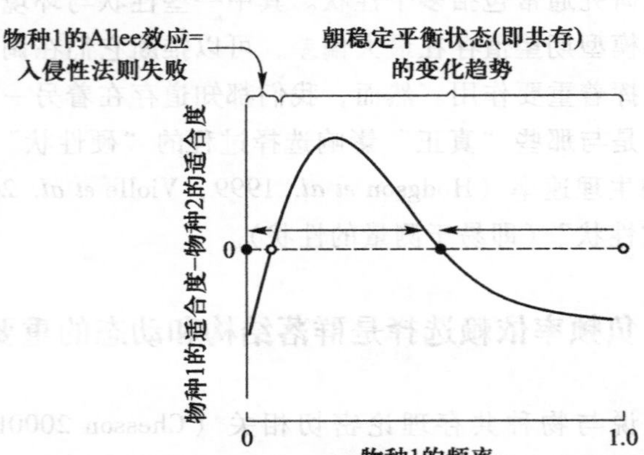

图 B.8.1 一个复杂的频率依赖选择的假说情景，其中物种 1 在极低频率下具有较低的适合度（如由于 Allee 效应），但在其他情况下，两种物种的适合度在群落不同阶段中都是负频率依赖的。如第 5 章所述，实心圆代表稳定的平衡状态，空心圆代表不稳定的平衡状态，箭头代表群落变化的预期方向。

接下来的预测将包括对负频率依赖选择重要性的一般性检验以及其是否足够重要从而导致稳定共存的检验。需要指出的是，本节主要涉及在相对均质环境中由局域相互作用产生的选择过程，而不是由空间异质性导致的选择。后者（假设 1 中已涉及）也可以被认为是在更大空间尺度上出现的负频率依赖选择作用（Chesson 2000b）。

预测 2a：适合度更易受到种内密度，而非种间密度的负面影响。

稀有种的相对优势（负频率依赖）意味着，一个物种多度增加时，强烈的种内竞争也会增强。因此，这个预测通常被描述为“种内竞争强于种间竞争”。然而，它通常是通过测量物种对同种和异种密度变化的响应来评估的，并且如后面的常见问题（FAQ）所述，在相同营养级水平下，种间密度或频率依赖的相互作用可以通过许多低层级过程来调节（Dunham and Beaupre 1998）。这些过程包括由直接干扰、产生毒素或利用共同资源而导致的竞争，由捕食者、病原体或共生生物（如植物-土壤反馈）而产生的“似然竞争”（apparent competition）（Holt 1977）、促进作用（Ricklefs and Miller 1999，Krebs 2009）等。因此，预测 2a 本身并不需要将直接的竞争作用考虑在内。一个必然的预测是：个体在多物种群落中的表现应该比单一物种群落中更好。

方法 2a：① 设计不同密度和不同物种频率的全新的实验群落，② 通过实验改变样地群落中物种的密度或频率，③ 观察群落组成在不同空间和/或时间下的变化。在每种情况下，量化适合度、适合度组分（如生长）或物种多度随时间的变化。

结果 2a：对这一预测的支持因研究而异。目前已有数百个实验以不同方式来改变存在潜在竞争关系的动物、植物、真菌或微生物的密度和/或频率（Connell 1983，Schoener 1983a，Goldberg and Barton 1992，Gurevitch *et al.* 1992）。绝大多数这样的研究都集中在物种对密度和/或频率改变后的相对短期响应，且只关注一个或几个适合度的组分或种群增长（如一个季节或一年的生物量变化）。早期一篇综述（Connell 1983）得出的结论与预测一致，即种内密度的增加对该物种带来的负效应比种间的更强烈。虽然确实有一些个例支持这一预测（图 8.6），但其他综述和 Meta 分析并未发现这一预测的普适性（Schoener 1983a，Goldberg and Barton 1992，Gurevitch *et al.* 1992）。

在过去的 25 年中，许多研究以各种植物、草食动物和捕食动物为研究对象，通过实验控制其初始多度，但这些研究的目的不是检验预测 2a，而是检验物种丰富度对总群落水平的多度或生产力的影响（Cardinale *et al.* 2012）。然而，这些结果可间接地回答这一预测。在大多数情况下，这些研究发现，某一物种在多个物种的实验群落中比在单一物种的实验群落中的平均表现（通常是相对于初始多度下的生物量积累）更好（Cardinale *et al.* 2012）。产生这种效应的部分原因可能是多物种群落更易包含“最优”物种（Aarssen 1997），但物种间的互补关系（即物种在多样性高的群落中表现更好）似乎起着更重要的作用（Cardinale *et al.* 2007）。这些结果有力地表明，无论负的种内效应能否维持群落内物种共存的长期稳定性，其作用都远大于种间效应（Turnbull *et al.* 2013）。

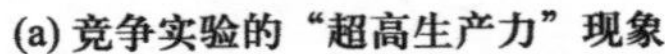

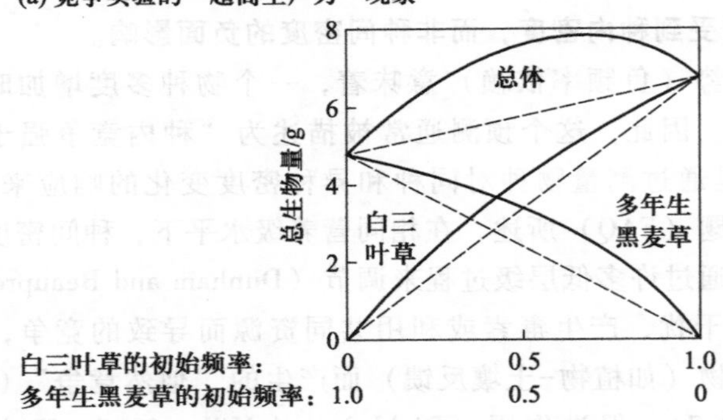

(b) 负频率依赖的适合度

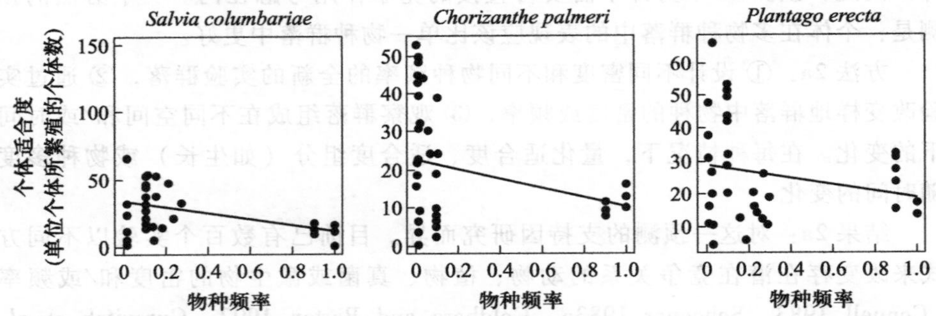

图 8.6 适合度受种内负相互作用的影响强于种间负作用的证据。（a）两个物种混合种植的生物量高于单一物种种植的生物量。本图对 Jolliffe（2000）的图进行了重新绘制；图中两个物种——白三叶草（*Trifolium repens*）和多年生黑麦草（*Lolium perenne*），采集于一个 16 年的牧场，它们分别种植在直径 13 cm 的花盆里，每个花盆栽 24 株植物。实线代表数据拟合结果，虚线代表相同种内和种间作用的期望值。（b）美国加利福尼亚州一年生植物实验群落中三种多度最大的物种的种群增长率（适合度）与初始频率的函数关系。图（b）中的数据来自 Levine 和 HilleRisLambers（2009），直线表示线性最小二乘回归的最优拟合结果。

利用群落动态变化的长期观测数据，我们可以通过分析“当物种频率较低时，其适合度是否更高”来检验这一预测。例如，Harms 等（2000）评估了热带森林很多小样地中种子到幼苗的转变，发现稀有种总体上适合度更高，进而导致幼苗多样性大于种子多样性（另见 Green *et al.* 2014）。其他观测研究采用了复杂的分析方法，使用野外数据，包括潜在竞争个体（如植物群落中的临近个体）的物种属性和多度，以及其他可能影响的协变量，模拟每个物种的种群增长。一些相关的研究（有时也包括实验数据）发现，种内比种间的负效应更强烈（Adler *et al.* 2006，Adler *et al.* 2010，Clark 2010）。

预测 2b：当某一物种的频率极低且其他物种的多度不变时，该物种的多度往往会增加（Siepielski and McPeek 2010）。

这一预测就是前面提到的物种共存的“入侵性准则”（Chesson 2000b）。因为该预测要求负频率依赖选择的强度要显著强于恒定选择，所以该预测比预测 2a 更具体。

方法 2b：用直接实验或将观测和/或实验数据参数化构建模型的方法，来量化每个物种在多度极低且群落其他部分处于平衡状态时的种群增长率。

结果 2b：如前所述，对这个预测的检验极具挑战性。Siepielski 和 McPeek（2010）对 323 个关于物种共存的研究工作进行综述发现，其中只有 7 个包含了对这个预测的检验。虽然这些少数研究的结果确实支持了“入侵性准则”，但大多数检验都是间接的，是通过某种模型假设每个物种都入侵一个处于平衡状态的群落，再根据群落变化来进行评估（如 Adler *et al.* 2006，Angert *et al.* 2009）。Levine 和 HilleRisLambers（2009）在美国加利福尼亚州对一年生植物进行了一系列实验，进一步推进了对这个预测的检验。他们除了直接评估存在负频率依赖选择下的适合度外（图 8.6b），还使用参数化的样地模型去预测每个物种在不存在负频率依赖情况下的适合度，并且假设该实验群落中每个物种都具有该适合度。最终他们发现，与对照群落相比，负频率依赖的去除会导致物种多样性下降。综上所述，以前的研究包括一些令人信服的局域负频率依赖选择足够强于恒定选择的例子，但并没有足够的证据能说明这一预测的普遍性。

预测 2c：在局域范围内共同出现的物种，其性状值比从区域种库中随机选择的物种沿性状轴有更大的统计范围或更规则的分布。这通常被称为“性状发散”（trait overdispersion）（Weiher and Keddy 1995），它与预测 1b 相反。

到目前为止，本节从某一特定个体的角度来看，群落个体间的关键区别在于它们是否属于同一物种。从定义来看，选择过程是基于物种间的某些表型（即性状）差异来进行的，预测中如果一个物种对另一个物种的负效应取决于表型相似性，那么该预测就会出现在基于性状的负频率依赖选择的模型中（参见图 5.3c）。

方法 2c：观察一组样地的物种组成；测量每个物种的相关性状；计算每个观测样方以及从区域种库重复随机抽取一定物种构建的零模型样方的性状方差、离散度或间距值。区域种库通常是在所有样地中观察到的所有物种。这里的方法与预测 1b 基本相同。研究者也可以通过修改这个预测的零模型，去解释为什么局域范围的性状值比区域种库范围更小。例如，研究人员可以通过在零模型中仅从局域观察到的性状值范围内进行抽样的方法来增加对这个预测的检验能力（Bernard-Verdier *et al.* 2012）。

结果 2c：过去的十年里有很多研究检验了这一预测的研究，不同研究间结果差异很大。尽管有一些令人信服的性状发散的例子（如图 8.7），但对这个预测的支持（即性状发散）似乎远少于预测 1b-①（即性状收敛，trait underdispersion）（Vamosi *et al.* 2009，Kraft and Ackerly 2010，HilleRisLambers *et al.* 2012，Kraft，Alder *et al.* 2015）。然而，即使基于性状选择的内在过程很强，但在自然群落中性状发散的统计检验能力可能远低于性状收敛（Kraft and Ackerly 2010，Vellend *et al.* 2010，Kraft，Alder *et al.* 2015），并且很少有研究在测试性状发散之前会先控制性状收敛（Bernard-Verdier *et al.* 2012）。尽管有许多研究通过"假设物种之间的系统发育差异可以作为相关生态差异的替代指标"这一方法对上述预测进行了检验，但这个方法也受到了很多证据的反驳（Bennett *et al.* 2013，Best *et al.* 2013，Narwani *et al.* 2013，Godoy *et al.* 2014，Pigot and Etienne 2015）。

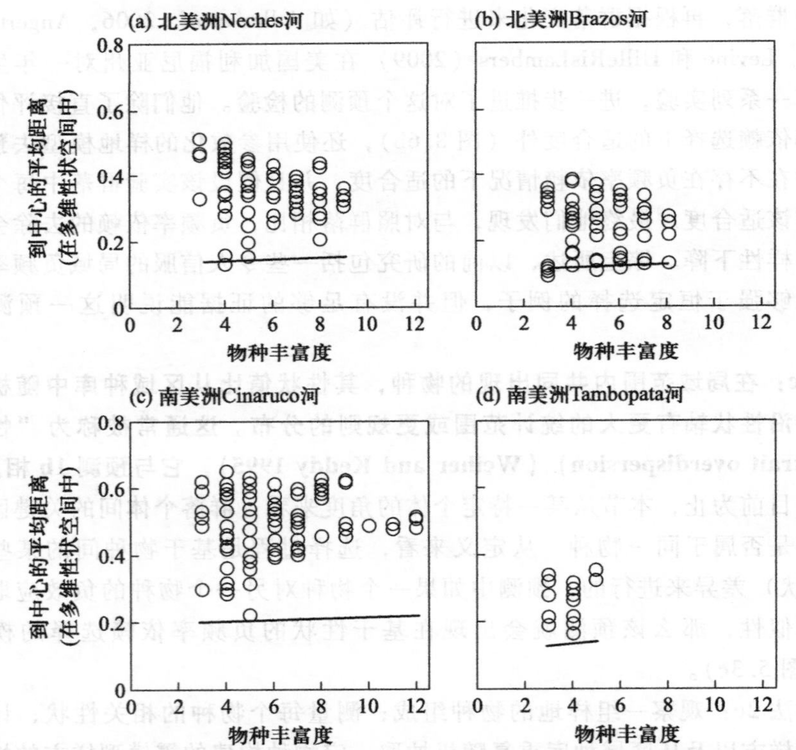

图 8.7 北美洲（a，b）和南美洲（c，d）泛洪平原河流中鱼类群落呈性状发散。首先，测量每个物种与运动能力和饮食相关的 23 个形态性状，并对其进行主成分分析。每个生境（即图中的每个数据点）的性状发散表示物种到性状-PCA 坐标轴中心的平均距离；零模型预测（直线）由来自每个区域种库的随机抽样生成。结果表明，在任何情况下，相对于零模型而言，物种在性状空间中都呈发散状态（即点倾向位于零模型预测之上）。数据来自 Montaña 等（2013）。

常见问题：负频率依赖选择相关的低层级过程

负频率依赖选择过程的内在机制是什么？竞争排斥原理和Hutchinson（1961）的“浮游生物悖论”的提出促进了许多寻找和分析共存物种间的具体权衡机制的研究工作（Ricklefs and Miller 1999，Tokeshi 1999，Krebs 2009，Siepielski and McPeek 2010，Martin 2014；另见表5.1），包括竞争不同有限资源的相对能力（Tilman 1982）、猎物资源的分配（Schoener 1974）、非传递性竞争网络（Kerr *et al.* 2002）、对不同病原体或其他天敌的敏感性（Connell 1970，Janzen 1970）以及对不同微生境的利用（MacArthur 1958）等。对于提出的每一个机制，虽然很难判别清楚它们之间的差异是否足以维持物种稳定共存，但至少可以在一些系统中找到实证支持（Clark 2010，Siepielski and McPeek 2010）。

8.3 假说3：随时间变化的选择是群落结构和动态的一个重要决定因素

这个假说并不完全独立于前两个假说。具体而言，预测1c（随空间变化的选择）是通过实验改变环境条件导致群落随时间发生改变，许多研究还把选择过程中的时间波动作为研究长期负频率依赖选择出现的一种途径（如Adler *et al.* 2006，2010，Angert *et al.* 2009）。然而，与负频率依赖选择一样，随时间变化的选择的潜在重要性超出了它与空间格局的联系或它解释长期稳定共存的充分性。除了对过渡阶段的群落动态有重大影响外，它还可能减少长期平均适合度的差异，从而降低共存所需的负频率依赖选择的强度（Huston 2014）。

预测3a：物种组成的变化与随时间变化的环境条件相关。

该预测类似于预测1c，但有一个重要区别：预测1c只涉及单一环境变化，以及这种变化前后群落属性的分析。而在这里，我们关注环境条件的长期波动，以及群落组成是否随之变化。

方法3a：在一系列时间点上，量化物种组成，并测量那些可能构成选择过程基础的环境变量。

结果3a：与空间尺度上的物种组成-环境关系一样，时间尺度上的物种组成-环境关系似乎也非常普遍。在许多群落类型中，包括陆生植物和脊椎动物、海洋硬壳类无脊椎动物和淡水浮游植物，古生态学家经常观察到数百或数千年以来群落组成和环境条件（通常是气候变量）的相关变化（Davis 1986，Roy *et al.* 1996，MacDonald *et al.* 2008，Pandolfi *et al.* 2011，Jackson and Blois

2015)。在较短时间范围内（从几年到几十年）直接观察到的群落变化也揭示了其与环境变化（如气候变化）（Parmesan 2006）以及各种干扰（Pickett and White 1985）之间的强烈相关性。

预测 3b：① 某一时间点的性状值范围或方差小于从整个时间序列中观察到的物种中随机选择的性状值范围或方差；② 在时间尺度上，平均性状值与环境条件相关。

方法 3b：在多个时间节点测量物种水平的性状，观察群落组成，并计算每个时间点的性状均值、范围或方差。对于预测 3b-①，将性状范围或方差与基于零模型的期望值进行比较（参见预测 1b）；对于预测 3b-②，评估平均性状和环境之间的相关性。

结果 3b：据我所知，目前还没有任何研究对预测 3b-①进行精确的基于性状的零模型检验。但一些关于热带森林演替的研究通过使用系统发育数据（而非性状数据）以及空间代替时间的方法和演替序列数据发现，树木群落的主要格局是性状发散而不是收敛（Letcher 2010，Norden *et al.* 2011）。

与预测 3b-①相比，预测 3b-②的检验已有很多研究。这些研究往往使用空间代替时间的方法，表明在受到干扰后，植物群落中群落水平的平均性状值随时间推移而发生变化（Verheyen *et al.* 2003，Grime 2006，Shipley *et al.* 2006），这极大地支持了平均性状值随扰动周期的变化而波动。Lacourse（2009）对北美西海岸森林群落变化的古生态学数据进行多元分析，揭示了时间尺度上的性状-环境相关性（如在气候温暖期树木的最大高度更高）。Edwards 等（2013）在英吉利海峡发现，具有不同性状值（硝酸盐吸收亲和力、生长的光敏感性和最大生长速率）的浮游植物对不断变化的光和硝酸盐水平的响应是可预测的。此外，一些浮游植物随时间尺度上的环境变化（如 pH、水位和污染）产生的可准确预测的响应使研究人员能够使用化石硅藻群落对多种水生栖息地过去的环境条件进行估测（Smol and Stoermer 2010）。类似的方法已被应用到大型无脊椎动物上，以监测淡水中环境随时间推移而发生的变化（Menezes *et al.* 2010）。总之，虽然与空间尺度上研究的数量相比，时间尺度上研究的数量显得微不足道，但在时间和空间上发现的性状-环境关系往往是一致的。

预测 3c：物种多样性随时间尺度上环境异质性的增加而增加。

该预测假设在时间尺度上环境异质性是通过其对时间波动选择本身的影响而发挥作用的。然而至少有两个原因使得这个假说-预测关系非常容易出现协变量问题（见图 7.2）。首先，如果环境波动（如存在干扰）导致总的群落大小发生变化，那么长期“有效”的群落大小（Vellend 2004，Orrock and Fletcher Jr. 2005）将会减小，漂变和随之发生的随机灭绝的重要性随之增加

（Adler and Drake 2008）。其次，与空间异质性一样，环境随时间的变化可能会导致极端条件（如暴露于干燥环境中）的发生，从而产生不利于某些物种的强烈选择，并可能进一步导致物种灭绝（Adler and Drake 2008）。

该预测与中度干扰假说的部分理论也非常类似（Grime 1973，Connell 1978）。中度干扰假说预测，物种多样性随干扰水平从低等到中等程度的增加而增加，主要是由随时间变化的选择过程导致的物种间长期适合度差异减小所造成的（Huston 2014）。周期性干扰是自然界中一种非常常见的时间尺度上的环境异质性的形式（Pickett and White 1985，Huston 1994）。由于从中度到高度干扰下多样性的下降被认为是由随时间变化的选择过程以外的其他原因（如生态漂变和恒定选择）导致的，因此不在本章节的讨论范围之内。在继续介绍预测 3c 之前，值得指出的是，干扰的定义通常很宽泛，包括几乎任何可能具有重要生态影响的突变（如 Krebs 2009），因此周期性干扰和更平缓的环境波动的划分可能是相对主观的。

方法 3c：在自然或实验条件下，评估一组随时间尺度环境异质性变化的样地的物种多样性。

结果 3c：许多野外观测和实验研究检验了物种多样性与代表时间尺度上的环境异质性的干扰频率或强度之间的关系。研究结果不尽相同，表现出多种关系或形式，包括正相关、负相关、单峰相关和不显著相关（Mackey and Currie 2001，Hughes *et al.* 2007）。尽管如此，这些 Meta 分析的结果仍表明，至少部分干扰梯度与物种多样性的正相关关系是较普遍的。

其他研究关注诸如光照强度（如 Flöder *et al.* 2002）、营养供应（Beisner 2001）、水分供应（Lundholm and Larson 2003）或气候（Adler *et al.* 2006）等因子在不同时间上的波动程度。例如，Flöder 等（2002）将淡水浮游植物群落分别暴露于恒定光照或高、低强度之间切换的不同频率光照下，发现在随时间波动的环境中观察到的物种多样性高于恒定环境中的物种多样性（图 8.8）。相反，Lundholm 和 Larson（2003）发现，在总水分供应量不变的情况下，植物幼苗的物种丰富度随土壤湿度在时间轴上的增加而下降。另有研究人员使用参数化的样地模型证明，环境驱动的随时间变化的选择过程在物种稳定共存中发挥了重要作用，这可能增加了物种多样性（如 Adler *et al.* 2006，Angert *et al.* 2009）。然而，值得注意的是，解释一组物种（通常是一个很小的集合）的稳定共存与预测不同地点物种多样性的变化往往是不同的（Huston 2014，Laliberté *et al.* 2014）。

总之，尽管在不同研究系统和研究对象上存在差别，但时间尺度上的环境异质性升高往往导致物种多样性的增加。

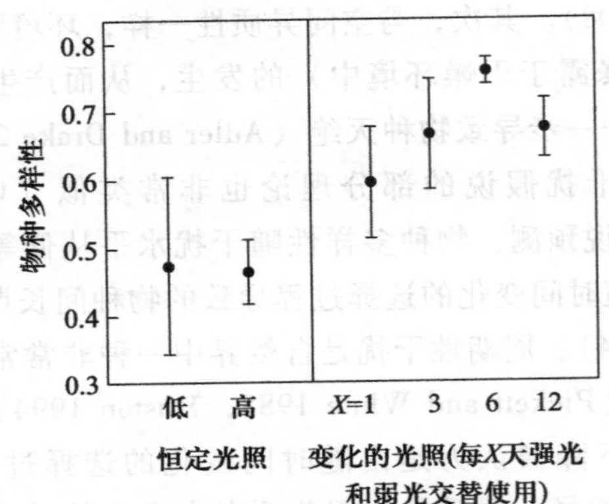

图 8.8 日本 Biwa 湖提取的浮游植物在实验室恒定或变化的光照强度下生长 49 天后的香农多样性指数。误差线表示±1 标准误（每个处理重复 3 次）。数据来自 Flöder 等（2002）。

常见问题：随时间变化的选择相关的低层级过程

哪些环境变量和性状是选择过程的基础？如上所述，许多研究都始于研究者对随时间变化选择的特定环境变量和影响群落动态的特定性状的兴趣。这些问题的检验方法与用于检验随空间变化选择的环境变量和性状的方法非常类似（参见第 8.1 节）。

在什么情况下随时间变化的选择会导致长期的负频率依赖选择？在物种共存的几个低层级模型中，时间上波动的环境条件具有显著作用（见表 5.1），这推动了相关实证研究的开展。例如，在沙漠一年生植物群落中，有研究发现，在该群落的一些属性中出现了负频率依赖选择，最终导致该群落可以稳定共存。这些属性包括不同种群对降水量变化响应（随时间变化的选择）的差异、物种在干旱期通过土壤中休眠种子持续存活的能力以及在有利环境下用于减少竞争物种种群增长的强烈的种间竞争（Angert *et al.* 2009）。

8.4 假说 4：正频率依赖选择是群落结构和动态的一个重要决定因素

在群落中对正频率依赖选择或正反馈作用的研究具有一定的挑战性，因为在自然界中只能在群落从一个稳定平衡态转变到另一个平衡态时短暂地观察到正反馈作用（见图 6.6）。因此，实证研究通常采用诸如“替代稳态”（alternative stable state）、“相变”（phase shift）、“关键转变”（critical transition）、“临界点”（tipping point）、“优先效应”或“历史偶然性”（historical contingency）等概念来表示正频率依赖选择（Lewontin 1969，Slatkin 1974，Scheffer *et al.* 2001，Bever 2003，Suding *et al.* 2004，Scheffer 2009，

Fukami 2015）。

与负频率依赖选择不同，在正频率依赖选择的实证研究中只是偶尔涉及成对物种相互作用的“简单”情景。更常见的是，它们研究位于相同或不同营养级水平，以及非生物环境变量和干扰机制中的有机体的不同功能组间极为复杂的反馈循环（Scheffer 2009）。尽管如此，许多例子的关键还是在于两种或三种群落状态沿着代表群落性状组成的单一轴线的转变，例如之后会进一步解释的，珊瑚和藻类在珊瑚礁群落中的优势度的变化（Hughes 1994，Mumby *et al.* 2007）。我们通常用“迟滞效应”（hysteresis）这一术语表征动态过程的结果取决于初始或历史条件的情况（参见图 8.9c）。

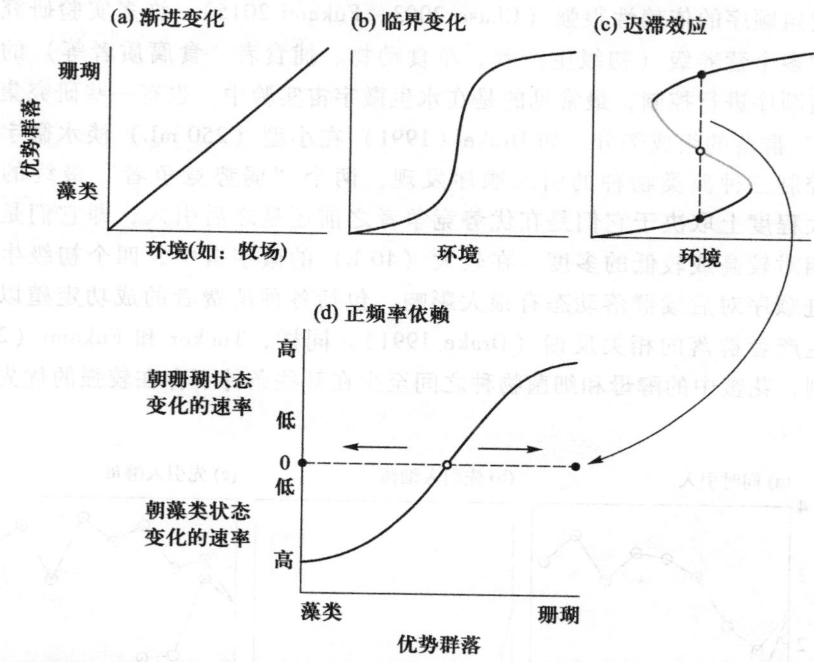

图 8.9 群落应对环境变化的三种响应模型（a—c）和在迟滞模型的中等环境下出现的正频率依赖选择（d）。本图以珊瑚或藻类为优势种的珊瑚礁群落为例（Mumby *et al.* 2007）。其他例子也遵循同样的规律：如不同降雨梯度上的热带稀树草原与森林（Hirota *et al.* 2011）或不同营养梯度上的大型植物与浮游生物（Scheffer *et al.* 1993）。在（a—c）中，黑线代表某一环境条件下的稳定平衡状态，灰线代表某一环境条件下的非稳定平衡状态；在（c）和（d）中，实心圆代表稳定平衡状态，空心圆代表非稳定平衡状态，箭头表示预期的动态方向。

预测 4a：“长期的”群落动态或（准）平衡状态下的群落组成对初始群落组成非常敏感。

方法 4a：通过实验控制初始群落组成，监测后续的群落动态。

该预测的实证研究常使用“优先效应”或“历史偶然性”这样的标题来

报道，它通过实验控制进入群落的物种顺序来创建初始群落组成的差异（Chase 2003，Fukami 2015）。由于确定一个群落是否已达到或接近达到平衡点是非常困难的，因此在这个预测的措辞中我使用"准平衡"（quasi-equilibrium）这个术语。然而，许多这种类型的实验使用的是生活史较短的生物体（如细菌、酵母、浮游生物或果蝇），以使实验可以在短期内培养数十代甚至数百代，从而使不同拓殖顺序处理后的群落组成差异仅仅是由于它们向同一个群落状态缓慢收敛的可能性最小化。

结果 4a：一些研究否定了这一预测，发现无论初始条件如何最终都会收敛至相同的群落组成；而另一些研究则支持该预测，发现"最终的"群落组成对定殖顺序的依赖性很强（Chase 2003，Fukami 2015）。许多实验研究都是对包含多个营养级（初级生产者、草食动物、捕食者、食腐质者等）的种库的定殖顺序进行控制，最常见的是在水生微宇宙实验中。也有一些研究集中于"水平"群落的组成部分。如 Drake（1991）在小型（250 mL）淡水微宇宙中通过控制三种藻类物种的引入顺序发现，两个"弱势竞争者"最终的多度在很大程度上取决于它们是在优势竞争者之前还是之后引入，即它们是否开始于相对较高或较低的多度。在较大（40 L）的微宇宙中，四个初级生产者的引进顺序对后续群落动态有很大影响，包括各种消费者的成功定殖以及它们对生产者群落的相关反馈（Drake 1991）。同样，Tucker 和 Fukami（2014）观察到，花蜜中的酵母和细菌物种之间至少在某些条件下存在较强的优先效应（图 8.10）。

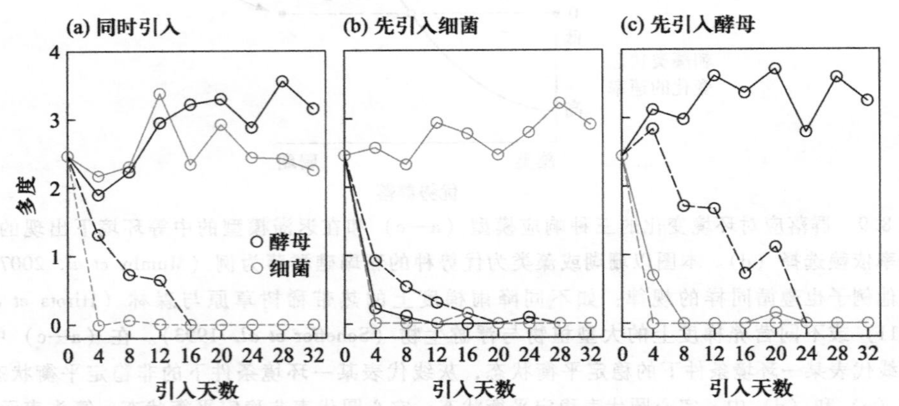

图 8.10 两种酵母和两种细菌在花蜜微宇宙实验中随不同定殖顺序的动态变化研究。酵母 *Metschnikowia reukaufii*（黑色实线）和细菌 *Gluconobacter* sp.（灰色实线）在同时引入时可以实现共存（a），但如果其中一个先引入，它就会排除其他物种（b 和 c）。在这些实验中，另外两个物种（虚线：酵母 *Starmerella bombicola* 和细菌 *Asaia* sp.），最终都未存活。实验中的多度是以 $\log_{10}$（每微升花蜜中的菌落形成单位+1）为单位测量的；每个处理重复 4 次（所有情况下的误差线都很小，因此没有显示）。数据来自 Tucker 和 Fukami（2014）。

在解释这些实验结果时，我们必须注意，初始条件对最终群落组成的影响本身并不是正反馈的证据，因为单独的生态漂变过程的结果对初始物种频率也很敏感，如初始频率为 0.8 的物种有 80% 的机会通过生态漂变成为优势种（见第 6 章）。尽管许多实验研究发现，观察到的群落动态比仅有漂变过程起作用时更加快速且重复出现（Chase 2003，Fukami 2015），但一些实验的确发现，优先效应在较小群落中的作用强于在较大群落中的作用（Fukami 2004），这也为漂变过程提供了证据。

预测 4b：生物有机体通过增加同种个体的相对适合度来改变它们的环境。

方法 4b：通过实验将一个物种添加到某个样地，让它有时间改变所在的环境，然后评估改变和未改变样地中同种和异种个体的相对适合度。

结果 4b：该预测在植物与其相关土壤生物群之间的反馈作用研究中得到了很好的检验（Bever *et al.* 1997，Bever 2003，Reynolds *et al.* 2003）。简单地说，将各种植物种植在土壤经过标准化处理的花盆中，让其生长一段时间。然后再在这些土壤上种植各种新植物（此时已经没有产生植物-土壤反馈作用的原始植物），并量化其适合度组分（如总生物量）。这类实验最常见的结果是负反馈，即植物对土壤的改变对同种造成的危害比异种更大，从而从另一方面为预测 2a 提供了支持。然而，在对某些物种的研究中，也发现了一些正反馈的结果（Bever 2003，Bever *et al.* 2010）。类似研究在其他群落类型中也有开展。例如，Lee（2006）通过实验将珊瑚碎屑（珊瑚的非生物结构组分）添加到以藻类为主的珊瑚礁斑块中，结果主要草食动物海胆的密度增加，从而抑制了藻类生长，并且可能提高了珊瑚本身的适合度（非直接测量）。总之，成对物种的实验有时会显示与正频率依赖选择相一致的证据，但并不像恒定选择或负频率依赖选择的证据那样多。

预测 4c：① 尽管各样地间初始环境差异不大，但样地间的群落组成差异（β 多样性）却很大；② 对于许多成对物种来说，一个物种的存在与另一物种的缺失有关；③ 具有相似环境条件的样地可以支持截然不同的群落类型，而不是表现为物种组成上的渐变。

我将以上三个预测放在一起是由于它们有着共同的核心要素，即具有相似初始环境条件的样地（即没有从外部施加的随空间变化的选择）在群落组成上差异很大。预测 4c-①源于优先效应的文献，它比另两个预测更为常见。这一预测的检验是基于对促进正反馈的因子的先验预测（Chase 2003）。预测 4c-②源于群落构建机制的文献，可能是优先效应最简单的表现形式，被称为棋盘式格局（Diamond 1975，Weiher and Keddy 2001）。预测 4c-③源于有关多稳态相关的文献，它涉及检验两个或多个不同群落状态（多峰性）的群落聚类情况。过渡状态群落的缺乏或罕见表明，正反馈作用将群落推向了一个一般性且可能稳定的状态，而这取决于群落初始状态（Scheffer and Carpenter 2003）。尽管由许多物种组成的群落之间的生态作用可以导致群落组成上的差异（Hubbell 2001），但生态漂变并不能预测群落的多峰性。

方法 4c：评估一组或多组样地的群落组成。如果有多组样地的话，则同组样地间应该有相似的环境条件。对于预测 4c-①，检验各组样地间的 β 多样性差异；对于预测 4c-②，检验成对物种间的负相关性（共同分布的棋盘式格局），并评估这种关联的强度和频率是否大于相应的零模型；对于预测 4c-③，检验同一组样地沿群落组成的单轴或多轴分布的多峰性。

结果 4c：生态学家 Jonathan Chase 及其同事在一系列实验和观察研究中对预测 4c-①进行了最全面的检验，发现在具有大的潜在种库、低干扰、低鱼类捕食、低胁迫和高生产力的淡水池塘或微宇宙中，β 多样性更高（Chase 2003，2007，2010，Chase *et al.* 2009）。这些因素被认为促进了正反馈作用，因此可能产生多个稳定状态。

基于存在-不存在（1-0）类型的群落数据检验非随机格局历来是存在争议的。Diamond（1975）在详细分析新几内亚及周边岛屿上的鸟类时，记录了某些成对物种中棋盘式格局的例子，得出结论是，竞争和优先效应阻碍了这些成对物种在局域尺度上的共存。然而，这些结论受到了严厉的批评，主要原因是即使每个物种都随机分布在各岛屿上，我们也会观察到棋盘式格局（Connor and Simberloff 1979，Strong *et al.* 1984）。Gotelli 和 McCabe（2002）对很多这类物种存在-不存在数据的重新分析表明，非随机格局（如棋盘式格局）确实非常普遍。但是，这样的分析并不能说明这种格局是由随空间变化的选择（一个具有广泛重要性的过程；参见假说 1）产生的，因此这些结果最终仅提供了非常微弱的正频率依赖选择的证据。

群落组成往往随环境梯度而变化，相似条件的样地会出现相似的物种组成且没有明显的多峰性（multimodality）（Whittaker 1975）。然而，在许多相似的条件下，研究者发现了对比鲜明的群落：如中等降雨量下树木与草本植物的优势对比（Hirota *et al.* 2011；图 8.11a），中等干扰强度下珊瑚与海藻的优势对比（Mumby 2009）以及浅水湖泊中大型植物与浮游植物的优势对比（Scheffer *et al.* 1993；图 8.11b）。在 Whittaker（1975）关于世界主要植被类型与气候关系的示意图中，清楚地展示了在相对干燥条件下存在多种稳定状态（如热带稀树草原和森林）的可能性（见图 8.1）。Wilson 和 Agnew（1992）及 Scheffer（2009）描述了许多其他在相似初始环境条件下出现截然不同群落类型的鲜明案例。在这些研究中，鉴于不同的后续群落类型可以强烈地改变当地环境条件，如土壤属性（Chase 2003），因此明确“初始”环境条件的相似性是非常重要的。就这些研究案例本身而言，出现这样的格局也不能排除“群落格局的多峰性分布是由未测量的环境变量导致的”这一可能性。

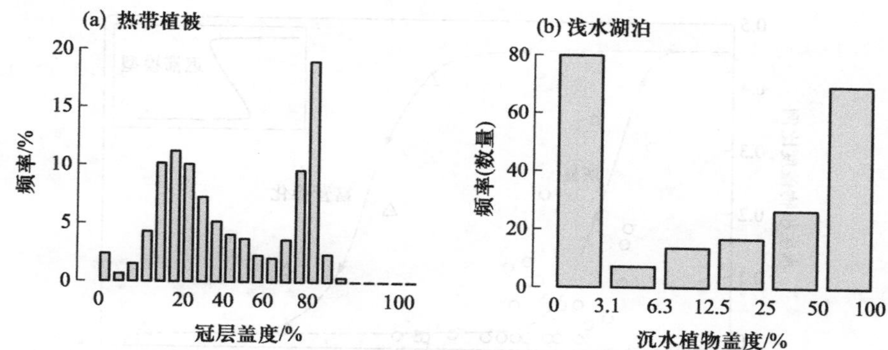

图 8.11　群落状态的多峰分布。(a) 位于非洲、澳大利亚和南美洲中等降雨量（每年约 1800 mm）地区的林木冠层盖度；(b) 荷兰莱茵河下游平原区 215 个湖泊的水生植物盖度。(a) 中的 x 轴为反正弦变换值。数据来自 Hirota 等（2011）(a) 和 Van Geest 等（2003）(b)。

总体而言，检验这些预测的已有研究表明，虽然正反馈只在有限的条件范围内发生，但它在自然界中是很重要的。

预测 4d：虽然群落组成对外界施加（即环境变化或干扰）的随时间变化的选择过程响应很快，但以相同程度逆转环境条件时，群落组成并不会返回到初始状态。

先前的几个预测主要关注基于群落对环境响应的迟滞模型所期望的静态格局（见图 8.9c），而本预测则侧重于相同模型下预期的时间动态格局。

方法 4d：通过观察或实验评估群落对定向的环境条件变化或干扰的响应，以及随后对反向的环境变化或干扰的响应。

结果 4d：在之前描述的陆地植被、珊瑚礁和浅水湖泊的例子中，有一些证据是支持这一预测的。例如，Dublin 等（1990）记录的在东非塞伦盖蒂（Serengeti）生态系统的长期观测结果表明，火灾造成了林木覆盖率的急剧下降，但之后在没有火灾的情况下林木覆盖率并没有增加；究其原因，作者认为是草食动物使其维持无树状态，但它们自己并不能造成相变。Scheffer 等（1993）描述了一些减少浅水湖泊中养分含量的管理干预研究，结果发现，除非营养水平远低于初始相变发生时的水平或把鱼类也加入湖中，否则藻类占主导地位的状态不会发生逆转（如图 8.12）。在一些珊瑚礁中，藻类占主导地位的状态是由优势草食动物海胆的死亡引起的，而随着海胆的恢复，藻类覆盖度也会出现一定程度的下降，但以珊瑚为主的状态并未恢复（Mumby 2009）。在温带草原上，通过实验添加的养分大大降低了物种丰富度，并促进了一种草本植物占据优势，但是这些变化即使在没有添加实验营养物质的 20 年后也未发生逆转（Isbell *et al.* 2013）。鉴于目前可用于检验这一预测的数据极为稀少，评估该预测的普适性较为困难。

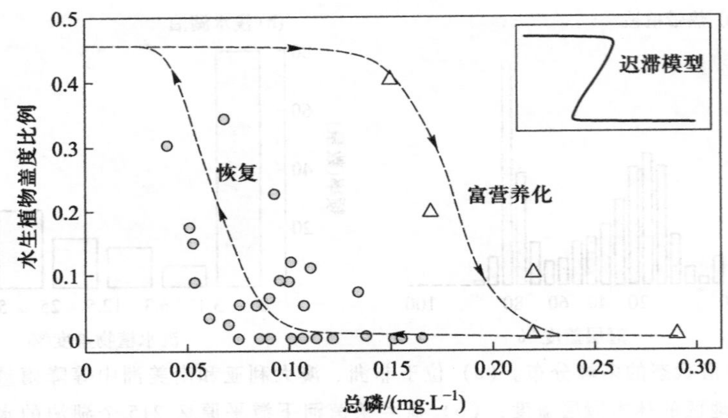

图 8.12 荷兰 Veluwe 湖和 Wolderwijd 湖中相变和多稳态的证据。20 世纪 60 年代，磷浓度（三角形）的增加造成了水生植物盖度的降低，但 20 年后磷浓度（圆圈）需降到远低于初始水平才能促使水生植物恢复。箭头表示水生植物盖度比例随时间的变化方向；小图显示了该系统的迟滞模型，如图 8.9c 所示。数据来自 Meijer（2000）。

常见问题：正频率依赖选择相关的低层级过程

物种和环境因子之间的哪些特定相互作用对正频率依赖选择产生反馈呢？ 正如前面的很多例子所示，检验这些预测的实证研究往往涉及对机理细节的关注。为对上述案例进行补充，下面将对一些相对复杂的案例进行简单描述。

就陆地植被而言，重大火灾可以将森林转变为稀树草原，或者将稀树草原转变成草地。在“新”的群落阶段中，草本植物的优势更大，促进了火灾的发生和草食动物的捕食，这反过来又阻止了群落组成恢复到最初状态（Dublin *et al.* 1990，Hirota *et al.* 2011，Staver *et al.* 2011）。在加勒比海的珊瑚礁生态系统中，20 世纪 80 年代因疾病导致的海胆死亡加剧了其他人为干扰，使藻类得以占据优势地位，而珊瑚的衰退消除了食草鱼类的栖息地和海胆的避难所，从而阻止了珊瑚的恢复（Hughes 1994，Mumby *et al.* 2007，Mumby 2009）。在许多浅水湖泊中，养分输入导致生产力提高，促使人们清除“滋生的”大型植物（它们也正在被周围的附生植物覆盖），从而消除了以浮游植物为食的浮游动物的避难所，并借助风力将沉积物带入悬浮物中；伴随着藻类的蓬勃发展和扰乱沉积物的底栖动物的增加，大型水生植物发展所需的再生机会和光照条件减少（Scheffer *et al.* 1993，Scheffer 2009）。其他例子涉及由植物–环境正反馈驱动的不同类型植物群落之间自然的“转换”（Wilson and Agnew 1992），或由非本地物种或其他人为因素引发的各种变化（Simberloff and Von Holle 1999，Mack *et al.* 2001，Suding *et al.* 2004）。综上所述，每个案例研究都涉及一组独特的重要的低层级过程，但都有共同的高层级后果，即由正频率依赖选择产生替代稳态的可能性。

8.5　选择过程的实证研究总结

对适用于地球上所有生态群落的特定过程的频率进行定量评估是极其困难的。然而，至少大量研究确实能够对这个问题给出一个定性的回答。表 8.1 列出了我对这一问题的观点。总体而言，选择过程的某些形式（如随空间和时间变化的选择）几乎无处不在，而其他形式（如正频率依赖选择）可能仅在相对较少的情况下才会变得重要。鉴于负频率依赖选择在稳定群落和维持多样性方面的潜在作用，生态学家对它一直很感兴趣。虽然它似乎具有非常普遍的重要性，但其作用很难被检测到。

本章覆盖了群落生态学领域相当大的一部分内容。我希望这一章关于“选择”的概念可以帮助研究者在理解上达成统一。之前在生态学中除适应性进化研究外很少使用“选择”这一概念。很多实证证据常以不同的主题来呈现，包括共存理论、群落排序、资源配置、优先效应、生态位理论、干扰、多稳态、环境异质性的后果、基于性状的群落生态学、系统发育群落生态学、竞争、生物多样性和生态系统功能、β 多样性、植物-土壤反馈、古生态学等。这些主题中的每一个在生态学中都非常重要，但要理清一个主题是如何与下一个主题相关联的，还需要大量的深入思考和多年的研究积累（至少对我来说是这样）。我认为本书提出的高层级过程的概念框架（包括本章提到的多种选择形式）可以帮助改进这一现况。

表 8.1　基于生态群落中不同选择形式的重要性提出的假说和预测，以及与之相关的实证证据、挑战和局限性的总结

假说（H）或预测（P）		实证证据	挑战和局限性
H1	**恒定选择和随空间变化的选择**	通常过程检测较容易；可能在自然界中普遍存在	
P1a	物种组成-环境关系随空间尺度而变化	很多例子支持这个预测；例外很少	未包括的环境变量可能很重要
P1b①	局域群落的性状范围或方差变异较小	已有研究中支持的证据可能更多，但并非对所有性状都支持	未包括的性状值可能很重要
P1b②	群落水平的性状-环境关系随空间尺度而变化	已有研究中支持的证据可能更多，但并非对所有性状都支持	未包括的环境变量和性状值可能很重要
P1c	环境变化导致物种组成变化	很多例子支持这一预测；例外很少	通常涉及的环境因子少，且多是考虑短期响应

续表

假说（H）或预测（P）		实证证据	挑战和局限性
P1d	物种多样性与随空间尺度的环境异质性存在正相关	大多研究支持这一预测，但有相当一小部分研究不支持，甚至还有一些支持负相关的例子	生境的平均环境条件和“微小斑块”会随环境异质性的改变而改变
H2	**负频率依赖选择**	过程很难检测，但在大部分群落中，可能会发挥一定程度的作用	
P2a	种内负效应 > 种间负效应	有许多支持的研究，同时也有很多研究未发现支持的证据	通常只考虑短期响应，长期的适合度还不确定
P2b	当某一物种稀少时，它的多度会增加	很少有明确的例子	定义严格，预测很难被检验
P2c	性状在局域范围内发散	有许多例子，但比性状收敛（P1b②）的例子少	即使内在过程很强，但统计检验能力还是很低
H3	**随时间变化的选择**	很多相关例子；过程可能很普遍，但它会随着环境波动的程度而表现出不同的重要性	
P3a	物种组成-环境的关系随时间而变化	虽然比空间尺度上的例子少（P1a），但还是有很多支持的证据	根据种群增长率计算，对于群落水平的响应来讲，环境波动可能太快（见 P1a）
P3b①	在单一时间节点上，性状范围或方差变异较小	几乎没有例子，但实证研究似乎可行（基于 P1b①和 P3a）	如果时间序列很短，那么在某个时间节点上，种库（用作零模型）可能与局域群落非常相似（见 P1b①）
P3b②	群落水平上的性状-环境关系随时间而变化	许多定性的例子，是 P3a 的进一步解释；定量的例子很少	未包括的环境变量和性状值可能很重要
P3c	物种多样性和随时间尺度的环境异质性存在正相关	用干扰作为时间尺度上异质性的例子许多，其他变量的研究很少；其中一些研究支持该预测，一些不支持	时间尺度上的环境异质性也能通过生态漂变和恒定（平均）选择来影响物种多样性

续表

假说（H）或预测（P）		实证证据	挑战和局限性
H4	**正频率依赖选择**	存在一些有说服力的例子；根据定义，在任何一个短期阶段内不太可能被观察到	
P4a	群落动态易受到初始群落物种组成的影响	既存在许多有说服力的例子，也存在许多反例	对初始物种组成的敏感性也可通过生态漂变来预测；如果种群增长速率很慢且实验周期较短，那么即使处于负频率依赖状态下，也可能被检测到
P4b	通过改变环境获得种内正反馈	尽管不如种内负反馈的例子常见，但存在一些有说服力的例子	实验通常是短期的；长期的后果不确定
P4c①	在促进正反馈的条件下，β 多样性较高	虽然研究不多，但有支持这个预测的研究	正反馈不是直接测量的，因此有基于格局定义过程的风险
P4c②	成对物种的棋盘式分布格局	经常能观察到	很容易由随空间变化的选择引起
P4c③	具有相似环境条件的样地可支持截然不同的群落类型	存在一些有说服力的例子，但并不多	即使存在，也不确定在多少研究中能检验到；可能比已有的实证案例更为常见
P4d	迟滞效应	存在一些有说服力的例子，但并不多	案例往往涉及复杂的交互作用，这使得对过程的推断非常困难

第 9 章

实证研究：生态漂变和扩散过程

我以选择过程（见第 8 章）作为本书实证研究部分的第一章并不是一个武断的决定。我们随处可见或者说几乎在大多数地方都可以看到以各种形式展现的选择过程。在大多数情况下，选择过程的结果也较易通过零假设或零模型的统计方法分离出来。然而，即使在选择过程的统计特征很明显时（如不同时空下的物种组成-环境关系），群落属性中巨大的时空变异仍无法仅仅基于选择过程来解释清楚（Soininen 2014）。换句话说，证明选择过程对群落结构和动态有重要影响的同时，并不能排除其他过程（如本章的生态漂变和扩散过程以及第 10 章要讨论的成种过程）的潜在影响。

9.1 假说 5：生态漂变是群落结构和动态的一个重要决定因素

生态漂变是在群落中的个体出生、死亡和繁殖过程中随机抽样的结果。但是，如何才能确定自然界中发生的某些事情是完全随机的，还是仅仅因为我们缺乏导致这些事情发生的非随机性因素的信息呢？几个世纪以来，这个问题一直困扰着科学家和科学哲学家（Gigerenzer *et al.* 1989）。这一争论的关键可以被重新表述为：随机性到底是自然界的一个基本属性，还是由于我们忽略了自然界中一些重要的确定性过程，进而成为构建模型中的一个必要属性呢（Clark *et al.* 2007，Clark 2009，Vellend *et al.* 2014）？我认为，生态漂变在解释群落结构和动态上是一个理论上可行的过程，各物种出生死亡事件的发生就像掷骰子一样，是一系列“实际上不可归约的（irreducible）概率事件”（Wright 1964）（见第 5 章）。

接受生态漂变在理论上的可能性并不能否认在生态群落中实证检验这一过程重要性的难度。证明物种间存在适合度差异（即存在选择过程）比证明它不存在（即不存在选择过程）更为直接。常言道，缺少证据并不代表没有证据。也就是说，如果研究人员竭尽所能也没有发现貌似普遍存在的选择过程（如随空间变化的选择），这至少表明生态漂变可能是很重要的。在本章中，我将阐述几个与生态漂变相关的预测，但并没有包括符合中性理论的关于相对多度分布的预测（见图 2.2）（Hubbell 2001），因为目前这被广泛认为是一个极弱的检验，同样的格局也可以在选择过程的模型中产生（McGill *et al.* 2007，Rosindell *et al.* 2011，Clark 2012）。

在进入实证研究之前，还有一点需要强调的是，我们可预测到的生态漂变过程起着重要作用的情况在自然界中还是相对少见的。然而，对选择过程的研究可以为我们提供一些切入点。例如，在预测 1a 和 1c 中（见第 8 章）我们提到，适合度优势通常会沿着环境梯度从一个物种转移到另一物种，这样在这一梯度的中间部分，我们可能会期望各物种的功能近似相等，各物种在该点上都不具备适合度优势。同样地，基于性状的选择会在性状空间中产生均匀间隔的物种集群（预测 2c），但到底是什么决定了具有相似性状的物种的相对多度呢（Hubbell 2009）？在这两个例子中，虽然选择过程可能是在大尺度上或在所有共存物种中的主导过程，但这并不能排除生态漂变过程在特定时间地点或在特定物种对之间发挥重要作用的可能性。我们也可以基于理论结果做出这样的预测，即当群落规模较小时，生态漂变过程是最重要的。

预测 5a：较小的群落规模（即每个局域群落内的个体数相对较少）会导致：① 较低的局域多样性；② 较高的 β 多样性；③ 较弱的物种组成-环境关系。

该预测直接源于在不同大小的群落中，对有无选择过程进行对比的模型（第 6 章）。简单地说，小的群落增加了生态漂变过程的重要性，生态漂变反过来加速了局域物种灭绝（降低了局域 α 多样性），进而导致不同群落的优势种不同（增加了 β 多样性），有时甚至在没有选择优势的情况下物种也可能占据群落的主导地位（弱化了物种组成-环境关系）。在实证研究中，一个特定生境单元的大小或面积（与群落规模可能有很强的相关性）常被作为研究群落属性的潜在决定因素，但直接估计群落规模的研究极少。在许多研究系统中，我们都是以较主观的方式来对生境单元进行描述，如关于调查区域面积或“生态系统大小”影响的研究往往集中在离散的生境单元上（岛屿、池塘、森林片段或实验箱等）。

方法 5a：在不同大小的自然群落或控制实验中对群落物种多样性、物种组成以及环境条件进行评估。

结果 5a：① 正如预测的那样，物种丰富度随某一特定群落占据面积（可能代表了群落规模）的下降而普遍下降（图 9.1a，b）。然而，正如许多研究人员所争论的那样（MacArthur and Wilson 1967，Connor and McCoy 1979，Williamson 1988，Rosenzweig 1995），除随机漂变外，还有一些其他因素也可以形成这样的种-面积关系，其中最值得注意的是随空间变化的选择过程（通过环境异质性）。虽然对一些地方的某些分类群的研究表明，在考虑环境异质性的影响后，“面积本身”对物种丰富度没有明显的影响，但一些研究则发现，面积（可能通过生态漂变过程）对物种丰富度有直接的影响（Ricklefs and Lovette 1999）。

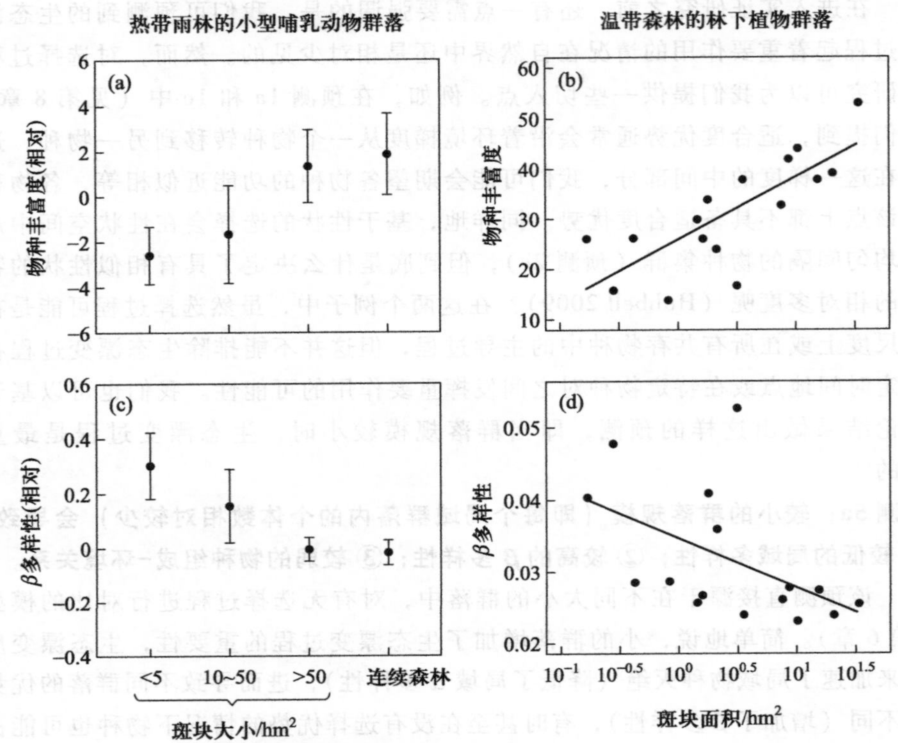

图 9.1 群落大小对物种丰富度（α 多样性）和 β 多样性的影响。(a) 和 (c) 为物种丰富度和 β 多样性残差的均值±标准差随四种不同大小的森林斑块的变化图，其中，残差来源于对代表森林结构复合变量的回归分析。β 多样性根据 Whittaker (1960) 的配对指数进行估算。(b) 和 (d) 中的数据来自 Vellend (2004) 的原始林斑块，其中 β 多样性类似于种群遗传学中 F_{ST}，是在一个群落与所有其他群落配对计算的 β 多样性的平均值。(b) 和 (d) 中直线表示最小二乘回归的最佳线性拟合。数据来源于 Pardini 等 (2005) (a, c) 和 Vellend (2004) (b, d)。

结果 5a：② 据我所知，关于群落大小是否是 β 多样性的预测因子的问题并没有系统的评价，但有实例研究确实支持这一预测。例如，在对小型哺乳动物的研究中，Pardini 等（2005）发现，大型（>50 hm²）森林斑块和连续的热带森林区域具有相近的 β 多样性和物种丰富度，但在中型（10~50 hm²）和小型（<5 hm²）森林斑块中，β 多样性增加但物种丰富度下降（图 9.1a，c）。Vellend（2004）在对原始的和弃耕的温带森林离散斑块的比较研究发现，随斑块大小的增加，林下植物物种丰富度增加，但 β 多样性降低（图 9.1b，d）。同样，Harrison（1999）发现，天然蛇纹岩土壤小片段（与周围植被形成鲜明对比）的植物 β 多样性要比在更大的同类土壤区域上的相同大小斑块间 β 多样性高。

结果 5a：③ 关于小规模的群落会导致较弱的物种组成-环境关系的假设，我只知道一个实证研究的案例。Alexander 等（2012）通过比较大型（500 m^2）和小型（32 m^2）的草地实验斑块，发现了支持这一预测的证据：在经历了 16 年的演替后，植物物种组成-环境关系在较大斑块中表现更强。实际上很有可能有很多这样的研究存在，但鉴于我只找到了一篇相关文献，我重新分析了我实验室的两个数据集作为初步的检验。首先，我将图 9.1d 所示的样地划分为两个组（<2.5 hm^2 的斑块与>2.5 hm^2 的斑块），对每个子集都进行了典型相关分析（canonical correspondence analysis，CCA），用与 pH 密切相关的土壤属性的复合轴来预测植物物种组成（有关数据的详细信息请参见 Vellend 2004）。结果发现，在较大斑块中物种组成-pH 关系（pH 能解释 23% 的方差）比在较小斑块中（20%）稍强。我也对加拿大温哥华岛的 43 个橡树热带稀树草原斑块进行了相同的分析（Lilley and Vellend 2009），这些斑块大小在分布上存在天然的差距（26 个<4 hm^2 的斑块和 17 个>4 hm^2 的斑块）。该研究的预测变量是一个代表气候变化（凉爽、潮湿的高海拔地区与温暖、干燥的低海拔地区）和斑块周围 500 m 范围内的道路密度的复合轴。同样地，这些变量对大斑块组成变化的解释比例（29%）要高于对小斑块的解释比例（21%）。目前对于这些结果在各生态系统中的普遍程度还是未知的。

预测 5b：群落组成的差异与群落间的环境差异无关。

此预测是基于缺乏一种常见的选择过程（即随空间变化的选择）的相关证据。在没有选择过程的情况下，时空尺度小到足以忽略产生群落间差异的一个重要因素——“成种过程”时，生态漂变是唯一一个能够引起样地间组成变化的过程。

方法 5b：在一系列野外样地中，量化物种组成，并测量最有可能成为选择过程的环境变量（如果存在的话）。

结果 5b：正如在预测 1a（见第 8 章）中所讨论的那样，物种组成几乎总是与环境变量呈现出某种程度的相关性。然而，Siepielski 等（2010）对美国东北部 20 个湖泊或池塘中的绿蟌属（*Enallagma*）豆娘的研究发现，物种相对多度与相关环境变量（如鱼的密度或猎物的多度）之间没有显著相关性，也没有任何群落组成表现出多峰的趋势（见预测 4c-③）。在更大取样量的 40 个池塘（包括最初的 20 个池塘）的研究中，Siepielski 和 McPeek（2013）发现，物种组成-环境关系呈现微弱的显著相关性。总体而言，这些结果表明，在一定的环境空间范围内，生态漂变过程对解释群落组成的空间变化是合理的（Siepielski and McPeek 2013）。植物生态学家也报道了一些其他的样地间物种组成变化与环境变量间没有明显联系的例子（Shmida and Wilson 1985，Hubbell and Foster 1986）。

尽管上述有一些启发性的研究结果，但我们必须始终考虑到这样一种可能性，即弱的或者缺失的物种组成-环境关系可能是未能测量相关变量或没有充分评估群落组成而造成的。Soininen（2014）对 326 个数据集进行 Meta 分析后发现，环境变量对群落组成变化的解释还不到 3%。然而，对这些研究的检验（如 Beisner *et al*. 2006，Sattler *et al*. 2010，Hájek *et al*. 2011）表明，环境的影响被低估而非缺失的可能性是很大的。在 Siepielski 等（2010）对豆娘的研究中，独立的实验证据（见预测 5e）支持了将生态漂变视为一个可能造成样地间组成差异的过程这一解释。

预测 5c：局域共存物种的性状值分布与来自区域种库的随机样本的性状值分布无显著差异。

该预测是预测 1b 和 2c 的另一种可能。事实上，据我所知，没有任何一项研究表明，不会存在非随机的性状-环境格局。这可能部分是“发表偏倚问题”（file drawer problem）造成的（Csada *et al*. 1996），也有可能是性状、环境和适合度之间存在近乎无处不在的因果关系的原因。为完整起见，我将其归纳于文中，但并没有进一步研究。

预测 5d：两个物种竞争的“胜者”（即占主导地位的那一个）是不可预测的。

无论哪种形式的选择过程，其作用意味着在相同环境条件下，具有相同初始物种组成和环境条件的多个群落将沿着同一时间轨迹走向同一稳态（或者可能是一个极限循环）。物种对之间相互作用的实验研究在第 8 章中已有许多描述，这些研究经常涉及小的群落（如 J 小于 100）。小群落内的生态漂变过程原则上可以随机地使某一物种占据主导地位。预测“胜者”的唯一依据便是初始频率：一个物种初始频率越高，那么通过生态漂变过程使其占据主导地位的概率就越高（见第 5—6 章）。

方法 5d：通过实验构建具有相同初始条件的两个（或多个）物种的群落，随着时间推移监测群落动态。

结果 5d：在对两种黑粉虫（*Tribolium confusum* 和 *T. castaneum*）进行的一系列经典实验中，Thomas Park 和同事发现，竞争中的胜者可根据温度和湿度条件有预期地进行转换（Park 1954，1962）。然而，在中等温、湿度条件下，结果是“不确定的”：有时是 *T. confusum* 占主导地位，有时则是 *T. castaneum*（图 9. 2a）。在实践中，确保完全一致的重复试验是很困难的，并且一些研究人员认为，实验重复种群之间的遗传差异是驱动看似随机结果的决定性过程的基础（Lerner and Dempster 1962）。然而，即便对于遗传上缺乏来源的种群来说，这种不确定的结果仍然存在。此外，随着一个物种初始频率的增加，该物种占主导地位的概率也在增加（Mertz *et al*. 1976），这更表明了生态漂变过程的显著作用（图 9.2b）。许多研究仅专注于短期响应（即单一世代内的适合度成分），从浮游植物（Tilman 1981）到珊瑚礁鱼类（Munday 2004）再到蝶螈（Fauth *et al.* 1990）等不同的生物类群，也类似地表现出特定的物种对在某种条件下具有"竞争等价性"。重要的是，这些研究并没有排除在不同环境条件下同一物种对之间或同一群落中其他物种对之间选择过程的影响（这方面也确实有一些研究证据）。然而，它们确实有力地表明，在某些环境条件下，某些群落中某些物种的相对多度的确因生态漂变过程的作用而波动。

(a) 在不同环境下 *T. castaneum* 获得"胜利"的实验比例

温度	湿度：低	湿度：高
低	0	29
中	13	86
高	10	100

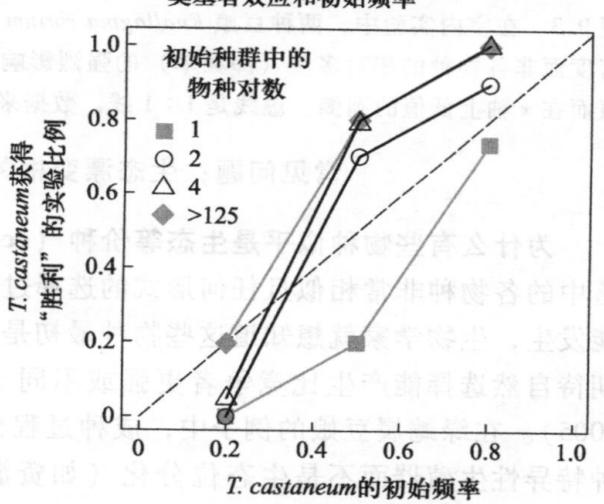

图 9.2　两种黑粉虫 *T. castaneum* 和 *T. confusum* 间的不确定性竞争。（a）*T. castaneum* 在不同条件下占主导地位的实验比例（每种组合 $N=28\sim30$；Park 1954）；（b）"获胜"的概率与初始频率呈正相关，且不确定性的发生与奠基者效应（founder effect）（即建群种的物种对数）无关（每种处理种群大小 $N=19\sim20$）。数据来自 Mertz 等（1976）。

预测 5e：种内密度和种间密度对适合度有同等影响。

该预测表明了恒定选择（至少对于一些物种，种间负效应大于种内负效应）和负频率依赖选择（种内负效应大于种间负效应；见预测 2a）的缺失。

方法 5e：在自然群落或实验控制的多物种、不同种群密度等级的群落中，检验种内密度和种间密度对适合度的影响。

结果 5e：我在第 8 章概述了群落生态学中许多种群密度限制相关的研究，强调了那些支持恒定选择或负频率依赖选择结果的例子。在其中一些研究中，尽管所有物种的总密度对个别物种的适合度或种群增长有负面影响，但其他物种的相对多度（即频率）对其并不敏感。例如，Siepielski 等（2010）通过实验控制两个绿蟌属豆娘物种的总密度和幼虫的频率，结果发现，适合度组成与总密度呈现负相关，但其对物种的相对多度并不敏感（图 9.3）。

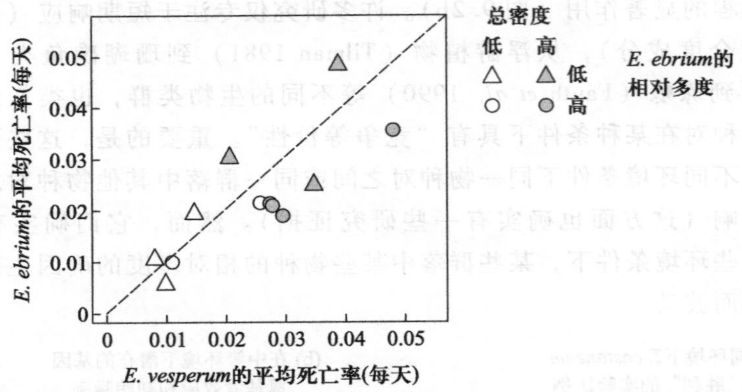

图 9.3 在室内实验中，两种豆娘 *Enallagma ebrium* 和 *E. vesperum* 幼虫的平均死亡率受到总密度而非各物种的相对多度（即频率）的强烈影响。频率的影响在图中表现为在 *y* 轴上高值而在 *x* 轴上低值的圆圈。虚线是 1∶1 线。数据来源于 Siepielski 等（2010）。

常见问题：生态漂变相关的低层级过程

为什么有些物种似乎是生态等价种（ecological equivalent）呢？当一个群落中的各物种非常相似且任何形式的选择过程的影响都太微弱，生态漂变就可能发生，生物学家就想知道这些物种最初是如何演化而来的。简单地说，我们期待自然选择能产生比竞争者更强或不同于竞争者的物种（Rundle and Nosil 2005）。在绿蟌属豆娘的例子中，成种过程似乎主要是通过性别选择产生了物种特异性生殖器而不是生态位分化（如资源利用）来实现的（Turgeon *et al.* 2005）。Hubbell（2001）的中性理论的灵感来源于热带森林惊人的高物种多样性，中性理论的一些模型表明，扩散限制可以防止强烈的种间相互作用，从而促进对最常见环境条件的趋同适应，也就是生态等价种（Hubbell 2006）。正如之前的预测，这些研究与第 8 章中所描述的关于物种差异的许多研究相反。

9.2 扩散过程

扩散过程是一个看似简单的过程。从某种意义上讲，它仅涉及生物体从一个地点到另一个地点的迁移，但这种迁移的后果可能相当复杂。对于选择和生态漂变过程来说，除假设这个样地没有迁入之外，我们不需要任何关于扩散的信息，就可以从这个单一样地的群落动态模型中产生合理的预测。相比之下，扩散过程的定义必须涉及多个样地，并且如果没有同时指定决定局域选择或生态漂变过程的参数，我们无法构建一个涉及扩散过程的群落水平的模型。由于扩散过程的后果依赖于这些细节，所以这可能会产生一系列复杂的结果（Leibold *et al.* 2004，Holyoak *et al.* 2005，Haegeman and Loreau 2014）。因此，我并没有以“扩散过程是重要的”这一假设来开始这一节，而是直接进入更具体的假说（参见第 9.2.1 节）。

扩散过程很有趣的地方在于，它既是一个高层级过程，又是一个在区域尺度上影响选择过程的低层级过程（见第 5 章）。将扩散过程作为一个高层级过程，我们可以从机制上来研究所有物种的个体在各群落间的扩散程度是如何影响局域和区域尺度上的群落属性（如 Mouquet and Loreau 2003，Cadotte 2006a）。从低层级过程的角度来看，物种的扩散能力常常发生变化，且扩散能力可能与其他共同构成各种选择形式的性状相关（Lowe and McPeek 2014）。

鉴于这些因素，全面整合扩散过程带来的所有可能的后果超出了本书的范围。我将按照如下方式构建本节内容。首先，我提出了一个关于扩散过程对群落影响的一般化假说和预测，这一假说最小限度地取决于选择或生态漂变过程的局部细节，仅需满足至少一些扩散的繁殖体或个体能够在它们到达的地点成功定殖的条件（第 9.2.1 节）。然后我给出了一个关于该假说和预测的例子。该假说和预测是基于扩散和选择过程之间有着明确相互作用而提出的（第 9.2.2 节）。最后我解释了扩散过程为什么也是影响选择过程的一个低层级过程（第 9.2.3 节）。

9.2.1　扩散作为一个高层级过程。假说 6.1：扩散过程增加了物种在样地间的分布范围，并促进个体在样地间更均匀地分布

如前所述，该假说提出了一个最少要满足的前提条件，即至少有一些个体能够在它们扩散到的样地里成功定殖。在低等到中等的扩散率范围内（Mouquet and Loreau 2003），无论是否考虑选择过程（Hartl and Clark 1997）或类似的生态过程（MacArthur and Wilson 1967，Shmida and Wilson 1985，Hubbell 2001；也见第 6 章），这些预测是从种群遗传模型中拓展出来的。假说 6.2 讨论了在特定选择模型中高强度扩散的潜在后果。

预测 6.1a：局域物种多样性随扩散强度增加而增加。

方法 6.1a：在通过自然变化或人为控制迁入率（即迁入扩散）的样地中，或在一系列连通程度不同的样地（集合群落）中，调查物种多样性。

扩散过程是难以准确量化的（Nathan 2001），因此在对本预测及下一预测进行检验时，通常会使用其他变量来代替扩散，如某一样地与潜在的迁入源样地的隔离或连通程度。大多数观测研究都采用上述方法，尽管也有例外（如 Simonis and Ellis 2013）。许多实验研究也是如此。在这些研究中，不同程度的扩散可以通过控制管子或廊道连接实验单元（如小实验箱或样地）来实现，而不是通过样地间直接转移个体（尽管确有研究这样直接控制扩散）。

结果 6.1a：多项证据支持这一预测。首先，岛屿生物地理学理论（MacArthur and Wilson 1967）在某种程度上受到一种常见现象的启发，即孤立

的海洋岛屿相对于连通性好的岛屿或同等面积的大陆而言，动植物区系更少（Whittaker and Fernandez-Palacios 2007）。例如，在对全球346个海洋岛屿的分析中，Kalmar 和 Currie（2006）发现，与大陆距离的远近是预测鸟类物种丰富度所需的三个关键变量之一，其他两个是面积和气候（图9.4a）。在相对较大的尺度上（km^2），由于地质事件（如300万年前巴拿马海峡的形成）或最近的人为运输，以前孤立岛屿样地间扩散过程的增加也经常会导致物种多样性增加（Vermeij 1991，Sax and Gaines 2003，Sax *et al.* 2007，Helmus *et al.* 2014，Pinto-Sánchez *et al.* 2014）。

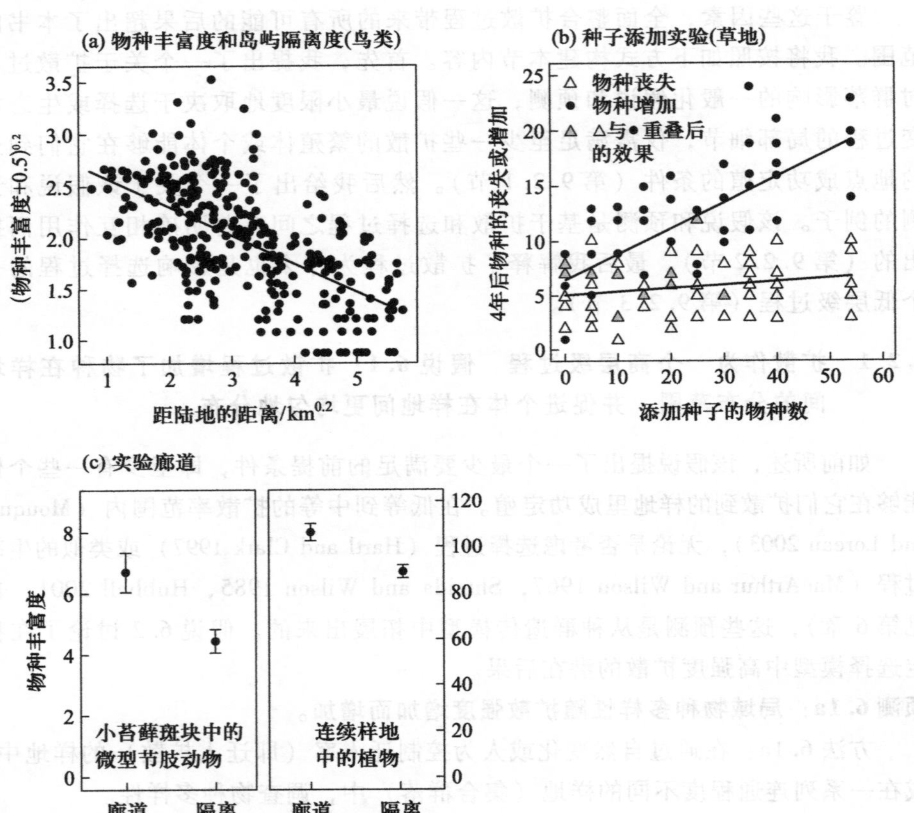

图9.4 局域物种丰富度受扩散过程限制的证据。（a）对于全球范围内的海洋岛屿来说，隔离度是对鸟类物种丰富度造成影响的三个重要决定因素之一；（b）向草地样地（$1\ m^2$）中添加之前不存在的物种的种子，4年后净物种数增加，且物种数随添加物种数的增加而增加；（c）在岩石上的小苔藓斑块（$20\ cm^2$）间或在 $1\ hm^2$ 的连续样地间建立实验廊道，相对于隔离环境，微型节肢动物和维管植物的物种丰富度都有所增加。（a）和（b）中的直线代表的是最小二乘回归的最佳线性拟合。数据来自 Kalmar 和 Currie（2006）（a）、Tilman（1997）（b）、Gonzalez 和 Chaneton（2002）以及 Damschen 等（2006）（c）。

较小尺度上的研究涉及添加种子到植物群落中或增加微型生态系统（最常见的是水生无脊椎动物）之间的连通性，这通常会造成局域物种多样性的增加（Cadotte 2006a，Myers and Harms 2009；图9.4b，c），尽管也存在一些扩散过程并无显著影响的例子（Warren 1996，Shurin 2000，Forbes and Chase 2002）。在一项重复实验中，研究者监测了小苔藓斑块中的微型节肢动物群落，这些斑块通过狭窄廊道连接或隔离，结果发现，在有些年份里廊道对局域多样性有正面影响（Gilbert *et al.* 1998，Gonzalez and Chaneton 2002；图9.4c），但在其他年份则没有（Hoyle and Gilbert 2004）。在极少数的几个大尺度野外实验中，Damschen 等（2006）发现，相对于隔离控制，在 1 hm^2 开放栖息地斑块中连接 150 m×25 m 的廊道时，局域植物物种多样性会增加（图9.4c）。

预测 6.1b：样地间的组成差异（即 β 多样性）随扩散强度增加而降低。

方法 6.1b：与方法 6.1a 相同，但对 β 多样性进行量化。

该预测已通过两种相关的方式检验。首先，假设成对样地间的扩散能力随地理距离的增加而降低，那么在控制环境相似性后，我们便可以检验到成对的 β 多样性与距离间存在负相关，但这可能会与距离效应相混淆（见第8章的预测1a）。这里一个重要的方法论的考虑是如何在统计模型中表示“空间”。一组多变量模型使用样地的 x、y 坐标来基本确定关于 x 和 y 的函数，该函数是群落组成变化最好的预测轴。这些函数可以用多项式的形式［如组成成分 = $f(x, x^2, x^3, y, y^2, y^3)$］表示，也可以用许多不同周期的正弦波组合来表示，该方法可以灵活地在多个尺度的数据中发现潜在的复杂空间结构（Borcard *et al.* 1992，Borcard and Legendre 2002）。虽然这些方法是探索多元数据中空间结构的绝佳方法，但这种分析所产生的空间“信号”与基于扩散过程的理论预测间并无明确联系（Gilbert and Bennett 2010，Jacobson and Peres-Neto 2010），尽管许多研究声称这就是一种关联（Gilbert and Lechowicz 2004，Cottenie 2005，Legendre *et al.* 2005，Beisner *et al.* 2006，Logue *et al.* 2011）。例如，如果一个周期为 100 m 的东西向正弦波可以预测群落组成，那就意味着相距 100 m 的两个样地比相距 50 m 的两个样地具有更相似的物种组成；生态漂变和扩散限制的预测不期望产生这样的格局。然而，扩散限制可以预测物种组成相似性随距离的单调下降（Hubbell 2001），这是可以直接被检验的（Tuomisto and Ruokolainen 2006）。

检验预测 6.1b 的第二种方式是选择或建立不同连接度或扩散强度的群落，对一系列重复的局域群落（即整个集合群落）进行比较。

结果 6.1b：关于物种组成的环境与空间因素的重要性，我知道的唯一的一个 Meta 分析是使用 x-y 坐标的三阶多项式来表征空间（Cottenie 2005），因此不能直接说明此处所述的预测。同样地，数百个数据集的分析发现，成对的 β 多样性随地理距离的增加而降低（Nekola and White 1999，Soininen *et al.*

2007)，但由于没有控制环境差异，所以扩散过程只是一种可能的解释。尽管如此，许多独立的研究利用“基于距离”的统计方法来控制环境差异(Tuomisto and Ruokolainen 2006)，其中一些研究发现，物种组成相似性确实随距离的增加而降低（如 Cody 1993，Tuomisto *et al.* 2003，Barber and Marquis 2010；图 9.5a)。因为已有证据表明，相异性–距离关系在扩散能力弱的物种中表现更强(如鱼类 vs. 浮游生物；Shurin *et al.* 2009)，可以推断这种格局是由空间上的扩散限制形成的。

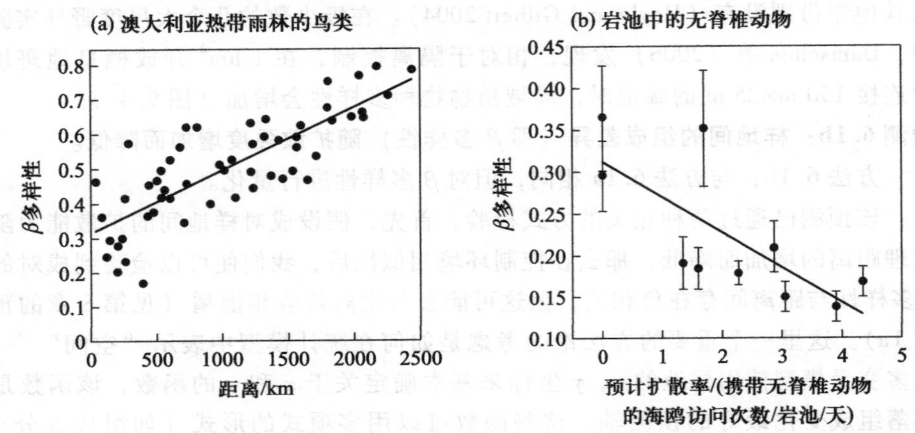

图 9.5 β 多样性是距离和扩散的函数。(a) 在澳大利亚东部的 11 个 5 hm^2 的热带雨林样地（55 个配对组合）中，β 多样性（通过 0–1 数据进行量化）与环境差异（植被结构）无关，但与地理距离有很强的相关性；(b) Simonis 和 Ellis（2013）通过海鸥预估了 10 个岩池集合群落中无脊椎动物的扩散情况，结果发现，β 多样性（基于 Sorensen 指数的多变量扩散）随扩散能力增加而降低。(b) 中的点代表平均值±标准误。图中直线表示最小二乘回归的最佳线性拟合。数据来自 Cody（1993）(a) 以及 Simonis 和 Ellis（2013）(b)。

一些对自然或实验的集合群落进行比较的研究也支持这一预测。在 Cadotte（2006a）的 Meta 分析中，大多数研究都没有提到β 多样性，但在各种类型的水生微型生态系统、岩池或池塘中已有研究发现，β 多样性随扩散度或连通性的增加而降低（Chase 2003，Kneitel and Miller 2003，Cadotte 2006b，Pedruski and Arnott 2011，Simonis and Ellis 2013；图 9.5b)，尽管这一结果并不普遍（如 Howeth and Leibold 2010)。

9.2.2 扩散与选择过程的交互作用。假说 6.2：极高的扩散作用会使得区域尺度上的恒定选择“压倒性”地强于局域尺度上随空间变化的选择，从而降低局域范围内的物种多样性

该假说代表了扩散过程如何与选择过程相互作用的一个例子，我强调这一点是因为，它是从一个有充分证据证明存在选择过程的模型中产生的，并且模

型的主要预测本身已经过实证检验，尤其是在一个被描述有“集团效应”特征的模型中（见表5.1）。Mouquet 和 Loreau（2003）假设，由于随空间变化的选择过程的作用，20个局域样地中的优势物种都不一样。如预测6.1a所说，当扩散程度从低等向中等水平增加时，该模型中的局域物种多样性会增加。然而，当局域优势在不同样地间存在差异时（也就是物种间存在差异时），一种可能的情况就是扩散程度超过阈值，造成局域多样性的下降。这个阈值是大约30%的个体扩散到一个斑块并在一定时间内平均分布在其他斑块里。实际上，当扩散程度非常高时，拥有大的局域选择优势的一些物种就会不断向各个样地扩散繁殖体，从而使该物种遍布整个集合群落（见图6.9）。

预测6.2：局域多样性与扩散呈单峰关系。

方法6.2：与预测6.1a相同。

结果6.2：一些水生微型生态系统或栖息地的研究支持这一预测（Cadotte 2006b，Vanschoenwinkel *et al.* 2013），且在比较不同动物类群的研究时发现多样性-扩散之间呈现一种较弱但显著的单峰关系（Cadotte 2006a），但在比较不同植物类群的研究中未发现这种关系（Cadotte 2006a）。这里提到的大多数研究发现，随着扩散的增加，多样性要么单调增加要么没有响应，而不是单峰响应，甚至那些发现单峰关系的研究也只有在某些条件下才成立（Cadotte 2006b，Vanschoenwinkel *et al.* 2013）。仅包括两个扩散水平的研究（如样地的连通与否）是无法检测到单峰关系的。当扩散没有超过相关的阈值时，多样性-扩散之间常存在正相关，这与单峰关系的预测并不矛盾（Cadotte 2006a）。然而，扩散作用正负效应的理论“临界点”（约30%）是否太高了，以至于自然界成对样地间如果有如此高比例的个体交换而常被认为是独立的“斑块”（如池塘、森林片段或岩石露头部分）呢？在微型生态系统中，研究者可以轻易地将扩散控制在如此高的水平，但其结果是否能应用到自然生态系统是存在质疑的。

9.2.3　扩散作为一个低层级过程。假说6.3：扩散或拓殖能力是一个存在物种变异的适合度组分，因此它代表了一个与（a）随空间变化的选择或（b）负频率依赖选择相关的性状。

这两种选择过程可具体描述如下：（a）如果一个样地长期与其他样地隔离，扩散相关的性状可能促进随空间变化的选择；（b）扩散或拓殖能力与竞争能力可能存在负相关，因此它代表了在区域尺度上产生负频率依赖选择的权衡（见图6.10），这是“拓殖-竞争假说”的基础（Levins and Culver 1971，Yu and Wilson 2001，Cadotte *et al.* 2006）。

预测6.3a：物种组成和扩散性状随样地隔离度变化而变化。

方法6.3a：量化样地隔离度和其他潜在混杂的环境变量、物种组成和扩散性状。

结果6.3a：如前所述，孤立岛屿往往物种较少，且拓殖于这些岛屿的物种并不是大陆种库的随机样本。例如，一些孤立海洋岛屿（如夏威夷、新西兰）上唯一的当地陆生哺乳动物是那些可以飞行的物种（即蝙蝠），并且在太平洋的孤立岛屿上的大多数森林植物需要通过鸟类传播进行拓殖（Carlquist 1967，1974）。同样，在美国东南部一个水库的岛屿上，Kadmon 和 Pulliam（1993）发现，小岛到岸边的距离可以预测植物物种组成，且 Kadmon（1995）进一步发现，较弱的扩散能力与远距离岛屿的隔离有关（图9.6a）。在对一些大的农业景观森林片段的研究中发现，植物种的平均扩散能力也随样地隔离度的增加而增加（Dzwonko 1993，Jacquemyn *et al.* 2001，Flinn and Vellend 2005）。同样，隔离对物种分布的影响随不同脊椎动物扩散能力的增加而减弱（Prugh *et al.* 2008；图9.6b）。总之，隔离可以代表一种选择作用。

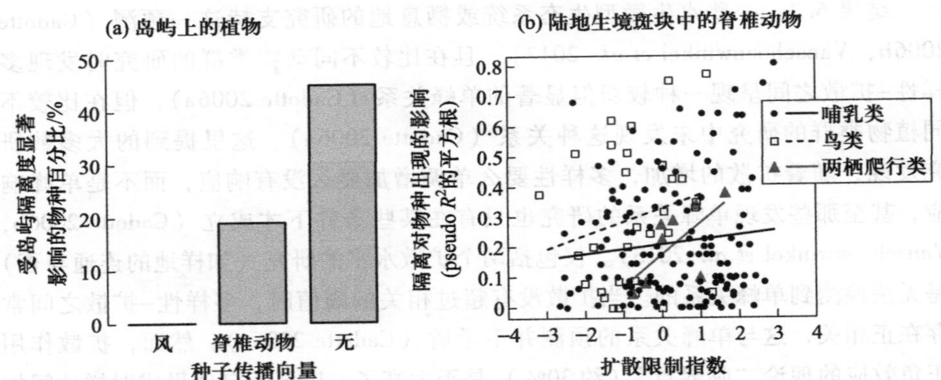

图9.6　样地隔离作为一种选择作用。(a) 在一个淡水水库的岛屿（<1 hm²）上，具有长距离扩散能力（通过风或脊椎动物的取食）的植物与不具有长距离扩散能力的植物相比，它们的分布更少受岛屿隔离影响；(b) 在Meta分析中，脊椎动物对样地隔离表现出高度不同的敏感性（即隔离度解释物种出现变化的百分比），且敏感性随扩散限制（生境斑块间最大距离与物种最大扩散距离的对数比）的增加而增加。(b) 中的直线表示最小二乘回归的最佳线性拟合。数据来自 Kadmon（1995）(a) 和 Prugh 等（2008）(b)。

预测6.3b：有助于提高扩散或拓殖能力的性状与共存物种的其他适合度组分（如竞争能力）负相关。

方法6.3b：在一系列共存物种中，测量与扩散或拓殖能力和竞争能力相关的性状。

结果6.3b：生物有机体生活史的演化经历了一些根本的限制，并造成了性状间普遍存在的权衡关系（Roff 2002）。拓殖-竞争假说指出，植物经常在种子的数量和大小间进行权衡（Harper 1977，Turnbull *et al.* 1999，Leishman 2001；图9.7a）。产生许多小种子可以使其在受干扰的样地拓殖时具有选择的优势；而大种子长出的幼苗可能会淘汰较小种子的幼苗，使其在资源方面处于

“优先”地位（Rees and Westoby 1997）。植物竞争实验的数据表明，产生大种子的物种的确比产生小种子的物种更具竞争优势（Turnbull *et al.* 1999, Freckleton and Watkinson 2001，Levine and Rees 2002）。同样地，一些研究表明，较高的种子产量和（或）种子扩散距离可以使其在受干扰的样地拓殖时更具优势（Platt 1975，Yeaton and Bond 1991）。也有研究发现，大种子物种在竞争时或小种子物种在拓殖时并无明显的适合度优势（Leishman 2001, Jakobsson and Eriksson 2003）。动物相关的研究相对较少。Cadotte 等（2006）在包含 13 种原生动物和轮虫的水生微型生态系统的研究中发现，实验测得的拓殖能力和竞争能力间存在很强的负相关关系（图 9.7b）。总之，与扩散或拓殖相关的性状与竞争能力之间常呈负相关，但也存在例外。

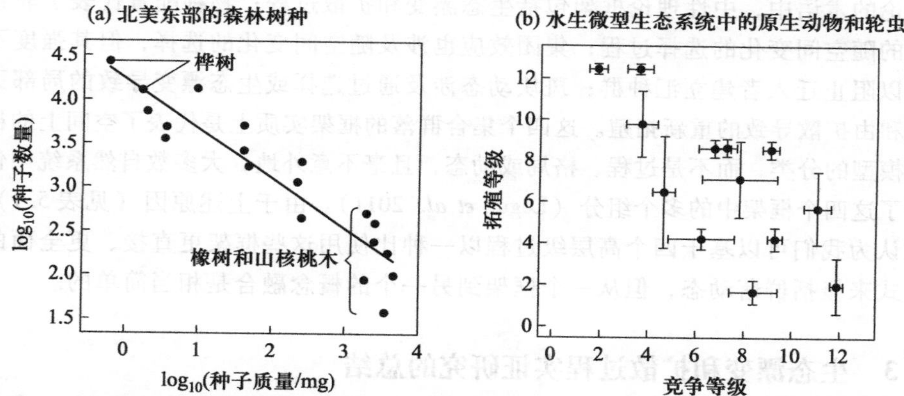

图 9.7　不同性状间的权衡被看作区域尺度上负频率依赖选择的基础。(a) 北美东部树木种子大小与数量间的权衡；(b) 在水生微型生态系统中，拓殖能力的等级顺序（一组五个相连斑块间的拓殖率）与竞争能力（来自成对实验）间呈负相关。(a) 中的直线表示最小二乘回归的最佳线性拟合。数据来自 Greene 和 Johnson (1994) (a) 及 Cadotte 等 (2006) (b)。

尽管在一些研究案例中有明确关于权衡的证据（Platt 1975，Rodríguez *et al.* 2007，Yawata *et al.* 2014），但将权衡与稳定物种共存联系起来的实证非常少（Amarasekare 2003，Levine and Murrell 2003，Kneitel and Chase 2004）。许多研究基于权衡本身而对共存进行间接推论，但基于这些数据对群落模型进行参数化并不能表明这种权衡足以解释物种共存（Levine and Rees 2002，Clark *et al.* 2004）。尽管如此，很多研究中扩散过程对适合度影响的结果强烈表明，扩散性状可以成为各种形式的选择过程的基础（Lowe and McPeek 2014）。

常见问题：扩散过程相关的低层级过程

扩散距离的统计分布和方向是怎样的？简单地量化扩散在多大程度上、向哪个方向以及向哪个栖息地移动，是实证研究的一个重大挑战，也是许多研究关注的重点（Nathan 2001，Clobert *et al.* 2012）。在许多物种尤其是在植物种中，只有很小一部分扩散者的扩散距离会比其平均扩散距离远很多，且因为这种“长距离”扩散对许多现象（包括通过在未占领的样地拓殖而导致多样性增加）具有重要影响，因此它是许多理论和实证研究的重点（Vellend *et al.* 2003，Nathan 2006）。在许多系统中，物理环境限制了扩散的方向（如在河流网络中），且由此产生的扩散“拓扑结构”也引起了研究者极大的兴趣（Carrara *et al.* 2012）。

如何将实际群落整合到集合群落的框架中呢？在过去十年中，对中性理论、物种配置、集团效应和斑块动态（Leibold *et al.* 2004）这四个集合群落“框架”的深入阐述，引发了大量群落水平上对扩散后果的研究。在生态群落理论的术语中，中性理论框架包括生态漂变和扩散过程；物种配置代表了非常强的随空间变化的选择过程；集团效应也涉及随空间变化的选择，但其强度不足以阻止迁入者建立汇种群；斑块动态涉及通过选择或生态漂变导致的局部灭绝和由扩散导致的重新拓殖。这四个集合群落的框架实质上是代表了空间上的群落模型的分类，而不是过程、格局或动态，且毫不意外地，大多数自然系统中包括了这四个框架中的多个组分（Logue *et al.* 2011）。由于上述原因（见表 5.1），我认为我们可以基于四个高层级过程以一种比使用这些框架更直接、更全面的方式来概括群落动态，但从一个框架到另一个的概念融合是相当简单的。

9.3 生态漂变和扩散过程实证研究的总结

与针对选择过程的研究相比，明确检验生态漂变和扩散效应的生态学研究数量明显较少。因此，一般性的结论必然伴随着更大的不确定性。表 9.1 列出了我对本章每个假说的支持程度（大多数是定性比较）。

表 9.1 基于生态群落中生态漂变和扩散的重要性，对本章涉及的假说和预测、实证支持以及挑战和局限性的总结

	假说（H）或预测（P）	实证支持	挑战和局限性
H5	生态漂变	许多令人信服的例子；替代解释通常是可行的	
P5a①	小的群落规模＝低的 α 多样性	较小的群落几乎总是有较少的物种	群落大小与异质性、边缘效应（及可能的其他因素）混淆，即使在实验研究中也是如此
P5a②	小的群落规模＝高的 β 多样性	较小的群落之间常表现出较高的 β 多样性	群落大小与其他变量混淆（同上）

续表

	假说（H）或预测（P）	实证支持	挑战和局限性
P5a③	小的群落规模=弱的物种组成-环境关系	非常少的检验；一些初步的结果支持	群落大小与其他变量混淆（同上）
P5b	缺少物种组成-环境关系	非常少的令人信服的例子	未包括的环境变量可能很重要
P5c	就区域种库而言，局域群落的性状随机分布	据我所知没有	如果有支持的例子，未包括的性状可能很重要
P5d	不可预知的竞争的后果	一些令人信服的例子；许多研究表明，在特定条件下适合度等价	实验室中的均质条件和小的群落规模可能不能外推至野外
P5e	相同的种内和种间密度依赖	鲜有（但不是零）令人信服的例子	通常只测量一些适合度组分；其他的适合度组分可能会显示不同的结果
H6.1	**样地间的物种扩散**	广泛的支持性证据	
P6.1a	扩散增加，α 多样性增加	通过多种证据获得强有力的支持；也有一些例外	很少直接测量扩散；替代者可能与其他变量混淆
P6.1b	扩散增加，β 多样性降低	许多令人信服的例子；没有大量的检验	"空间"的影响往往被错误地解释为扩散（见前面的挑战和局限性）
H6.2	**非常高的扩散增强了区域范围内的恒定选择**	鲜有好的研究检验	
P6.2	单峰的多样性-扩散关系	一些令人信服的例子；单调的多样性-扩散关系的例子较多	与自然界斑块间的扩散相比，扩散的正负效应间的理论阈值可能非常高
H6.3	**扩散是选择过程的一个性状**	物种间扩散能力的差异常常是适合度差异的来源	
P6.3a	扩散性状的组成随样地隔离度的变化而变化	一些令人信服的例子；其他例子发现没有关系	结果通常在物种水平上有报道；群落水平的结果显而易见，但没有直接报道
P6.3b	拓殖-竞争权衡（可能是区域负频率依赖选择的基础）	性状之间的权衡关系很普遍，但对选择过程的影响后果通常不明确	拓殖-竞争权衡的直观认知较多，而实证研究较少

对于生态漂变，有限的群落大小不可避免地会产生一些随机生态漂变，但无处不在的选择过程似乎会使我们忽视生态漂变的作用。一些著名的研究案例表明，在特殊情况下生态漂变过程起着重要作用。例如，如果成种过程主要是通过性选择发生且生态分化程度很低，类似于北美东部豆娘的例子（Turgeon *et al.* 2005），那么由此产生的一系列共存物种就可能容易发生生态漂变（Siepielski *et al.* 2010）。如果物种在各自表现最佳的环境条件下发生分化，那么生态漂变过程会在选择作用最弱的“中等”环境中起重要作用，如在不同温、湿度条件下的黑粉虫（*Tribolium* beetles）的例子（Park 1954，1962，Mertz *et al.* 1976）。与岛屿或斑块大小有关的 α 和 β 多样性的格局通常与群落动态中生态漂变的某些作用相一致，但只有极少数研究通过实验解释了群落大小本身的问题（即没有把斑块大小与其他变量混淆）。总之，选择过程似乎总会将生态漂变的重要性降至最低，但生态漂变除影响一些常见的群落格局（如种-面积关系）之外，在某些情况下也非常重要。

实证研究明确表明，扩散过程对群落动态和结构起着重要作用。然而，理论模型也指出了扩散与选择之间有无数的相互作用方式（Mouquet and Loreau 2003，Leibold *et al.* 2004，Holyoak *et al.* 2005，Haegeman and Loreau 2014），因此对假说、预测和实证的简明处理相当困难。根据本章提出的假说和预测，局域物种多样性似乎常受扩散的限制，即迁入的增加常导致多样性的增加。扩散也经常导致各样地间的物种组成上的同质化，尽管这样的案例相对较少。扩散-选择相互作用的具体模式（如 Mouquet and Loreau 2003）较少被检验，且证据在不同研究间变化很大。最后，扩散可以明确地被认为是基于选择过程的低层级过程。用于解释物种共存的拓殖-竞争假说（Levins and Culver 1971）已受到潜在的扩散相关性状权衡（如种子大小与种子数量）的考验，但我们对这些性状相关性在群落水平上的最终后果依然知之甚少。

第 10 章

实证研究：成种过程和种库

10.1 成种过程、种库及尺度

许多关于局域尺度上生态群落的实证研究都假设，生态群落具有一个“给定的”区域种库，因此一般认为区域种库的组成和多样性不需要通过选择、生态漂变及扩散过程对局域群落格局和动态的影响来解释。尽管局域尺度上偶尔也会发生快速的成种事件（如通过多倍体），但这一般来说是一个非常合理的假说。然而，当研究的空间尺度扩大到整个区域水平时（如热带地区与温带地区），我们便不能做出这样的假设，因为此时区域种库就是我们所要研究的群落。将成种过程整合进来以建立一套逻辑上更完整的理论框架对于揭示所观察到的格局尤为重要。在更大尺度上，物种既可以通过迁入，也可以通过成种进入群落中（Ricklefs 1987，McKinney and Drake 1998，Magurran and May 1999，Losos and Parent 2009）。在此重申第 5 章中的观点（也参见图 4.2），许多研究工作量化的是灭绝事件本身而非导致灭绝的因子，但在我的理论框架中，我并没有将灭绝作为一个单独的过程，而是将其视为选择或生态漂变过程造成的一个可能后果。

正如第 3 章和第 5 章所述，即使在很小的尺度内，成种过程也可作为一个关键部分来解释一些群落水平上格局的成因，特别是一些物种多样性格局。例如，在某些特定的环境条件下（如高生产力），局域多样性可能主要受限于在此条件下长期进化形成的区域种库的物种数量，而不是局域的选择或生态漂变过程。尽管物种组成-环境关系表明随空间变化的选择过程的存在（见第 8 章），但多样性-环境关系本身却极少指明形成这一格局的内在过程。形成这样的格局或是因为选择过程的方式和强度随环境条件而变化，抑或因为区域种库中包括了适应不同非生物环境的不同物种（Ricklefs 1987，Taylor *et al.* 1990，Zobel 1997）。换句话说，解释局域尺度上格局的答案可能隐含于解释区域尺度格局的答案之中，对上述格局的解释均需我们把成种过程和选择、生态漂变、扩散这四个过程一起来考虑。

鉴于前几章的论点，本章主要关注较大尺度上群落动态和格局的实证研究，或检验大尺度与小尺度之间格局与过程关系的实证研究。事实上我认为，本书中基于四个过程的理论框架为大尺度的群落生态学（“宏生态学”）和小尺度的群落生态学［我们也许可以称为“微生态学”（microecology）］（参见信息栏10.1）的连接提供了一个概念上行之有效的桥梁。本章提出的假说和预测也主要集中解释物种多样性的格局而非物种组成。成种过程确实影响群落的组成。例如，即便是在非常相似的环境下，不同大陆板块上依然形成了不同物种，由此增加了大尺度上群落组成的变异（即β多样性）。但这一被18世纪的博物学家称为“布丰定律”（Buffon's law）的现象现早已广为人知（Lomolino *et al.* 2010），在此不做赘述。

信息栏10.1 四个高层级过程是微生态学和宏生态学之间的桥梁

在过去二十年中，尽管不同空间尺度上群落水平的整合研究在生态学中掀起了一股研究热潮（Ricklefs and Schluter 1993a，Leibold *et al.* 2004，Wiens and Donoghue 2004，Logue *et al.* 2011），但在一些小尺度（如一片森林中的植物样地或一个区域中的池塘）和大尺度（如洲际尺度）的研究中使用不同概念框架的现象依旧非常普遍。在小尺度上，我们通常讨论竞争、环境胁迫、干扰、扩散等的影响，而在大尺度上，我们趋于讨论成种、灭绝、扩散和气候限制等的影响。显然地，扩散过程是不同尺度间的一个重要联结（Leibold *et al.* 2004），我相信本书介绍的框架可以为这两个尺度间搭建一座更加有效和更易理解的桥梁。具体而言，如前几章所述，各种形式的“局域过程”（竞争、干扰等）主要涉及不同形式的选择过程，偶尔也涉及生态漂变。在区域尺度上，研究者经常提到类似“物种分化的生态限制”这样的问题，而不是在局域尺度上起作用的特定因子，但本质上这两个谈论的是同一件事情：选择（也可能是生态漂变）。另外，尽管扩散和成种过程可能分别是更小尺度和更大尺度上的新物种的最重要来源（图B.10.1），但它们在其他尺度上也都发挥作用，且它们的相对重要性是渐变式的而非突变式的（Rosenzweig 1995，Gillespie 2004，Rosindell and Phillimore 2011，Wagner *et al.* 2014）。基于本书提出的生态群落理论的概念框架，我们可以用非常相似的术语来理解关于物种多样性的两个主要争论：① 小尺度的生物多样性是由局域还是区域尺度上的过程决定（Ricklefs，1987）；② 区域尺度上的生物多样性是受到进化限制还是生态限制（Wiens 2011，Rabosky 2013）。这两者的主要区别在于，其假定的主要物种输入源不同（图B.10.1）。在这两个争论中，关键问题在于，多样性是否受输入率（一种情况是扩散，另一种是成种）或选择和生态漂变过程的约束。

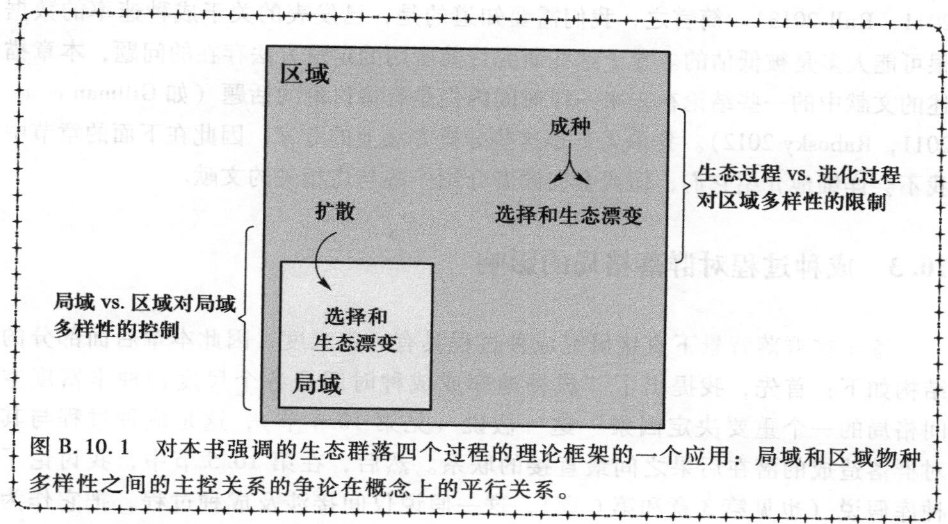

图 B.10.1　对本书强调的生态群落四个过程的理论框架的一个应用：局域和区域物种多样性之间的主控关系的争论在概念上的平行关系。

10.2　在实证研究中，成种=成种+恒有性

在大尺度群落格局的研究中，尽管选择和生态漂变过程在生物多样性的区域限制相关的几个假说中都占有突出地位（Ricklefs and Schluter 1993a，Gaston and Blackburn 2000，Rabosky 2013），但它们都被以相对粗糙的方式来处理。宏生态学不同于有具体形式或低层级基础的选择或生态漂变过程的研究工作，它是以如下等式的某一版本作为概念起点的（另见第 4 章）：

$$S_t=S_0+(\text{成种}-\text{灭绝}+\text{迁入})\times\text{时间}$$

在这个等式中，S_t 是时间 t 的物种数，S_0 是过去某个时间点上的物种数。成种（通常被视为“初始状态”）、灭绝和迁入都是速率，选择和生态漂变作为这些速率的潜在调节者包括在内。时间这一因子的作用在这个等式中并不总是明显地表现出来，我将其包含在此，是因为它在一些实证研究中作用很突出。

从某种意义上说，成种过程对群落的影响很像扩散过程，因为它是群落中新物种的一个来源。然而，用于量化成种特征的数据与量化扩散的数据有一个重要差异。尽管在大多数研究中扩散（即个体在局域群落间的迁移）被间接估计，但原则上，扩散可以独立于拓殖（即扩散到新地点成功建成和定殖）来估计。相反，我们无论是利用化石数据还是分子谱系方法（两种最常用的估计成种速率的方法），都很难观察到短暂出现过的物种或成种初期的物种（Stanley 1979，Rosindell *et al.* 2010，Rosenblum *et al.* 2012），在此限制下，相比于扩散过程，成种更类似于拓殖。此外，虽然系统发育数据可以非常直接地估算“进化多样化速率”（成种率减去灭绝率），但分析成种和灭绝需要满足一些难以验证的假设条件，甚至化石数据也不能完全回避这个问题（Alroy 2008，Gillman *et al.*

2011，Rull 2013）。简言之，我们需要知道的是，已发表的关于成种速率的数据很可能大多是被低估的。鉴于这些研究目前所用的定量方法存在的问题，本章描述的文献中的一些结论在未来一段时间内仍是有待讨论的话题（如 Gillman *et al.* 2011，Rabosky 2012）。我本人不是这些分析方法上的专家，因此在下面的章节中我不会详细地介绍它们，但我会向读者介绍一些与之相关的文献。

10.3 成种过程对群落格局的影响

鉴于在群落背景下直接研究成种过程具有一定难度，因此本章后面部分的结构如下：首先，我提出了“成种速率或成种时间是各个尺度物种丰富度空间格局的一个重要决定因素”这一假说（见第 10.4 节），这是成种过程与其对群落造成的潜在后果之间最直接的联系。然后，在第 10.5 节中，我讨论了种库假说（也见第 3 章和第 6 章），这一假说仅间接涉及成种过程，把它作为区域物种集合的一个决定因素，区域种库的多样性决定了局域尺度上的多样性格局。

10.4 假说 7.1：物种多样性的空间变异源于成种速率的空间变异

与前面关于扩散过程的章节一样，我没有提出“成种过程是重要的”这样一般性的假说，因为在其他条件均等的情况下，成种过程必定是大尺度生物多样性的重要决定因素。然而，如果扩散、选择和生态漂变过程（通过迁移和灭绝）具有压倒性优势的话，那么成种速率必定不是物种多样性格局的重要决定因素。例如，地理隔离在产生区域种库时扮演着增加成种这一角色的同时，也通过扩散限制减少了多样性，且后者产生的效应强于前者（Desjardins-Proulx and Gravel 2012）。

这里我提出了基于假说 7.1 的四个具体预测。首先，由于难以匹配量化物种多样性和成种速率的尺度（成种事件很少能对应到特定地点），许多研究间接地通过研究成种速率是否随影响物种多样性的常见因子（如纬度）而变化，而不是通过研究物种多样性本身，来检验这一假设（预测 7.1a 和 7.1b）。如果成种速率与物种多样性的空间格局一致，则这两者间可能存在一些因果关系。其他一些研究则把成种速率作为对一些异常的群落格局的潜在解释，或对生态上相似但存在地理隔离的生境上生物多样性的显著差异进行解释（预测 7.1c），或主要关注在特定环境条件下有机会增加多样性的成种过程的某些时间段，而不是关注成种速率（预测 7.1d）。

预测 7.1a：成种速率随岛屿（或生境岛屿）面积的增加而增加。

方法 7.1a：在一组至少有一部分物种是在本地通过成种过程发育而来的

岛屿中，量化物种多样性、面积和成种速率。

结果 7.1a：很多种–面积关系的研究都完全忽略了就地成种对一个生境斑块或岛屿内的物种多样性的影响，如对森林斑块附近的植物，或曾被冰川覆盖的小型淡水群岛的哺乳动物多样性的研究（如 Lomolino 1982，Vellend 2004）。相反，在孤立的海洋岛屿上，就地成种可能是生物多样性形成的主要成因。在对加勒比群岛上的安乐蜥属（*Anolis*）蜥蜴的研究中，Losos 和 Schluter（2000）发现，种–面积关系曲线主要是由最大海岛上的高成种速率驱动的；在小于 3000 km^2 的海岛上，分子谱系分析表明，现有定居种中没有一种是通过就地成种过程产生的；在四个最大的岛屿上，物种多样性要比小岛高得多，大多数物种是通过就地成种产生的，且成种过程产生的物种比例随岛屿面积的增加而增加（图 10.1a，b）。

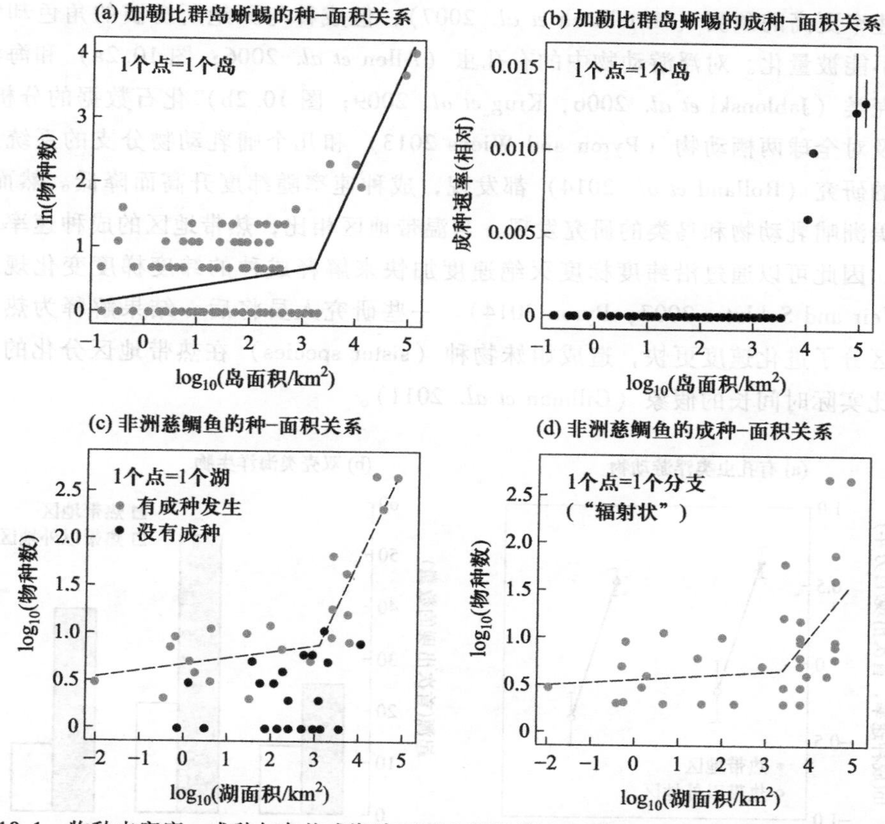

图 10.1　物种丰富度、成种与岛屿或湖泊面积之间的关系。图（a，b）来自 Losos 和 Schluter（2000）的关于安乐蜥属（*Anolis*）蜥蜴研究的数据，（b）中误差条表示基于祖先类群的系统发育树重建产生的不同结果的估测误差范围；图（c，d）来自 Wagner 等（2014）在非洲多个湖泊中的慈鲷鱼的研究数据，各分支上的物种丰富度与分支年龄无显著相关性，如（d）表明这一相关性主要受分化速率影响。所有结果都基于双斜率回归（two-slope regression）。（d）仅显示了（c）中有成种发生的湖泊的结果（没有成种的湖泊中未发现显著关系）。

在对加拉帕戈斯群岛蜗牛的研究中也发现了相似的结果（Parent and Crespi 2006，Losos and Parent 2009）。Wagner 等（2014）对非洲多个湖泊中的慈鲷鱼的研究发现，湖泊面积对就地成种产生的物种所占比例没有影响，但随着湖泊面积增加，成种产生的物种数量急剧增加，导致种-面积曲线比仅考虑扩散过程的曲线更加陡峭（图 10.1c，d）。

预测 7.1b：热带（低纬度）地区的成种速率高于高纬度地区。

方法 7.1b：对已知纬度多样性梯度格局的一组生物，估计它们在不同纬度上的成种速率。

结果 7.1b：许多生物从热带向两极表现出的物种多样性显著下降这一格局令生物学家着迷了几个世纪。虽然系统发育相关的研究普遍支持热带地区分化速率更高的预测（Mittelbach *et al.* 2007），但成种与灭绝所扮演的角色却常常不能被量化。对浮游动物中的有孔虫（Allen *et al.* 2006；图 10.2a）和海洋双壳类（Jablonski *et al.* 2006，Krug *et al.* 2009；图 10.2b）化石数据的分析，以及对全球两栖动物（Pyron and Wiens 2013）和几个哺乳动物分支的系统发育的研究（Rolland *et al.* 2014）都发现，成种速率随纬度升高而降低。然而，对美洲哺乳动物和鸟类的研究发现，与温带地区相比，热带地区的成种速率更低，因此可以通过沿纬度梯度灭绝速度加快来解释成种的纬度梯度变化规律（Weir and Schluter 2007，Pyron 2014）。一些研究人员将后一结果解释为热带地区分子进化速度更快，造成姐妹物种（sister species）在热带地区分化的时间比实际时间长的假象（Gillman *et al.* 2011）。

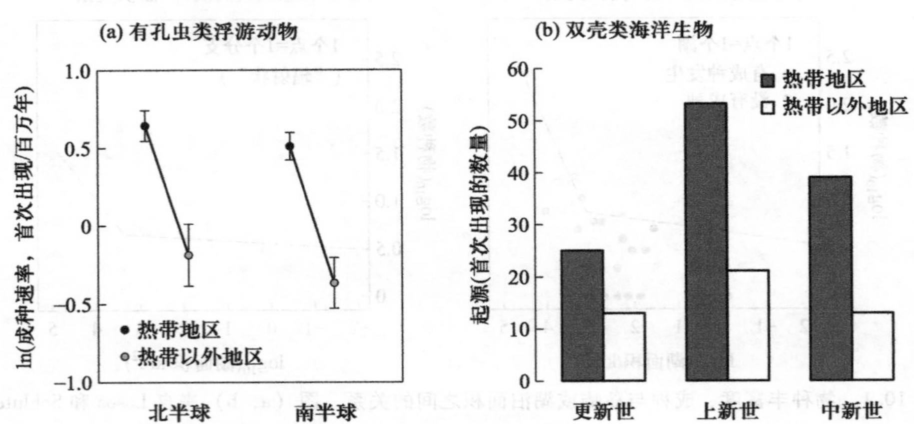

图 10.2 热带和热带以外地区的成种或起源速率。这些速率是以首次出现的化石记录数据估计。（a）来自过去 3000 万年的有孔虫类浮游动物数据，（b）来自不同地质时代的双壳类海洋生物数据。（a）中的误差线表示 95% 置信区间。数据来源于 Allen 等（2006）（a）和 Jablonski 等（2006）（b）。

预测 7.1c：看似异常的物种多样性格局（如纬度梯度的特例、环境相似但相距遥远的生境物种多样性存在很大差异）与成种速率的变化相关。

方法 7.1c：在已知的异常的多样性格局中，估计相关地区的成种速率。

结果 7.1c：即使有研究表明已界定的进化枝上的大多数物种多样性随纬度梯度明显下降，仍有一些亚枝上的物种是特例，它们的多样性峰值出现在热带区域以外。例如，海洋双壳类亚枝上物种在高纬度地区拥有更高的成种速率，并在热带以外地区出现多样性峰值（Krug *et al.* 2007）。此外，很多研究发现，物种多样性在相距遥远的相似生境中差异很大（Schluter and Ricklefs 1993），但这些案例中仅有少数研究进行了系统发育分析。Ricklefs 等（2006）在对红树林生境的研究中发现，东半球高的植物物种多样性与高成种速率之间呈对应关系，西半球低的物种多样性与低成种速率相关。

预测 7.1d：物种多样性的空间变化与分支物种首次占据不同地区或生境的时间有关。

方法 7.1d：评估物种多样性的空间变化，并估算所研究的分支物种首次占据不同区域或生境的时间。后者主要涉及重建现存物种共同祖先的生境类型，并将其用作系统发育分析中的"特征状态"（Wiens *et al.* 2007）。

结果 7.1d：生态学家 John Wiens 及其合作者（见综述 Wiens 2011）以北美不同区域的海龟（Stephens and Wiens 2003）、热带和温带地区的三种树蛙（Wiens *et al.* 2011）以及热带（Wiens *et al.* 2007；图 10.3a）和不同气候条件的各个地区（Kozak and Wiens 2012；图 10.3b）不同海拔梯度上的蝾螈的数据作为支撑，极大地推动了这一预测的检验。这些结果提供了有力证据，表明成种时间可能是当今物种多样性格局的一个重要决定因素（Hawkins *et al.* 2007），

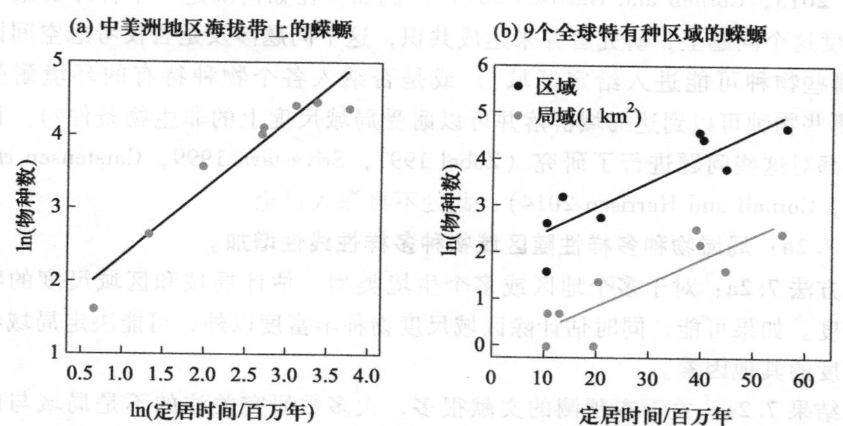

图 10.3　"成种时间"在中美洲 500 m 海拔地带（a）和全球特有种分布区域（b）中对蝾螈类物种丰富度的影响。图中直线表示线性最小二乘回归的最佳拟合。数据来自 Wiens 等（2007）（a）和 Kozak 和 Wiens（2012）（b）。

尽管有人质疑所使用的简单统计方法掩盖了区域选择和生态漂变作用对多样性限制的可能影响（Rabosky 2012）。

10.5 假说 7.2：局域尺度的物种多样性最终由决定区域多样性的过程（如成种）决定，而不是由局域尺度的选择和生态漂变过程决定

我们可以想象一个存在物种多样性变化的环境梯度（生产力、气候、胁迫等）。为什么在某些环境条件下存在的物种比其他环境条件下更多呢？在 Hutchinson（1959）关于生物多样性问题的论文发表的几十年中，大多数研究都假定“在一个给定生境中存在着更多物种，不是因为有更多物种在这里出现了，而是因为这些物种能够在这里存活”（Allmon *et al*. 1998）。因此，如果在局域尺度上，物种多样性在中等生产力的条件下最大，那么在此条件下可能恒定选择最弱且负频率依赖选择最强，这样格局的产生与区域种库中有多少物种适应不同水平的生产力无关。另外一种可能是，大时空尺度的中等生产力条件给物种提供了更多空间和时间来适应这种条件并不断积累物种数量，即“种库假说”（Taylor *et al*. 1990，Zobel 1997）。虽然该假说仅间接涉及成种过程，但我把它作为成种的主要方式之一纳入概念模型，并影响着相关实证研究。

种库假说与前文提过的“成种时间”假说密切相关，种库假说也被认为是“时间和空间上的多样化”假说。尽管从概念上看相当简单，但种库假说的检验仍有很大挑战，因为从某种程度上来说，“种库”难以界定（Carstensen *et al*. 2013，Cornell and Harrison 2014）。例如，在如何确定一个种库的最适空间尺度这个问题上，研究者并未达成共识，这个问题涉及是否仅考虑空间因素（即哪些物种可能进入给定区域？）或是否纳入各个物种特有的环境耐受性（即哪些物种可以到达局域群落并可以耐受局域尺度上的非生物条件？）。许多文章都对这些问题进行了研究（Zobel 1997，Srivastava 1999，Carstensen *et al*. 2013，Cornell and Harrison 2014），此处不再深入讨论。

预测 7.2a：局域物种多样性随区域物种多样性线性增加。

方法 7.2a：对于多个地区或多个生境类型，估计局域和区域尺度的物种丰富度。如果可能，同时估计除区域尺度物种丰富度以外，可能决定局域物种丰富度的其他因素。

结果 7.2a：关于本预测的文献很多，大多数研究关注的不是局域与区域尺度上多样性是否正相关，而是这种关系是否“饱和”（见图 3.4b）。通常局域物种多样性不能超过区域物种多样性，因此这两个数量在统计学上并不独立。如果局域尺度上所有地点物种都为零，区域尺度的多样性必然为零。

研究人员因此会忽略掉原点附近多样性关系的形状，因为它本质上总是正相关（Cornell and Harrison 2014），而是关注局域多样性随区域多样性增加时是否会趋于一个稳定的常数，也就是说是否会存在一个饱和点。如果局域多样性持续增加并达到整个区域多样性的阈值，特别当这种关系呈线性时，就会得出“局域尺度上的物种多样性主要由区域种库决定”的结论（Cornell 1985），但这种简单的线性逻辑关系和相关的统计方法屡遭批评（Srivastava 1999，Shurin and Srivastava 2005，Szava-Kovats *et al.* 2013，Cornell and Harrison 2014）。

最早对这个预测的两个实证检验，一个展现了西印度群岛上鸟类的饱和格局（Terborgh and Faaborg 1980；图 10.4a），另一个则在不同种橡树上的胡蜂群落中没有发现饱和的信号（Cornell 1985；图 10.4b）。随后有十多个相关的研究工作，包括一些综述和 Meta 分析，这些分析发现，线性关系（即缺乏饱和）是最常见的格局（Caley and Schluter 1997，Lawton 1999，Shurin and Srivastava 2005）。然而，最近的一项研究更明确地处理了两种尺度上多样性差异的统计非独立性，结果表明，饱和与非饱和的格局都很常见，同时也存在很多不确定性（Szava-Kovats *et al.* 2013）。无论哪种方式，似乎很明确的一点是，局域尺度上的物种多样性通常（至少一半的确定性检验）与区域物种多样性线性相关，这样的结果为该预测提供了有力支持。

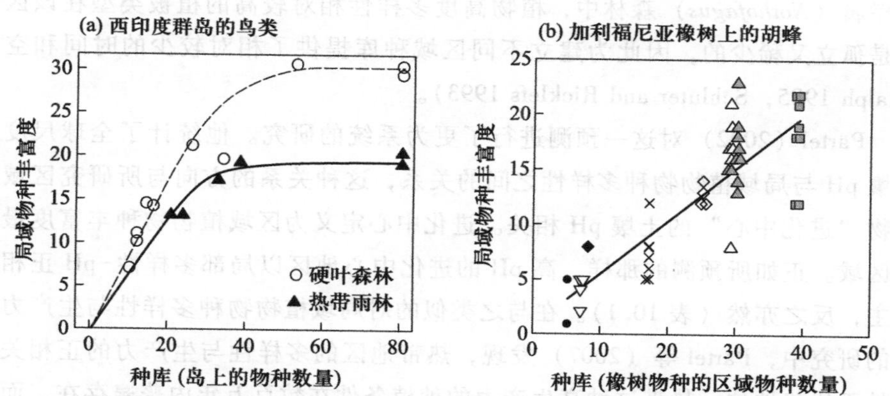

图 10.4 局域多样性和区域多样性（即种库）之间的关系。（a）大、小安地列斯岛局域尺度的两类生境的鸟类多样性（y 轴）与整个岛屿的鸟类多样性（x 轴）的关系；（b）橡树上局域胡蜂种群数（y 轴）与橡树物种多样性（x 轴）的关系。（b）中的每种符号类型对应不同的橡树种，重叠点有轻微的水平波动。（a）中的曲线与原出版物中近似（拟合方法不清楚），（b）中的直线是以最小二乘回归得到最佳线性拟合。数据来自 Terborgh 和 Faaborg（1980）（a）以及 Cornell（1985）（b）。

一些研究不仅将区域多样性作为局域多样性的预测因子来分析，也分析了一系列可能与区域多样性相混淆的环境变量，或者它们本身所指示的成种时间和空间。例如，Jetz 和 Fine（2012）对全球生物区（即不同大陆上的生物群系）中脊椎动物的数据进行分析发现，综合过去5500万年的生物区比仅考虑现如今的生物区能更好地预测物种多样性。对植物（Pärtel and Zobel 1999, Harrison *et al.* 2006, Grace *et al.* 2011, Laliberté *et al.* 2014）和鸟类（White and Hurlbert 2010）进行的一些研究在排除了几个环境变量的影响后，仍能检测到区域多样性对局域多样性的独立影响。总而言之，这些结果都证明，局域尺度的物种多样性格局可能受区域种库过程（如成种过程）的强烈影响。

预测 7.2b：局域多样性–环境关系的方向可根据区域环境历史来预测，局域多样性在该区域长期占主导的生境中最大。

方法 7.2b：在多个环境历史波动的地区，量化各地区的物种丰富度和环境条件。

结果 7.2b：检验该预测需要大量数据，我只了解很少的一些相关研究。一个有趣的研究发现，局域尺度上的巴塔哥尼亚鸟类物种多样性和植物高度多样性呈负相关（Ralph 1985），这与北美东部（见图 8.5）和澳大利亚（Recher 1969）所得出的正相关的结果相悖。一个可能的解释是，在巴塔哥尼亚的假山毛榉属（*Nothofagus*）森林中，植物高度多样性相对较高的植被类型在该区域上是孤立又稀少的，因此为建立不同区域种库提供了相对较少的时间和空间（Ralph 1985, Schluter and Ricklefs 1993）。

Pärtel（2002）对这一预测进行了更为系统的研究。他统计了全球尺度内土壤 pH 与局域植物物种多样性之间的关系，这种关系的方向与所研究区域的植物“进化中心”的土壤 pH 相关。进化中心定义为区域植物物种丰富度最高的区域。正如所预测的那样，高 pH 的进化中心地区以局部多样性–pH 正相关为主，反之亦然（表 10.1）。在与之类似的对局域植物物种多样性与生产力关系的研究中，Pärtel 等（2007）发现，热带地区的多样性与生产力的正相关关系处于优势地位，热带这种高生产力的种植条件在数百万年内普遍存在，而在更高纬度上生产力与多样性主要表现为负相关，高纬度地区高生产力的环境条件也很罕见。同样，在分析全世界的鸟类、哺乳动物和两栖动物时，Belmaker 和 Jetz（2012）发现，当局域（约 400 km^2）的环境条件能代表更广阔的区域（约 30000 km^2）时，“局域”尺度上的物种多样性更高。总之，虽然这种类型的研究很少，但它们提供了令人信服的证据，解释了局域尺度上多样性与环境的相关性至少部分存在于成种这类过程中，而正是这些过程使不同环境条件下拥有不同的物种多样性。

表 10.1　在有花植物区域发现局域植物物种多样性与土壤 pH 间的正或负相关性及它们的进化中心土壤 pH 高或低的研究工作的数量

		多样性-pH 关系的方向	
		正相关	负相关
进化中心	高 pH	39	9
	低 pH	13	21

注：数据来源于 Pärtel（2002）。

常见问题：成种过程相关的低层级过程

成种的内在机制是什么？一些书籍总结了大量文献中关于成种原因的讨论（Schluter 2000，Coyne and Orr 2004，Nosil 2012）。许多实证研究探讨了环境条件或关键生物性状对成种速率的影响（McKinney and Drake 1998，Magurran *et al.* 1999，Coyne and Orr 2004）。作为与预测 7.1b 直接相关的一个例子，我们假设，更高的温度和能量利用效率会导致更快的分子进化，并进而提高成种速率和物种多样性（Rohde 1992；Allen *et al.* 2002，2006；Wright *et al.* 2003；Davies *et al.* 2004；Mittelbach *et al.* 2007）。一些实证研究支持这一假说（Davies *et al.* 2004，Gillman and Wright 2014），但将因果关系颠倒后的结果也是一致的：成种过程可能伴随着遗传瓶颈或异常强烈的自然选择，从而导致快速的分子进化（Dowle *et al.* 2013）。

进化多样化速率（成种速率减去灭绝速率）的多样性是否有依赖性并可以自我调节？这个问题类似于大尺度的预测 6.1a，对局域多样性是否受限于扩散的迁入速率，或通过选择和生态漂变过程来保持局域多样性的基本恒定（见信息栏 10.1）提出了疑问。目前有几个相关的实证研究。例如，随时间推移，物种分化速度减慢或分支年龄与物种丰富度之间独立变化，表明高的区域物种多样性减缓了进化多样化速率（Rosenzweig 1995，Rabosky 2013）。其他实证研究（参见预测 7.1d）则表明，如果存在多样性依赖的反馈，它并未成为分支多样性的主导影响因素（Wiens 2011）。

10.6　成种过程实证研究的总结

与本书提出的大多数假说和预测一样，实证证据有时支持预测，有时则与预测相反（表 10.2）。相对于前几章的预测，可能除局域-区域的多样性关系外，很少有研究对本章的其他预测进行检验。尽管如此，已有研究清楚地表明，成种速率或时间无论是在区域尺度还是在特定生境（如海拔分区）都能限制其物种多样性。有很多争论围绕着这一问题：在怎样的频率下选择过程和生态漂变过程（即“生态限制”）使成种速率与预测多样性无关呢（Wiens 2011，Rabosky

2013)？我相信在接下来的十余年会出现更多数据和方法来解决这一争议。

局域多样性的格局很显然受到不同环境条件下种库大小的影响。研究单个生境一致的区域的种库可以预测其物种丰富度的空间变化情况（见预测 7.2a)，尽管研究数量少到很难归纳总结，但比较不同地区间关于多样性-环境关系方向（预测 7.2b）的预测结果很有说服力。在群落生态学中，成种过程显然不能被忽视。

表 10.2　生态群落中成种和种库效应相关的实证研究、面临挑战等的总结

假说（H）或预测（P）		实证支持	挑战和局限性
H7.1	**成种速率决定物种多样性**	在一些案例中，成种速率和时间明显对大尺度的物种多样性有限制作用，而另一些案例中，选择和（或）生态漂变起主导作用	由于成种很难被估计，所以需要在另外的模型假设中对结果和结论进行修正
P7.1a	成种-面积关系	一些个例中有明显的证据	在相对小范围的情形下适用，很多分散的区域不太可能通过就地成种而产生任何物种
P7.1b	成种-纬度关系	一些案例中成种对于热带地区高多样性形成起重要作用；也有一些相反的实例	用于估计成种速率的模型存在固有的不确定性
P7.1c	成种速率与一些特殊的物种多样性格局相关	一些显而易见的实例	用于估计成种速率的模型存在固有的不确定性
P7.1d	成种的时间影响	一些显而易见的实例	替换模型框架是否存在稳定结果
H7.2	**种库大小决定局域物种多样性**	很多证据表明，局域多样性常受区域种库多样性而不是选择和（或）生态漂变作用的限制	
P7.2a	局域-区域物种多样性的线性关系	至少有一半的确定性检验与预测结果一致	方法屡遭批评；很多研究没有包含潜在的混淆变量
P7.2b	根据环境历史预测多样性-环境关系的方向	很少有检验，但一些案例提供了有力的证据	需要大量数据；很难建立预测这一关系方向的基准

第四部分

结论、反思以及未来的方向

插图：蜂鸟-紫管黄芩、蜜蜂-油菜花　创作者：王浥尘

第 11 章 过程优先与格局优先

11.1 不同高层级过程的相对重要性

在之前的章节中，我基于四个高层级过程的预期结果提出了生态群落理论，随后评估了这些理论在自然界中的实证研究（第 8—10 章），从中得出以下主要结论：**所有的高层级过程都是群落结构和动态的重要决定因素**。这个看似简单明了的结论包含了以下几个重要信息。首先，在对某一群落缺少先验知识的前提下，我们不能预先确定选择（各种形式的）、生态漂变、扩散和成种这四个高层级过程中的哪一个可能会对群落的结构或动态产生重要影响。其次，当群落生态学家在检验理论或假说时，通常是针对特定系统进行的研究，很少完全地否定一个理论或假说。支持或否定某一假说都是根据所研究的生态系统来判断的，这个结论是否可以广泛地适用于其他群落，我们不得而知，除非逐个调查研究其他所有群落来验证这个问题。这一事实说明，科学的可证伪性标准（Popper 1959）很难适用于生态学（Pickett *et al*. 2007）。最后，正如其他生物科学的研究一样，群落生态学通常关注不同过程的相对重要性问题（Beatty 1997）。例如，选择过程和生态漂变过程在决定局域群落动态的变化轨迹和最终后果的相对重要性取决于研究对象是草地上的植物、湖泊中的豆娘、室内饲养箱内的甲壳虫还是森林中的鸟。

不同高层级过程的相对重要性问题可以从多个层面来讨论。第 8—10 章的许多研究都是在单个系统中讨论这一问题。强的负频率依赖选择过程，至少在短期内，对一年生植物群落的动态起主要决定作用（Levine and HilleRisLambers 2009）；而在淡水系统的共生豆娘群落中，选择过程的作用很弱，此时生态漂变起着主要作用（Siepielski *et al*. 2010）。另外，需要强调的是，在上述两种情况下我们都无法得出“选择或生态漂变是完全不存在的”这样的结论。我们也可以通过实证研究中这四个过程作为重要过程的出现频率来评估其相对重要性。目前，我们只能以一种定性的、非常主观的方式来做这件事（见第 8—10 章的总结表格）。基于这些限定因素，我对实证研究部分的主要认识有以下几点：

（1）随空间和时间变化的选择过程对大多数生态群落都有主要影响，有助于生物多样性维持和 β 多样性格局的产生。

(2) 局域尺度的负频率依赖选择（即不是随空间变化的选择过程衍生出来的特征）在许多地方的许多物种对之间都可能出现。由于很难直接研究这一过程，目前很少有关于这方面的研究，也很难有更具体的描述和讨论。

(3) 随空间和时间变化的选择以及负频率依赖选择在很多群落中经常出现，但在其他很多系统中并非特例，环境条件的改变也可能引发正反馈。这种反馈通过正频率依赖选择使群落对环境条件的改变产生快速响应，并在环境条件向相反方向发生变化时，群落也不会向相反方向变化。

(4) 鉴于各种形式的选择过程在很多生态群落中的重要性，生态漂变在很多情况下都不太可能是一个重要的过程。然而，在特定条件下，尤其是在小的空间尺度上，生态漂变会对一些物种的动态产生重要影响。理论上来讲，在热带雨林或珊瑚礁等高度多样化的群落内，物种间的选择作用可能非常弱，而生态漂变的作用表现得比较强。

(5) 对许多物种而言，空间上的扩散限制阻止了它们在一些适宜生境中出现。因此，局域物种多样性往往受迁入率的限制，同时 β 多样性受扩散的影响。在一定程度上，某些物种通过扩散作用到达某地，进而改变此地其他物种间的选择动态，最终对群落组成造成一定影响。这一影响在不同实证研究间差异很大，这可以理解为其他高层级过程重要性的改变。

(6) 成种过程无疑是区域种库形成的关键过程，在某些情况下可以说成种率决定了区域多样性。在其他情况下，区域种库通过选择和生态漂变达到饱和，此时将不存在成种-多样性关系，但迄今为止，很少有研究对这些不同结果出现的频率进行评估。

(7) 在不同的环境梯度（如胁迫、生产力）中，物种多样性在局域尺度上的变化很可能是由不同条件下进化形成的不同多样性的种库决定的，而不是局域选择和生态漂变的短期后果。目前尚不能评估这些不同的可能性在各种系统和尺度下的相对重要性。

11.2 群落生态学的过程优先和格局优先方法

本书所采用的方法是“过程优先”，即如果过程 X 对群落结构和动态具有重要的决定作用，那么在自然或实验群落中我们期望看到什么样的格局？然而，正如在第 2—4 章所讨论的一样，这并不是群落生态学研究的唯一方法，甚至也可能不是最常用的方法。几个世纪以来，博物学家一直在关注生态群落中一些有趣的格局（Lomolino *et al.* 2010），对这些格局的量化代表着“格局优先”方法的开始，即格局 Y 有多强或多常见？哪些过程可能会产生这一格局？其中受到大量关注的格局有：种-面积曲线、相对多度分布、多样性-生产力关系、组成相异性的距离衰减和多样性的纬度梯度（Ricklefs and Miller

1999，Krebs 2009，Lomolino *et al*. 2010，Mittelbach 2012）。

对于这两种方法，我想做两点说明：① 客观来说，过程优先和格局优先这两种方法，不存在谁更“好”之分。就它们的共同目标（即理解过程是如何产生格局的）而言，它们都是至关重要的。② 生态群落理论中的四个过程框架对这两者而言是同样适用和有用的。

本书中的四个高层级过程的框架是如何与群落生态学中的格局优先方法联系在一起的呢？从本质上讲，高层级过程提供了低层级过程与在自然界观察到的格局之间的关键联结，因此无论我们从哪一边开始，都必须通过这四个高层级过程（图 11.1）。到目前为止，我希望已经将所有群落生态学课本中那些看似数不清的、难以理解的理论和模型，通过将它们与具有普适性的高层级过程中的某一部分联系起来，而使其变得易于理解且概念一致（图 11.1，图 4.3）。值得注意的是，我所说的理论和模型不仅包括探索物种相互作用、随机波动和扩散后果（这些在本书占主导地位）的过程优先模式，还包括很多对自然界中普遍格局的可能解释，即格局优先模式。据统计，关于物种多样性格局至少有 120 种解释（Palmer 1994），其中对生物多样性的解释就有 32 种（Brown 2014）。

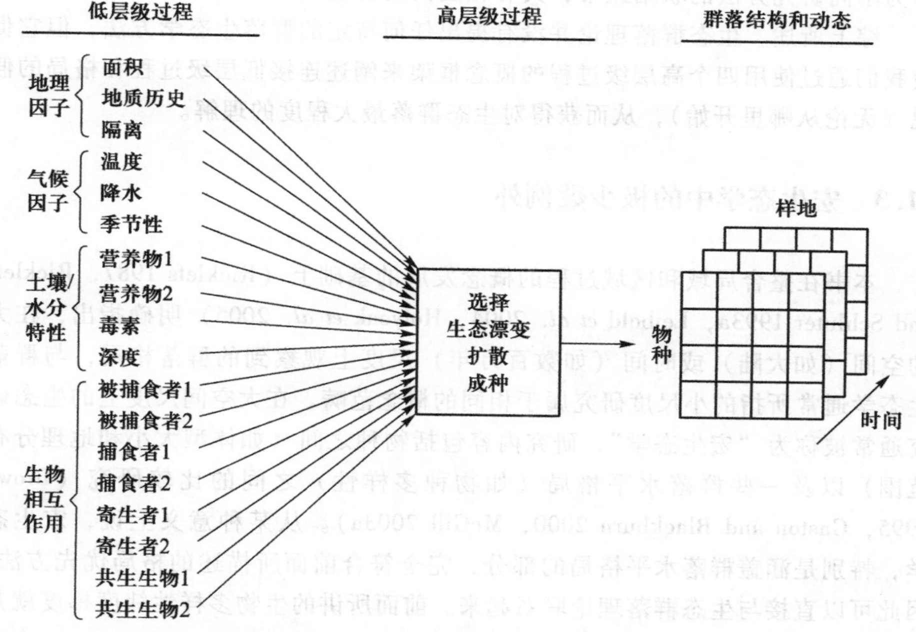

图 11.1　基于四个高层级过程的生态群落理论将群落生态学中的过程优先（从低层级过程开始）和格局优先的方法联结在一起。这张图是在图 4.3 的基础上修改的，在低层级过程中加入了地理因子，在中间列出了四个高层级过程，在群落格局和动态中还包括了随时间尺度的变化。

对于生态格局的解释大多数都是文字表述，而不是数学表述，它们之间往往具有相对模糊的逻辑联系。以生物多样性纬度梯度为例，常用的解释因子有历史干扰事件（如冰川作用）、生产力、环境胁迫、气候稳定性、环境异质性和物种间相互作用（Lomolino *et al.* 2010）。在这些因子中，就其本身而言，只有环境异质性这一个因子是显而易见的，即高的环境异质性可以通过随空间变化的选择过程而维持高的物种多样性。其他因子与物种多样性本身的关系并不明确。引用一本颇为流行的生态学教科书中的一句话（Krebs 2009）："气候决定了能量可获得性，对于陆地植物和动物而言，关键因子是太阳辐射、温度和水。越稳定的气候越有利于产生高的生产力，所有这些因素共同作用来支持更多的物种。"这个"解释"是很难理解的。这句话只说了当环境条件持续温暖和潮湿时，有很多植物或动物个体可能会成长良好，但并未说为什么在此条件下会有更多的物种。我认为，解释清楚这些低层级过程如何影响那些增加多样性（成种、扩散）或维持（或减少）多样性（选择和生态漂变）的高层级过程，将对群落生态学概念的统一大有裨益。这种方法也可以帮助学生理解从低层级过程到自然界格局的整个路径。的确一些作者这样做了（如 Ricklefs and Schluter 1993b），但这不是常见的研究方法，我认为本文提出的生态群落理论作为不同研究方法的联结纽带，具有相当大的价值（图 11.1）。

综上所述，生态群落理论并没有提出任何特定的群落生态学方法，但它促使我们通过使用四个高层级过程的概念框架来阐述连接低层级过程和格局的假说（无论从哪里开始），从而获得对生态群落最大程度的理解。

11.3 宏生态学中的极少数例外

本书在整合局域和区域过程的概念发展的基础上（Ricklefs 1987，Ricklefs and Schluter 1993a，Leibold *et al.* 2004，Holyoak *et al.* 2005）明确指出，在大的空间（如大陆）或时间（如数百万年）尺度上观察到的群落格局，与群落生态学通常所指的小尺度研究属于相同的概念范畴。在大空间尺度上的生态研究通常被称为"宏生态学"，研究内容包括物种之间（如体型大小和地理分布范围）以及一些群落水平格局（如物种多样性）之间的比较研究（Brown 1995，Gaston and Blackburn 2000，McGill 2003a）。从某种意义上说，宏生态学，特别是涵盖群落水平格局的部分，完全符合前面所描述的格局优先方法，因此可以直接与生态群落理论联系起来。前面所讲的生物多样性纬度梯度就是一个很好的例子。

然而，宏生态学中的一些理论研究采用了完全不同的方法，我无法将其与本书提出的生态群落理论联系起来。这种情况特别值得关注，因为这些方法涉及水平群落，因此读者可能会期望它们能很好地适用于这里提出的理论框架。

以"生态学中的最大熵原理"（maximum entropy theory of ecology）预测物种多度分布为例（Harte 2011，Harte and Newman 2014），该理论的核心思想如下：在某一给定的地区，面积为 A，含有 S 个物种、J 个个体，总代谢率为 M，根据这些信息就可以预测物种相对多度分布符合哪一种分布类型，而无须额外的信息。"无须额外信息"这一条件是"最大熵"名称的由来。信息论指出，当熵值最大时，一组对象所包含的信息量最少（McGill and Nekola 2010）。熵值的计算公式和著名的香农多样性指数一样，都等于 $\sum_i p_i \times \log(p_i)$，其中 p_i 是物种 i 的相对多度。因此，相对多度分布被预测为一组熵值最大的 p_i 的集合，受 A、S、J 和 M 的约束。这可能听起来很神秘，但我没有比这更简单或更直观的方式来解释它了。

有趣的是，最大熵原理的预测结果与实际数据非常吻合（Harte 2011）。为什么会出现这种情况？我认为这是一个值得探讨的问题。事实上，这种方法与生态群落理论的最终目的一样，都是将一组复杂的低层级过程或现象变得更简单。然而，因为这个最大熵模型不涉及任何生态学机理（Harte *et al.* 2008），所以对于其成功预测包括本书理论在内的生态学理论，我不知道该如何理解。这些结果可以被看作单纯是为了预测，而不考虑机理，而对机理的探究是一个有效和重要的科学目标（Peters 1991）。然而，在我所能想到的大多数自然系统中，要准确地估计 A、S、J 和 M 这 4 个参数，需耗费大量的精力，因为这需要估计所有的 p_i，所以我不确定这些预测有多大用处。另外，由于该理论没有明确的机理，我也不清楚这些结果是否可以及如何加深我们对基本生态问题的理解。在宏生态学研究中使用到的中心极限定理和分形几何的方法，它们涉及的机理也超出了本书的生态群落理论的范围。

11.4　生态群落理论的普适性

我在上一小节明确地列出上述这些宏生态学观点的主要原因，并不是暗示与其他理论或模型相比它们不实用或不重要（尽管在某些情况下我的确有一些怀疑），而是就生态群落理论适用于水平群落的概念构建而言，我承认存在着一些例外。在群落生态学中，绝大多数的理论、思想、模型和假说都考虑了我所说的低层级和高层级过程的某种组合，因此无论最初强调的是过程还是格局，都适用于本书提出的理论（见表 5.1），但也有少数例外。

第12章

群落生态学的未来

在本书中，我曾多次指出，生态群落理论的主要贡献之一是促进对过程–格局联系的更透彻的理解。选择、生态漂变、扩散和成种过程在生态群落中具有普适性，几乎所有对于群落动态和格局的解释都可诉诸一个或多个相互作用的高层级过程。

该理论表面上看起来是不言自明的。然而，在21世纪，虽然自然选择演化论被认为是无须证明的（至少在科学家之间），但它在演化生物学研究中仍然非常重要（见第5章）。不论在群落生态学还是种群遗传学领域，该理论的现实意义很大程度上在于提供了一种普适的、非常简单的、概念上融贯的框架，使我们能够很容易地确定种群或群落的共同点，若无此框架，这些共同点将淹没在很多显而易见的细节差异之中。这里再重申一下本书第4章的观点——无论适合度是取决于躲避天敌时身体颜色的伪装（Kettlewell 1961）还是与种子可获得性相匹配的喙的大小（Grant and Grant 2002），适应性演化是通过自然选择发生的。同样地，无论稀有种是由于资源充足（Tilman 1982）还是缺少天敌（Connell 1970，Janzen 1970）而获得的优势，物种共存都可以通过负频率依赖选择过程来维持（Chesson 2000b，HilleRisLambers *et al.* 2012）。

尽管生态群落理论有助于我们理解所观察的格局，但是它并没有明确指出具体的新研究方向。关于这一点，在许多同类型的书籍或论文中，其作者都会对下一代研究生现在应该做的研究项目（其中大部分是由作者自己承担的项目）进行引导。作为一个在生态学方法论上坚定的多元主义者，我对于这种一味灌输的做法颇为犹豫。因此，下面列出的未来研究方向仅代表我个人的观点。在本书的写作过程中，我阅读了大量的文献和书籍，随着对四个高层级过程的关注，许多想法浮现在脑海里。这些想法中的大多数已在文献中通过某种形式进行了描述，因此在很大程度上，我只是指出在我看来特别有希望的新兴研究方向（其中大多数我自己并不打算去做）。

12.1　一些遗漏的Meta分析

在回顾众多不同主题的文献时我发现，系统性的综述或Meta分析的论文非常有用。众所周知，大多数生态问题的答案都会随研究地点和研究尺度而变化，因此总的认识的提高取决于对某些相关性的频率、强度以及适宜场景做出的系统评估。例如，在研究局域和区域物种丰富度关系时，我并不需要阅读大量的案例研究，而只需在开始时阅读几篇综述和 Meta 分析的文章来了解不同结果出现的频率（Shurin and Srivastava 2005，SzavaKovats *et al.* 2013，Cornell and Harrison 2014），然后选择性地查阅研究案例（如 Terborgh and Faaborg 1980，Cornell 1985）以了解原始数据的格式。

令我惊讶的是，一些主题并没有这样的系统性综述或 Meta 分析，尽管我很有可能错过了一些重要的文章。据我所知，下列主题尚未进行过系统的 Meta 分析，或至少在过去的 10~15 年里没有过。这些主题包括：

（1）种内与种间的密度或频率依赖作用的相对强度（预测 2a）。我所知道的关于这个主题的综述和 Meta 分析至少有 20 年的历史（Connell 1983，Schoener 1983a，Goldberg and Barton 1992，Gurevitch *et al.* 1992），在那之后出现了大量的实证研究和方法上的改进（见第 8 章）；

（2）斑块面积对 β 多样性的影响（预测 5a-②）；

（3）群落大小对物种组成-环境关系强度的影响（预测 5a-③）；

（4）物种丰富度与栖息地（或岛屿）隔离度之间的关系（预测 6.1a）。

12.2　分布式协同实验（或观测研究）

上一节所提到的 Meta 分析方法并非完全尽如人意。正如野外生态学家所知道的那样，每个实证研究过程中都涉及很多有关研究设计的决策。比如，在进行植物群落调查时，我们需确定研究样方的数量、大小和形状、它们在空间上的分布、每年进行观察的时间、每个样地调查的次数、量化多度的尺度、包含的研究物种（如所有的植物、只包括维管植物或只包括木本）、难以识别的类群数、需测量的环境变量以及测量这些变量的方法。在上述这些决策中，某些决策的影响可能很小，但总的来说，它们可能导致两个看起来相似的研究变得很难进行定量比较。这一挑战使得不同区域间格局和过程的普适性评估受到阻碍。Meta 分析通过合并不同研究之间的潜在差异来解决这一难题，但通常情况下，不同研究之间的可比性仍然是不确定的。

解决这个挑战的一个方法是，在许多不同的地方采用同一个标准方法来开展研究工作。这种方法被称为“分布式协同实验”（coordinated distributed experiment）（Fraser *et al.* 2012，Lessard *et al.* 2012），它同样也适用于观测研究。虽然很少有生态学家能承担起这种项目的预算，但是最近几项研究采取了一种新的模式来完成这一工作：通过招募许多不同的研究人员来实施一种非常简单的实验设计，每个研究人员几乎不需要任何额外的资金就可以加入。

一个令人印象深刻的例子是植物“营养网络”（Nutrient Network，NutNet）

实验，它在全球拥有超过75个草原样地，设计的初衷是通过控制实验来检验营养物质和草食动物对群落和生态系统属性的影响（Borer，Harpole *et al.* 2014，Borer，Seabloom *et al.* 2014）。通过每年对控制实验和对照实验的群落动态的观测，已经回答了一系列科学问题，涉及物种多样性-生产力关系（Adler *et al.* 2011）、外来物种入侵机制（MacDougall *et al.* 2014）等多个方面。几乎所有群落生态学中的局域尺度上的问题都可以通过分布式控制实验或观察得到有效解决。此外，这类研究可用于评估高层级过程（见第8—10章）而非低层级过程的特征，使其不再局限于单个生境类型。

12.3 实验检验（有效）群落大小的影响

在很容易识别的独立生境斑块的研究系统中（如森林碎片、池塘、岩石池），这些斑块通常在面积或体积上会有很大差异，因此群落大小（J）也会有很大变化。人类的土地利用活动也是生境斑块面积减小的一个常见原因。因此，理解群落大小变化的后果具有广泛的生态学意义。然而，生境斑块的大小除与群落大小有关以外，还与许多其他因素有关，其中最显著的就是边缘效应和环境条件（Harrison and Bruna 1999，Laurance *et al.* 2002，Fahrig 2003）。换句话说，小的栖息地斑块不仅易发生生态漂变（假设J是减小的），更易产生不同形式和不同强度的选择过程的影响（见第9章）。类似的观点也适用于时间尺度上的环境波动，它在减小有效群落大小的同时，还导致了随时间变化的选择（见第8章）。

控制与栖息地面积相关的环境因素，虽然可以从统计上将群落大小的影响分离出来（如Ricklefs and Lovette 1999），但是否所有的重要变量都已被测量过，这将始终是一个值得探讨的问题。原则上讲，实验操作应该能够分离不同的影响因子，但实际上，即使是实验创造的小斑块也会产生强烈的边缘效应和环境影响（Debinski and Holt 2000）。是时候有一个聪明的实验者来解决这一问题了！

对于一个浮游动物群落，可以想象用网状物将湖泊中一定体积的水围起来，比如1 m×1 m×25 cm，内有16个隔间，每个边长25 cm。如果每一个隔间都是完全封闭的，那么它们就是群落大小为“小J”的封闭群落。通过在隔间内壁上戳洞的方法可以创建群落大小为“中J”的群落（体积为50 cm×50 cm×25 cm），也可以创建群落大小为“大J”的群落（即整个区域：1 m×1 m×25 cm）。我们希望浮游动物可以通过这些洞在隔间内部移动，而不会改变网状物本身所带来的边缘效应（由一位湖沼学家验证），即除了浮游动物在隔室内移动外，网状物保持不变。这种设计显然与扩散控制实验有很大的相似之处，但是其具有明确的目标，即将群落大小的影响分离出来。毫无疑问，比我优秀的实验生态学家大有人在，或能构想出其他更新颖的创造性实验设计。

12.4　减少物种迁入的野外实验

正如经常通过栖息地斑块大小的影响来研究群落大小一样，群落扩散的影响也通常通过斑块隔离产生的效应来研究。和面积一样，隔离度可能会与斑块的其他特征相混淆（见第9章）。实验可以直接或间接地控制扩散，但存在一定的限制。在人工控制实验系统中，我们可以控制生境斑块间不同程度的扩散（如通过导管连接瓶子的方法）。然而，在野外实验中，大多情况下我们所做的是增加物种迁入。植物种子添加实验表明，局域物种多样性往往受到物种迁入的限制，但如果我们减少迁入会发生什么呢？Brown 和 Gibson（1983）描述了这样一个实验想法，即在一个给定的生态群落周围建造一个隔离扩散的围栏，来检验局域群落属性对扩散的依赖程度（也见 Holt 1993）。

在野外实验中，不同程度的增加或减少迁入可以对群落属性（如物种多样性）与物种迁入间的关系进行定量评估，检验其相关性的程度以及相关性曲线的类型。但据我所知，这样的实验几乎没有（注：我无意自诩掌握了最充分的文献知识，因此总是用“几乎没有”这个词），可能是因为这在实际操作中具有一定的难度。对于一个草原植物群落来说，设置一个网罩来阻止大量种子进入是相对简单的。首先通过评估不同物种的种子扩散曲线（种子扩散到不同距离的比例），我们可以模拟自然状态下每年的种子迁入率，同时也可以进行降低（一直到零）或提高迁入率的模拟实验。显然网罩本身会产生一定的影响，但至少可以在不同的实验中对其进行标准化，而且在生长季的某段时间（如没有种子生产时），它们可以被移除。同样，我希望其他人能想出比这更巧妙的设计方案，但核心问题仍然是一样的，即减少物种迁入对群落会有怎样的影响呢？

12.5　整合研究物种共存和物种多样性

物种共存和物种多样性的主题是如此紧密地联系在一起，因而粗看起来两者几乎是完全相同的（Huston 1994，Tokeshi 1999）。如果共生（co-occurrence）是共存（coexistence）的同义词的话，那么的确如此。如果一个样地比另一个样地有更多物种，那么这个样地就有更多物种共生，也就有很多物种实现共存。然而，根据 Chesson（2000a）的定义，物种共存意味着群落中的每一个物种都可以从较低的相对多度中恢复过来。这是一个能清楚地与物种多样性的概念进行区分的、更加严格的“物种共存”的概念。一个地方比另一个地方有更多的物种，可能不是因为在这里有更强的负频率依赖选择（即物种共存机制），而是因为这个地方有很多的物种迁入，或者是因为种库中包含了大量的、对局域非生物条件具有耐受性的物种（见第9—10章）。

虽然很多（也许不是大多数的）群落生态学研究者都很赞同这个区分，但仍有人持不同意见。如在第5章所述，Fox（2013）认为，中度干扰假说在数学上是不合理的，因为虽然干扰可能会减缓竞争排斥，但是它本身并不会产生稳定共存所需要的负频率依赖选择。这是一个有效的论点。然而，Huston（2014）做出了同样有效的反驳观点（众多论证之一），即预测物种多样性在空间和时间上的变化与预测长期稳定的物种共存是不一样的。越来越多的实证研究承认了这一区别（如 Laliberté *et al.* 2014），但我认为，将物种共存和物种多样性的研究结合在一起的现代整合研究是很早就应该做的，它有助于协调不同的观点，如 Fox（2013）和 Huston（2014）的争论。本书也许可以朝这个方向推进一步。在物种丰富的群落中，物种共存似乎具有内在的“高维”特性，同时包括了许多不同的性状和权衡，这一事实表明，把选择过程作为一个高层级过程，而不是特定的低层级机制，有助于这两个概念的整合。

12.6 群落和生态系统作为一个复杂适应系统：将群落属性和生态系统功能相联系

本书在很大程度上是将种群中等位基因的动态（如种群遗传学模型所述）和群落中物种的动态（如群落生态学模型所述）进行类比。二者的生物变量都是基于一组离散的分类来进行描述，即：等位基因可以是 *A* 或 *a*，物种可以是糖枫（*Acer saccharum*）或山毛榉（*Fagus grandifolia*）。数量遗传学研究提供了另一种方法，通过关注可遗传表型（如喙的深度）这一连续变化的值来模拟物种内部的进化动态（见第5章）。从某种程度上来说，我们可以用一种类似的方式来测量物种的表型，并参考数量遗传学方法建立模型，来描述群落水平的性状分布动态（Norberg *et al.* 2001，Shipley 2010）。关于这一方法的一些简单示例在第5章和第8章已有讨论（见预测1b和2c）。

除了将群落动态看作一个数量遗传学问题外，从更广泛的视角来看，还可以将群落和生态系统看作复杂适应系统（complex adaptive system）（Levin 1998）。在一个复杂适应系统中，“高层级的格局是通过发生在低层级的局域相互作用和选择过程而产生的”（Levin 1998）。这样说来，我们可以认为生物量生产的总速率（最常用的生态系统功能指标）是由不同物种个体间的局域相互作用以及选择作用产生的（Norberg *et al.* 2001，Norberg 2004）。此外，正如我们期望遗传变异使种群适应环境变化一样（Fisher 1958），我们也许可以期望，物种多样性随着环境条件的变化使生产力达到最大（Norberg *et al.* 2001）。

第8章中涉及一些负频率依赖选择的实证研究，即在一个局域群落中，生产力通常会随物种多样性的增加而增加（见预测2a）。基于这些研究，有人认为，全球生物多样性的丧失已使生态系统功能受损（Cardinale *et al.* 2012），且该影响将会一直持续下去。这一结论在局域尺度上已受到质疑。除非发生大规模的生境变迁（如热带雨林转变为玉米地），否则物种多样性并不会随时间的推移表现出方向性的变化，就算是有定向变化，那么增加和减少也都有可能（Vellend *et al.* 2013，Dornelas *et al.* 2014，Elahi *et al.* 2015，McGill *et al.* 2015）。然而，显而易见的是，随着时间的推移，许多局域群落的物种组成发生了巨大变化（Dornelas *et al.* 2014，McGill *et al.* 2015）。如果这种变化是适应性的，那么我们可以期望它们在环境发生变化时起到维持生态系统功能的作用。

这一预测可以通过实验手段来检验。一个特定的群落（如一个草地样方内的植物）可能会受到环境变化的影响（即外部选择）或不受环境变化的影响，两种情况下群落组成都会达到一个新的准平衡状态。改变和控制环境条件产生的群落状态可以作为第二个实验的一个处理。也就是说，第二个实验初始的物种多度是根据第一个实验中达到的两个准平衡状态之一进行设定的，并且这些初始群落状态与两种环境（处理与对照）交叉处理。基于将群落作为一个复杂适应系统这一观点，我们可以对实验做出如下预测，即当群落组成与环境条件相匹配时，生产力最大。当然还可以引入很多其他问题进行讨论，包括选择的强度（环境变化的幅度和速率）、初始群落中的性状差异或物种多样性、选择的多维性（即单变量与多变量同时发生变化）等。

12.7 量化高层级过程的相对重要性

我在第11章一开始，就对不同类型自然群落中的各种高层级过程的相对重要性进行了评估，但结果不尽如人意，因为它们完全是定性的，且包括很多不确定性。在某一特定的局域群落中，可以使用一些方法来评估不同过程或因素的相对重要性，但每种情况下都具有很大的局限性。比如，可以通过实验操作控制一些感兴趣的因素来测试其相对重要性，如分别通过种子添加和营养物添加的方式来检验扩散和选择在决定局域物种丰富度时的相对重要性。但是统计效应的大小在很大程度上取决于我们对每个因素的“控制程度”，并且没有现成的方法可以将每个效应的影响转换成通用的单位（Δ丰富度/每克种子、Δ丰富度/物种增量或Δ丰富度/每克营养物）。在野外观测研究中，多元回归分析被用来评估物种多样性或物种组成的不同预测因子的相对重要性，但也面临着类似的问题，还有一个问题则是对于某些变量（如样地间的空间距离）的解释还很不清楚（见第8—9章）。

一些研究者已经提出解释不同过程相对重要性的通用标准。例如，研究物种共存时，首先将物种对各种因素（如种内密度和种间密度）的响应数据拟合成一个模型，然后以物种低密度时的相对增长率为单位估测恒定选择（“适合度差异”）和负频率依赖选择（“生态位差异”）。虽然这些都是非常重要的尝试，但它们仅局限于研究物种稳定共存这一问题，而稳定共存只是群落生态学众多结果或格局中的一类。

至少从原理上来讲，比较不同系统间特定过程的相对重要性似乎更简单一些。比如，可以利用分布式协同实验（见第 12.2 节）量化不同地方区域种库的物种迁移对局域物种丰富度的限制程度。如果在这些样地之间也可以评估其他高层级过程（如前所说的恒定选择和负频率依赖选择）的相对重要性，那么我们可以通过样地间的比较来评估样地内的相对重要性。例如，某一地点的迁入影响相对于其他地点可能很高，而负频率依赖选择的强度相对于其他地点较低，那么在这个地方扩散的相对重要性更高。这种方法实质上是通过评估不同过程在不同样地间的相对重要性来获得其在一个样地内的相对重要性。

简言之，群落生态学家往往对评估样地内或者样地间影响群落属性的不同过程的相对重要性非常感兴趣，但这类研究在方法上往往存在严重局限。尽管这一问题可能很难得到解决，毕竟生态学研究很少有捷径可走（Fox 2012），但新的研究方法总是很受欢迎的。

12.8 构建基于高层级过程的群落模型

在群落生态学中已有很多数学模型，但在大多数情况下，很难将一个模型与另一个直接联系起来。种群遗传学模型的魅力就在于，它几乎始终是基于以下四个关键参数构建的：N(种群大小)、s(选择系数)、m(基因流）和 μ(突变）（Hartl and Clark 1997），这使得不同模型之间易于比较。群落生态学模型的构建同样可以基于四个关键参数：J(群落大小)、s(选择系数)、m(扩散）和 ν(成种率)。生态学的中性理论（Hubbell 2001）就是如此，只是没有将选择过程考虑在内。我在第 6 章给出了包括所有四个过程的模拟模型，并且在大多情况下，这些模型都是可以通过分析模型来表达的。一些研究者已经开始构建可以有效合并选择和中性理论的普适的群落生态学的分析模型（Haegeman and Loreau 2011，Noble and Fagan 2014）。为将一系列水平群落生态学的分析模型最终凝练成一个基于高层级过程的可管理的集合，我们需要在此基础上继续努力，这对该领域的理论方向的学生将会产生很大的帮助。

种群遗传学与生态学建模之间的一个关键区别在于，种群遗传学中假设 N 是恒定的，而生态学中的 J 是多个物种间密度依赖的结果（Vellend 2010）。然而，在种群遗传学模型中假设 N 不变主要是为了统计分析上的便利，并不能代表自然种群的真实情况（Lewontin 2004）。种群遗传学理论对基于四个高层级过程的生态模型的构建对我们有一定的启发作用（如 Ellner and Hairston Jr 1994）。

12.9　整合群落生态学的进一步整合？

在第 2 章中，我限定了生态群落理论的范围，主要包括我们定义的“水平”物种的集合（见图 2.1）。由于在适合度方面具有相似约束条件的物种（如在资源需求和与它们相互作用的天敌和共生生物的类型方面）理论上与同种内的基因型类似，因此即使某些细节差异很大（如突变与成种），我们也有可能为水平群落定义一组可以反映种群遗传学核心过程的高层级过程。这就产生了一个问题：是否存在一个范围更大的综合，可以将水平群落、食物网和互惠网络（mutualistic network）整合成一个框架？对于这个问题，我并没有答案，但似乎提出一些猜测以结束本书也是合适的。

或许有人认为，生态群落理论已经很好地融合了广义群落中的物种以及种间相互作用（见图 2.1）。在此理论中，所有物种间的相互作用产生了几种或正或负的密度或频率依赖选择，所有的物种都倾向于出生或死亡上的随机性（导致生态漂变），所有物种都具有一定的扩散能力，且新物种可以以任意形式产生。我们可以根据物种生物量（一个普遍适用的多度指标）来定义群落格局，包括从细菌、节肢动物到树木和大型哺乳动物等的所有物种。然后我们就有了对整合理论的进一步整合。但我估计许多生态学家对此并不满意。植物多度的单位（如 1 g 生物量或单个树干）在生态学意义上具有足够的可比性，因此不妨将它们置于同一个多度向量中，否则根据植物种不同的生态“角色”来考虑，一个整合所有类群的多度向量根本无从谈起（至少在初始时）。许多生态学家认为，狼、蝴蝶、树木和大肠杆菌同时置于同一多度向量进行研究可能是无意义的，但是我更乐见相反的情形，让我们拭目以待。

还有人认为，我们已经有很多同时考虑不同物种相互作用的模型，我们可以把这些模型整理在一起，形成一个总括性的理论。然而，在我看来，除了在图 2.1 中定义的群落生态学的分支以外，数百种的物种相互作用模型各自为政，整编在一起也无非是各自部分的大杂烩而已。尤其是随着计算机运算能力的不断增强，原则上我们可以建立任何我们想要的模型，但很难想象这种方法可以构建一个包罗万象的普适理论来简化并理清我们对生态群落的理解（见第 4 章）。

群落生态学的各个分支在格局构成和过程构成的基本问题上也存在着一些根本性的差异。食物网本身就是对物种间相互作用的一种描述（特别是捕食关系），这样的食物网“格局”，如模块性、总长度或连通性，都被纳入我所说的低层级过程（捕食）中。互惠网络也是如此。在水平群落生态学中，对格局（至少我在第2章中所考虑的格局）的描述仅是以物种出现在何地、何时以及何种多度为基础的，并将物种间的相互作用认为是造成这种格局根本原因的一部分。由于在这些研究领域中，核心问题和假设在各自的研究领域里相互交叉，因此很难在同一个概念框架中进行协调。

最后，所有这些思考都让我认识到，如果存在一个普适的整合理论，它不会是把现有框架或理论相互调适，也不会是当前某个研究领域的进一步发展。相反，它会从一个完全不同的角度来看待整个问题，这可能是一种我们（至少是我）目前仍无法想象的角度。届时，本书也许会被认为是有待完善的“问题”的一部分。同时，我尝试着构建一个理论框架来弥合、贯通我在学生时代倍感困惑的一系列关联松散的模型、观点和概念。希望以后的学生在学习群落生态学时更加轻松自在！

参考文献

Aarssen, L. W. 1997. High productivity in grassland ecosystems: Effected by species diversity or productive species? *Oikos* 80: 183–184.

Adler, P. B., and J. M. Drake. 2008. Environmental variation, stochastic extinction, and competitive coexistence. *American Naturalist* 172: E186–E195.

Adler, P. B., S. P. Ellner, and J. M. Levine. 2010. Coexistence of perennial plants: An embarrassment of niches. *Ecology Letters* 13: 1019–1029.

Adler, P. B., J. HilleRisLambers, P. C. Kyriakidis, Q. Guan, and J. M. Levine. 2006. Climate variability has a stabilizing effect on the coexistence of prairie grasses. *Proceedings of the National Academy of Sciences USA* 103: 12793–12798.

Adler, P. B., J. HilleRisLambers, and J. M. Levine. 2007. A niche for neutrality. *Ecology Letters* 10: 95–104.

Adler, P. B., E. W. Seabloom, E. T. Borer, H. Hillebrand, Y. Hautier, A. Hector, W. S. Harpole, *et al.* 2011. Productivity is a poor predictor of plant species richness. *Science* 333: 1750–1753.

Alexander, H. M., B. L. Foster, F. Ballantyne, C. D. Collins, J. Antonovics, and R. D. Holt. 2012. Metapopulations and metacommunities: Combining spatial and temporal perspectives in plant ecology. *Journal of Ecology* 100: 88–103.

Allee, W. E., O. Park, A. E. Emerson, T. Park, and K. P. Schmidt. 1949. *Principles of Animal Ecology*. W. B. Saunders, Philadelphia, PA.

Allen, A. P., J. H. Brown, and J. F. Gillooly. 2002. Global biodiversity, biochemical kinetics, and the energetic-equivalence rule. *Science* 297: 1545–1548.

Allen, A. P., J. F. Gillooly, V. M. Savage, and J. H. Brown. 2006. Kinetic effects of temperature on rates of genetic divergence and speciation. *Proceedings of the National Academy of Sciences USA* 103: 9130–9135.

Allen, T. F. H., and T. W. Hoekstra. 1992. *Toward a Unified Ecology*. Columbia University Press, New York.

Allmon, W. D., P. J. Morris, and M. L. McKinney. 1998. An intermediate disturbance hypothesis for maximal speciation. Pages 349–376 *in* M. L. McKinney and J. A. Drake, editors. *Biodiversity Dynamics: Turnover of Populations, Taxa, and Communities*. Columbia University Press, New York.

Alroy, J. 2008. Dynamics of origination and extinction in the marine fossil record. *Proceedings of the National Academy of Sciences USA* 105: 11536–11542.

Amarasekare, P. 2000. The geometry of coexistence. *Biological Journal of the Linnean Society* 71: 1–31.

Amarasekare, P. 2003. Competitive coexistence in spatially structured environments: A synthesis. *Ecology Letters* 6: 1109–1122.

Anderson, M. J., T. O. Crist, J. M. Chase, M. Vellend, B. D. Inouye, A. L. Freestone, N. J. Sanders, *et al.* 2011. Navigating the multiple meanings of β diversity: A roadmap for the practicing ecologist. *Ecology Letters* 14: 19–28.

Angert, A. L., T. E. Huxman, P. Chesson, and D. L. Venable. 2009. Functional tradeoffs determine species coexistence via the storage effect. *Proceedings of the National Academy of Sciences USA* 106: 11641–11645.

Antonovics, J. 1976. The input from population genetics: "The new ecological genetics". *Systematic Botany* 1: 233–245.

Antonovics, J. 2003. Toward community genomics? *Ecology* 84: 598–601.

Armstrong, R. A., and R. McGehee. 1980. Competitive exclusion. *American Naturalist* 115: 151–170.

Barber, N. A., and R. J. Marquis. 2010. Leaf quality, predators, and stochastic processes in the assembly of a diverse herbivore community. *Ecology* 92: 699–708.

Bascompte, J., and P. Jordano. 2013. *Mutualistic Networks.* Princeton University Press, Princeton, NJ.

Beatty, J. 1984. Chance and natural selection. *Philosophy of Science* 51: 183–211.

Beatty, J. 1995. The evolutionary contingency thesis. Pages 45–81 *in* G. Wolters and J. G. Lennox, editors. *Concepts, Theories, and Rationality in the Biological Sciences.* University of Pittsburgh Press, Pittsburgh, PA.

Beatty, J. 1997. Why do biologists argue like they do? *Philosophy of Science* 64: S432–S443.

Beisner, B. E. 2001. Plankton community structure in fluctuating environments and the role of productivity. *Oikos* 95: 496–510.

Beisner, B. E., P. R. Peres-Neto, E. S. Lindström, A. Barnett, and M. L. Longhi. 2006. The role of environmental and spatial processes in structuring lake communities from bacteria to fish. *Ecology* 87: 2985–2991.

Bell, G. 2008. *Selection: The Mechanism of Evolution.* Oxford University Press, Oxford.

Bell, G., M. Lechowicz, A. Appenzeller, M. Chandler, E. DeBlois, L. Jackson, B. Mackenzie, *et al.* 1993. The spatial structure of the physical environment. *Oecologia* 96: 114–121.

Belmaker, J., and W. Jetz. 2012. Regional pools and environmental controls of vertebrate richness. *American Naturalist* 179: 512–523.

Belovsky, G. E., D. B. Botkin, T. A. Crowl, K. W. Cummins, J. F. Franklin, M. L. Hunter, A. Joern, *et al.* 2004. Ten suggestions to strengthen the science of ecology. *BioScience* 54: 345–351.

Bender, E. A., T. J. Case, and M. E. Gilpin. 1984. Perturbation experiments in community ecology: Theory and practice. *Ecology* 65: 1–13.

Bennett, J. A., E. G. Lamb, J. C. Hall, W. M. Cardinal-McTeague, and J. F. Cahill. 2013. Increased competition does not lead to increased phylogenetic overdispersion in a native grassland. *Ecology Letters* 16: 1168–1176.

Bernard-Verdier, M., M.-L. Navas, M. Vellend, C. Violle, A. Fayolle, and E. Garnier. 2012. Community assembly along a soil depth gradient: Contrasting patterns of plant trait convergence and divergence in a Mediterranean rangeland. *Journal of Ecology* 100: 1422–1433.

Best, R. J., N. C. Caulk, and J. J. Stachowicz. 2013. Trait vs. phylogenetic diversity as predictors of competition and community composition in herbivorous marine amphipods. *Ecology Letters* 16: 72–80.

Bever, J. D. 2003. Soil community feedback and the coexistence of competitors: Conceptual frameworks and empirical tests. *New Phytologist* 157: 465–473.

Bever, J. D., I. A. Dickie, E. Facelli, J. M. Facelli, J. Klironomos, M. Moora, M. C. Rillig, *et al.* 2010. Rooting theories of plant community ecology in microbial interactions. *Trends in Ecology & Evolution* 25: 468–478.

Bever, J. D., K. M. Westover, and J. Antonovics. 1997. Incorporating the soil community into plant population dynamics: the utility of the feedback approach. *Journal of Ecology* 85: 561–573.

Borcard, D., and P. Legendre. 2002. All-scale spatial analysis of ecological data by means of principal coordinates of neighbour matrices. *Ecological Modelling* 153: 51–68.

Borcard, D., P. Legendre, and P. Drapeau. 1992. Partialling out the spatial component of ecological variation. *Ecology* 73: 1045–1055.

Borer, E. T., W. S. Harpole, P. B. Adler, E. M. Lind, J. L. Orrock, E. W. Seabloom, and M. D. Smith. 2014. Finding generality in ecology: A model for globally distributed experiments. *Methods in Ecology and Evolution* 5: 65–73.

Borer, E. T., E. W. Seabloom, D. S. Gruner, W. S. Harpole, H. Hillebrand, E. M. Lind, P. B. Adler, *et al.* 2014. Herbivores and nutrients control grassland plant diversity via light limitation. *Nature* 508: 517–520.

Braun-Blanquet, J. 1932. *Plant Sociology: The Study of Plant Communities*. McGraw-Hill, London.

Bray, J. R., and J. T. Curtis. 1957. An ordination of the upland forest communities of southern Wisconsin. *Ecological Monographs* 27: 325–349.

Brown, J. H. 1995. *Macroecology*. University of Chicago Press, Chicago.

Brown, J. H. 2014. Why are there so many species in the tropics? *Journal of Biogeography* 41: 8–22.

Brown, J. H., and A. C. Gibson. 1983. *Biogeography*. C. V. Mosby, St. Louis, MO.

Brown, J. H., J. F. Gillooly, A. P. Allen, V. M. Savage, and G. B. West. 2004. Toward a metabolic theory of ecology. *Ecology* 85: 1771–1789.

Butlin, R., J. Bridle, and D. Schluter. 2009. *Speciation and Patterns of Diversity*. Cambridge University Press, Cambridge.

Cadotte, M. W. 2006a. Dispersal and species diversity: A meta-analysis. *American Naturalist* 167: 913–924.

Cadotte, M. W. 2006b. Metacommunity influences on community richness at multiple spatial scales: A microcosm experiment. *Ecology* 87: 1008–1016.

Cadotte, M. W., D. V. Mai, S. Jantz, M. D. Collins, M. Keele, and J. A. Drake. 2006. On testing the competition-colonization trade-off in a multispecies assemblage. *American Naturalist* 168: 704-709.

Caley, M. J., and D. Schluter. 1997. The relationship between local and regional diversity. *Ecology* 78: 70-80.

Cardinale, B. J., J. E. Duffy, A. Gonzalez, D. U. Hooper, C. Perrings, P. Venail, A. Narwani, *et al.* 2012. Biodiversity loss and its impact on humanity. *Nature* 486: 59-67.

Cardinale, B. J., J. P. Wright, M. W. Cadotte, I. T. Carroll, A. Hector, D. S. Srivastava, M. Loreau, *et al.* 2007. Impacts of plant diversity on biomass production increase through time because of species complementarity. *Proceedings of the National Academy of Sciences USA* 104: 18123-18128.

Carlquist, S. 1967. The biota of long-distance dispersal. V. Plant dispersal to Pacific islands. *Bulletin of the Torrey Botanical Club* 94: 129-162.

Carlquist, S. J. 1974. *Island Biology*. Columbia University Press, New York.

Carrara, F., F. Altermatt, I. Rodriguez-Iturbe, and A. Rinaldo. 2012. Dendritic connectivity controls biodiversity patterns in experimental metacommunities. *Proceedings of the National Academy of Sciences USA* 109: 5761-5766.

Carstensen, D. W., J.-P. Lessard, B. G. Holt, M. Krabbe Borregaard, and C. Rahbek. 2013. Introducing the biogeographic species pool. *Ecography* 36: 1310-1318.

Chase, J. M. 2003. Community assembly: When should history matter? *Oecologia* 136: 489-498.

Chase, J. M. 2007. Drought mediates the importance of stochastic community assembly. *Proceedings of the National Academy of Sciences USA* 104: 17430-17434.

Chase, J. M. 2010. Stochastic community assembly causes higher biodiversity in more productive environments. *Science* 328: 1388-1391.

Chase, J. M., E. G. Biro, W. A. Ryberg, and K. G. Smith. 2009. Predators temper the relative importance of stochastic processes in the assembly of prey metacommunities. *Ecology Letters* 12: 1210-1218.

Chase, J. M., and M. A. Leibold. 2002. Spatial scale dictates the productivity-biodiversity relationship. *Nature* 416: 427-430.

Chase, J. M., and M. A. Leibold. 2003. *Ecological Niches: Linking Classical and Contemporary Approaches*. University of Chicago Press, Chicago.

Chave, J., H. C. Muller-Landau, and S. A. Levin. 2002. Comparing classical community models: Theoretical consequences for patterns of diversity. *American Naturalist* 159: 1-23.

Chesson, P. 2000a. General theory of competitive coexistence in spatially-varying environments. *Theoretical Population Biology* 58: 211-237.

Chesson, P. 2000b. Mechanisms of maintenance of species diversity. *Annual Review of Ecology and Systematics* 31: 343-366.

Chitty, D. 1957. Self-regulation of numbers through changes in viability. *Cold Spring Harbor Symposia on Quantitative Biology* 22: 277-280.

Clark, J. S. 2009. Beyond neutral science. *Trends in Ecology & Evolution* 24: 8-15.

Clark, J. S. 2010. Individuals and the variation needed for high species diversity in forest trees. *Science* 327: 1129–1132.

Clark, J. S. 2012. The coherence problem with the Unified Neutral Theory of Biodiversity. *Trends in Ecology & Evolution* 27: 198–202.

Clark, J. S., D. Bell, C. Chu, B. Courbaud, M. Dietze, M. Hersh, J. HilleRisLambers, *et al.* 2010. High-dimensional coexistence based on individual variation: A synthesis of evidence. *Ecological Monographs* 80: 569–608.

Clark, J. S., M. Dietze, S. Chakraborty, P. K. Agarwal, I. Ibanez, S. LaDeau, and M. Wolosin. 2007. Resolving the biodiversity paradox. *Ecology Letters* 10: 647–659.

Clark, J. S., C. Fastie, G. Hurtt, S. T. Jackson, C. Johnson, G. A. King, M. Lewis, *et al.* 1998. Reid's paradox of rapid plant migration: Dispersal theory and interpretation of paleoecological records. *BioScience* 48: 13–24.

Clark, J. S., S. LaDeau, and I. Ibanez. 2004. Fecundity of trees and the colonization-competition hypothesis. *Ecological Monographs* 74: 415–442.

Clements, F. E. 1916. *Plant Succession: An Analysis of the Development of Vegetation.* Carnegie Institute of Washington, Washington, DC.

Clobert, J., M. Baguette, T. G. Benton, J. M. Bullock, and S. Ducatez. 2012. *Dispersal Ecology and Evolution.* Oxford University Press, Oxford.

Cody, M. L. 1993. Bird diversity components within and between habitats in Australia. Pages 147–158 *in* R. E. Ricklefs and D. Schluter, editors. *Species Diversity in Ecological Communities: Historical and Geographic Perspectives.* University of Chicago Press, Chicago.

Cody, M. L., and J. M. Diamond. 1975. *Ecology and Evolution of Communities.* Belknap Press of Harvard University Press, Cambridge, MA.

Comita, L. S., H. C. Muller-Landau, S. Aguilar, and S. P. Hubbell. 2010. Asymmetric density dependence shapes species abundances in a tropical tree community. *Science* 329: 330–332.

Connell, J. H. 1961. The influence of interspecific competition and other factors on the distribution of the barnacle *Chthamalus stellatus*. *Ecology* 42: 710–723.

Connell, J. H. 1970. On the role of natural enemies in preventing competitive exclusion in some marine animals and in rain forest trees. Pages 298–312 *in* P. J. Den Boer and G. R. Gradwell, editors. *Dynamics of Populations.* Centre for Agricultural Publishing and Documentation, Wageningen, The Netherlands.

Connell, J. H. 1978. Diversity in tropical rain forests and coral reefs. *Science* 199: 1302–1310.

Connell, J. H. 1983. On the prevalence and relative importance of interspecific competition: Evidence from field experiments. *American Naturalist* 122: 661–696.

Connor, E. F., and E. D. McCoy. 1979. The statistics and biology of the species-area relationship. *American Naturalist* 113: 791–833.

Connor, E. F., and D. Simberloff. 1979. The assembly of species communities: Chance or competition? *Ecology* 60: 1132–1140.

Cooper, G. J. 2003. *The Science of the Struggle for Existence: On the Foundations of Ecology.* Cambridge University Press, Cambridge.

Cornell, H. V. 1985. Local and regional richness of cynipine gall wasps on California oaks. *Ecology* 66: 1247-1260.

Cornell, H. V., and S. P. Harrison. 2014. What are species pools and when are they important? *Annual Review of Ecology, Evolution, and Systematics* 45: 45-67.

Cornell, H. V., and J. H. Lawton. 1992. Species interactions, local and regional processes, and limits to the richness of ecological communities: A theoretical perspective. *Journal of Animal Ecology* 61: 1-12.

Cornwell, W. K., and D. D. Ackerly. 2009. Community assembly and shifts in plant trait distributions across an environmental gradient in coastal California. *Ecological Monographs* 79: 109-126.

Cornwell, W. K., D. W. Schwilk, and D. D. Ackerly. 2006. A trait-based test for habitat filtering: Convex hull volume. *Ecology* 87: 1465-1471.

Costello, E. K., K. Stagaman, L. Dethlefsen, B. J. Bohannan, and D. A. Relman. 2012. The application of ecological theory toward an understanding of the human microbiome. *Science* 336: 1255-1262.

Cottenie, K. 2005. Integrating environmental and spatial processes in ecological community dynamics. *Ecology Letters* 8: 1175-1182.

Coyne, J. A., and H. A. Orr. 2004. *Speciation*. Sinauer Associates, Sunderland, MA.

Crawley, M. 1997. *Plant Ecology*, 2nd ed. Blackwell, Oxford.

Csada, R. D., P. C. James, and R. H. M. Espie. 1996. The "file drawer problem" of nonsignificant results: Does it apply to biological research? *Oikos* 76: 591-593.

Currie, D. J. 1991. Energy and large-scale patterns of animal- and plant-species richness. *American Naturalist* 137: 27-49.

Curtis, J. T. 1959. *The Vegetation of Wisconsin: An Ordination of Plant Communities*. University of Wisconsin Press, Madison.

D' Avanzo, C. 2008. Symposium 1. Why is ecology hard to learn? *Bulletin of the Ecological Society of America* 89: 462-466.

Damschen, E. I., N. M. Haddad, J. L. Orrock, J. J. Tewksbury, and D. J. Levey. 2006. Corridors increase plant species richness at large scales. *Science* 313: 1284-1286.

Darwin, C. 1859. *On the Origin of Species*. John Murray, London.

Davies, T. J., V. Savolainen, M. W. Chase, J. Moat, and T. G. Barraclough. 2004. Environmental energy and evolutionary rates in flowering plants. *Proceedings of the Royal Society of London. Series B: Biological Sciences* 271: 2195-2200.

Davis, M. B. 1986. Climatic instability, time lags, and community disequilibrium. Pages 269-284 *in* J. M. Diamond and T. J. Case, editors. *Community Ecology*. Harper & Row, New York.

De Cáceres, M., P. Legendre, R. Valencia, M. Cao, L.-W. Chang, G. Chuyong, R. Condit, *et al*. 2012. The variation of tree beta diversity across a global network of forest plots. *Global Ecology and Biogeography* 21: 1191-1202.

De Frenne, P., F. Rodríguez-Sánchez, D. A. Coomes, L. Baeten, G. Verstraeten, M. Vellend,

M. Bernhardt-Römermann, *et al*. 2013. Microclimate moderates plant responses to macroclimate warming. *Proceedings of the National Academy of Sciences USA* 110: 18561–18565.

Debinski, D. M., and R. D. Holt. 2000. A survey and overview of habitat fragmentation experiments. *Conservation Biology* 14: 342–355.

Desjardins-Proulx, P., and D. Gravel. 2012. A complex speciation-richness relationship in a simple neutral model. *Ecology and Evolution* 2: 1781–1790.

Devictor, V., C. van Swaay, T. Brereton, D. Chamberlain, J. Heliölä, S. Herrando, R. Julliard, *et al*. 2012. Differences in the climatic debts of birds and butterflies at a continental scale. *Nature Climate Change* 2: 121–124.

Diamond, J. M. 1975. Assembly of species communities. Pages 342–444 *in* M. L. Cody and J. M. Diamond, editors. *Ecology and Evolution of Communities*. Harvard University Press, Cambridge, MA.

Diamond, J. M. 1986. Overview: Laboratory experiments, field experiments, and natural experiments. Pages 3–22 *in* J. M. Diamond and T. J. Case, editors. *Community Ecology*. Harper & Row, New York.

Diamond, J. M., and T. J. Case. 1986. *Community Ecology*. Harper and Row, New York.

Dornelas, M., S. R. Connolly, and T. P. Hughes. 2006. Coral reef diversity refutes the neutral theory of biodiversity. *Nature* 440: 80–82.

Dornelas, M., N. J. Gotelli, B. McGill, H. Shimadzu, F. Moyes, C. Sievers, and A. E. Magurran. 2014. Assemblage time series reveal biodiversity change but not systematic loss. *Science* 344: 296–299.

Dowle, E. J., M. Morgan-Richards, and S. A. Trewick. 2013. Molecular evolution and the latitudinal biodiversity gradient. *Heredity* 110: 501–510.

Drake, J. A. 1991. Community-assembly mechanics and the structure of an experimental species ensemble. *American Naturalist* 137: 1–26.

Drummond, E. B., and M. Vellend. 2012. Genotypic diversity effects on the performance of *Taraxacum officinale* populations increase with time and environmental favorability. *PLoS One* 7: e30314.

Dublin, H. T., A. R. E. Sinclair, and J. McGlade. 1990. Elephants and fire as causes of multiple stable states in the Serengeti-Mara woodlands. *Journal of Animal Ecology* 59: 1147–1164.

Dunham, A. E., and S. J. Beaupre. 1998. Ecological experiments: Scale, phenomenology, mechanism and the illusion of generality. Pages 27–49 *in* W. J. Resetarits, Jr. and J. Bernardo, editors. *Experimental Ecology: Issues and Perspectives*. Oxford University Press, New York.

Dzwonko, Z. 1993. Relations between the floristic composition of isolated young woods and their proximity to ancient woodland. *Journal of Vegetation Science* 4: 693–698.

Edwards, K. F., E. Litchman, and C. A. Klausmeier. 2013. Functional traits explain phytoplankton community structure and seasonal dynamics in a marine ecosystem. *Ecology Letters* 16: 56–63.

Egerton, F. N. 2012. *Roots of Ecology: Antiquity to Haeckel*. University of California Press, Berkeley.

Elahi, R., M. I. O'Connor, J. E. Byrnes, J. Dunic, B. K. Eriksson, M. J. Hensel, and P. J. Kearns. 2015. Recent trends in local-scale marine biodiversity reflect community structure and human impacts. *Current Biology* 25: 1938–1943.

Ellner, S., and N. G. Hairston Jr. 1994. Role of overlapping generations in maintaining genetic variation in a fluctuating environment. *American Naturalist* 143: 403–417.

Elton, C. S. 1927. *Animal Ecology*. University of Chicago Press, Chicago.

Ernest, S. M., J. H. Brown, K. M. Thibault, E. P. White, and J. R. Goheen. 2008. Zero sum, the niche, and metacommunities: Long-term dynamics of community assembly. *American Naturalist* 172: E257–E269.

Ewens, W. J. 2004. *Mathematical Population Genetics*. I. *Theoretical Introduction*. Springer, New York.

Fahrig, L. 2003. Effects of habitat fragmentation on biodiversity. *Annual Review of Ecology, Evolution, and Systematics* 34: 487–515.

Falconer, D. S. and T. F. C. Mackay. 1996. *Introduction to Quantitative Genetics*. Benjamin Cummings, London.

Fauth, J. E., J. Bernardo, M. Camara, W. J. Resetarits, Jr., J. V. Buskirk, and S. A. McCollum. 1996. Simplifying the jargon of community ecology: A conceptual approach. *American Naturalist* 147: 282–286.

Fauth, J. E., W. J. Resetarits Jr, and H. M. Wilbur. 1990. Interactions between larval salamanders: A case of competitive equality. *Oikos* 58: 91–99.

Fisher, R. A. 1958. *The Genetical Theory of Natural Selection*. Dover, New York.

Flinn, K. M., and M. Vellend. 2005. Recovery of forest plant communities in post-agricultural landscapes. *Frontiers in Ecology and the Environment* 3: 243–250.

Flöder, S., J. Urabe, and Z. Kawabata. 2002. The influence of fluctuating light intensities on species composition and diversity of natural phytoplankton communities. *Oecologia* 133: 395–401.

Forbes, A. E., and J. M. Chase. 2002. The role of habitat connectivity and landscape geometry in experimental zooplankton metacommunities. *Oikos* 96: 433–440.

Fox, J. W. 2012. Has any "shortcut" method in ecology ever worked? *Dynamic Ecology*. dynamicecology. wordpress. com/2012/10/23/has-any-shortcut-method-in-ecology-ever-worked.

Fox, J. W. 2013. The intermediate disturbance hypothesis should be abandoned. *Trends in Ecology & Evolution* 28: 86–92.

Fox, J. W., W. A. Nelson, and E. McCauley. 2010. Coexistence mechanisms and the paradox of the plankton: Quantifying selection from noisy data. *Ecology* 91: 1774–1786.

Fox, J. W., and D. Srivastava. 2006. Predicting local-regional richness relationships using island biogeography models. *Oikos* 113: 376–382.

Fraser, L. H., H. A. Henry, C. N. Carlyle, S. R. White, C. Beierkuhnlein, J. F. Cahill Jr,

B. B. Casper, *et al.* 2012. Coordinated distributed experiments: An emerging tool for testing global hypotheses in ecology and environmental science. *Frontiers in Ecology and the Environment* 11: 147–155.

Freckleton, R., and A. Watkinson. 2001. Predicting competition coefficients for plant mixtures: Reciprocity, transitivity and correlations with life-history traits. *Ecology Letters* 4: 348–357.

Fukami, T. 2004. Assembly history interacts with ecosystem size to influence species diversity. *Ecology* 85: 3234–3242.

Fukami, T. 2010. Community assembly dynamics in space. Pages 45–54 *in* H. A. Verhoef and P. J. Morin, editors. *Community Ecology: Processes, Models, and Applications.* Oxford University Press, Oxford.

Fukami, T. 2015. Historical contingency in community assembly: Integrating niches, species pools, and priority effects. *Annual Review of Ecology, Evolution, and Systematics* 46: 1–23.

Fukami, T., and M. Nakajima. 2011. Community assembly: Alternative stable states or alternative transient states? *Ecology Letters* 14: 973–984.

Fussmann, G., M. Loreau, and P. Abrams. 2007. Eco-evolutionary dynamics of communities and ecosystems. *Functional Ecology* 21: 465–477.

Gaston, K., and T. Blackburn. 2000. *Pattern and Process in Macroecology.* Blackwell, Oxford.

Gause, G. F. 1934. *The Struggle for Existence.* Williams and Wilkins, Baltimore.

Gewin, V. 2006. Beyond neutrality — ecology finds its niche. *PLoS Biology* 4: e278.

Gigerenzer, G., Z. Swijtink, T. Porter, L. Daston, J. Beatty, and L. Krüger. 1989. *Empire of Chance: How Probability Changed Science and Everyday Life.* Cambridge University Press, Cambridge.

Gilbert, B., and J. R. Bennett. 2010. Partitioning variation in ecological communities: Do the numbers add up? *Journal of Applied Ecology* 47: 1071–1082.

Gilbert, B., and M. J. Lechowicz. 2004. Neutrality, niches, and dispersal in a temperate forest understory. *Proceedings of the National Academy of Sciences USA* 101: 7651–7656.

Gilbert, F., A. Gonzalez, and I. Evans-Freke. 1998. Corridors maintain species richness in the fragmented landscapes of a microecosystem. *Proceedings of the Royal Society of London. Series B: Biological Sciences* 265: 577–582.

Gillespie, R. 2004. Community assembly through adaptive radiation in Hawaiian spiders. *Science* 303: 356–359.

Gillman, L. N., P. McBride, D. J. Keeling, H. A. Ross, and S. D. Wright. 2011. Are rates of molecular evolution in mammals substantially accelerated in warmer environments? Reply. *Proceedings of the Royal Society B: Biological Sciences* 278: 1294–1297.

Gillman, L. N., and S. D. Wright. 2014. Species richness and evolutionary speed: The influence of temperature, water and area. *Journal of Biogeography* 41: 39–51.

Gilpin, M. E. 1975. Limit cycles in competition communities. *American Naturalist* 109: 51–60.

Gleason, H. A. 1926. The individualistic concept of the plant association. *Bulletin of the Torrey Botanical Club* 53: 7–26.

Godoy, O., N. J. B. Kraft, and J. M. Levine. 2014. Phylogenetic relatedness and the determinants of competitive outcomes. *Ecology Letters* 17: 836-844.

Goldberg, D. E., and A. M. Barton. 1992. Patterns and consequences of interspecific competition in natural communities: A review of field experiments with plants. *American Naturalist* 139: 771-801.

Gonzalez, A., and E. J. Chaneton. 2002. Heterotroph species extinction, abundance and biomass dynamics in an experimentally fragmented microecosystem. *Journal of Animal Ecology* 71: 594-602.

Gotelli, N. J., and R. K. Colwell. 2001. Quantifying biodiversity: Procedures and pitfalls in the measurement and comparison of species richness. *Ecology Letters* 4: 379-391.

Gotelli, N. J., and G. R. Graves. 1996. *Null Models in Ecology*. Smithsonian Institution Press, Washington, DC.

Gotelli, N. J., and D. J. McCabe. 2002. Species co-occurrence: A meta-analysis of J. M. Diamond's assembly rules model. *Ecology* 83: 2091-2096.

Grace, J. B., S. Harrison, and E. I. Damschen. 2011. Local richness along gradients in the Siskiyou herb flora: R. H. Whittaker revisited. *Ecology* 92: 108-120.

Graham, M. H., and P. K. Dayton. 2002. On the evolution of ecological ideas: Paradigms and scientific progress. *Ecology* 83: 1481-1489.

Grant, P. R., and B. R. Grant. 2002. Unpredictable evolution in a 30-year study of Darwin's finches. *Science* 296: 707-711.

Gravel, D., C. D. Canham, M. Beaudet, and C. Messier. 2006. Reconciling niche and neutrality: The continuum hypothesis. *Ecology Letters* 9: 399-409.

Green, P. T., K. E. Harms, and J. H. Connell. 2014. Nonrandom, diversifying processes are disproportionately strong in the smallest size classes of a tropical forest. *Proceedings of the National Academy of Sciences USA* 111: 18649-18654.

Greene, D., and E. Johnson. 1994. Estimating the mean annual seed production of trees. *Ecology* 75: 642-647.

Grime, J. P. 1973. Competitive exclusion in herbaceous vegetation. *Nature* 242: 344-347.

Grime, J. P. 1979. *Plant Strategies and Vegetation Processes*. Wiley, London.

Grime, J. P. 2006. *Plant Strategies, Vegetation Processes, and Ecosystem Properties*. Wiley, London.

Gurevitch, J., L. L. Morrow, A. Wallace, and J. S. Walsh. 1992. A meta-analysis of competition in field experiments. *American Naturalist* 140: 539-572.

Gurevitch, J., S. M. Scheiner, and G. A. Fox. 2006. *The Ecology of Plants*, 2nd ed. Sinauer Associates, Sunderland, MA.

Haegeman, B., and M. Loreau. 2011. A mathematical synthesis of niche and neutral theories in community ecology. *Journal of Theoretical Biology* 269: 150-165.

Haegeman, B., and M. Loreau. 2014. General relationships between consumer dispersal, resource dispersal and metacommunity diversity. *Ecology Letters* 17: 175-184.

Hairston, N. G. 1989. *Ecological Experiments: Purpose, Design and Execution*. Cambridge University Press, Cambridge.

Hájek, M., J. Roleček, K. Cottenie, K. Kintrová, M. Horsák, A. Poulíčková, P. Hájková, *et al*. 2011. Environmental and spatial controls of biotic assemblages in a discrete semi-terrestrial habitat: Comparison of organisms with different dispersal abilities sampled in the same plots. *Journal of Biogeography* 38: 1683–1693.

Hansen, S. K., P. B. Rainey, J. A. Haagensen, and S. Molin. 2007. Evolution of species interactions in a biofilm community. *Nature* 445: 533–536.

Harmon-Threatt, A. N., and D. D. Ackerly. 2013. Filtering across spatial scales: Phylogeny, biogeography and community structure in bumble bees. *PLoS One* 8: e60446.

Harms, K. E., S. J. Wright, O. Calderon, A. Hernandez, and E. A. Herre. 2000. Pervasive density-dependent recruitment enhances seedling diversity in a tropical forest. *Nature* 404: 493–495.

Harper, J. L. 1977. *Population Biology of Plants*. Blackburn Press, Caldwell, NJ.

Harrison, S. 1999. Local and regional diversity in a patchy landscape: Native, alien, and endemic herbs on serpentine. *Ecology* 80: 70–80.

Harrison, S., and E. Bruna. 1999. Habitat fragmentation and large-scale conservation: What do we know for sure? *Ecography* 22: 225–232.

Harrison, S., H. D. Safford, J. B. Grace, J. H. Viers, and K. F. Davies. 2006. Regional and local species richness in an insular environment: Serpentine plants in California. *Ecological Monographs* 76: 41–56.

Harte, J. 2011. *Maximum Entropy and Ecology: A Theory of Abundance, Distribution, and Energetics*. Oxford University Press, Oxford.

Harte, J., and E. A. Newman. 2014. Maximum information entropy: A foundation for ecological theory. *Trends in Ecology & Evolution* 29: 384–389.

Harte, J., T. Zillio, E. Conlisk, and A. B. Smith. 2008. Maximum entropy and the state-variable approach to macroecology. *Ecology* 89: 2700–2711.

Hartl, D. L., and A. G. Clark. 1997. *Principles of Population Genetics*. Sinauer Associates, Sunderland, MA.

Hastings, A. 2004. Transients: The key to long-term ecological understanding? *Trends in Ecology & Evolution* 19: 39–45.

Hawkins, B. A., J. A. F. Diniz-Filho, C. A. Jaramillo, and S. A. Soeller. 2007. Climate, niche conservatism, and the global bird diversity gradient. *American Naturalist* 170: S16–S27.

Hawkins, B. A., R. Field, H. V. Cornell, D. J. Currie, J.-F. Guégan, D. M. Kaufman, J. T. Kerr, *et al*. 2003. Energy, water, and broad-scale geographic patterns of species richness. *Ecology* 84: 3105–3117.

Helmus, M. R., D. L. Mahler, and J. B. Losos. 2014. Island biogeography of the Anthropocene. *Nature* 513: 543–546.

Hendry, A. P. *Eco-evolutionary Dynamics*. Princeton University Press, Princeton, NJ, forthcoming.

HilleRisLambers, J., P. B. Adler, W. S. Harpole, J. M. Levine, and M. M. Mayfield. 2012. Rethinking community assembly through the lens of coexistence theory. *Annual Review of*

Ecology, Evolution, and Systematics 43: 227–248.

Hirota, M., M. Holmgren, E. H. Van Nes, and M. Scheffer. 2011. Global resilience of tropical forest and savanna to critical transitions. *Science* 334: 232–235.

Hodgson, J. G., P. J. Wilson, R. Hunt, J. P. Grime, and K. Thompson. 1999. Allocating C-S-R plant functional types: A soft approach to a hard problem. *Oikos* 85: 282–294.

Holt, R. D. 1977. Predation, apparent competition, and the structure of prey communities. *Theoretical Population Biology* 12: 197–229.

Holt, R. D. 1993. Ecology at the mesoscale: The influence of regional processes on local communities. Pages 77–88 *in* R. E. Ricklefs and D. Schluter, editors. *Species Diversity in Ecological Communities: Historical and Geographic Perspectives.* University of Chicago Press, Chicago.

Holt, R. D. 1997. Community modules. Pages 333–349 *in* A. C. Gange and V. K. Brown, editors. *Multitrophic Interactions in Terrestrial Ecosystems.* Blackwell Science, London.

Holt, R. D. 2005. On the integration of community ecology and evolutionary biology: Historical perspectives and current prospects. Pages 235–271 *in* K. Cuddington and B. Beisner, editors. *Ecological Paradigms Lost: Routes of Theory Change.* Elsevier, London.

Holt, R. D., J. Grover, and D. Tilman. 1994. Simple rules for interspecific dominance in systems with exploitative and apparent competition. *American Naturalist* 144: 741–771.

Holyoak, M., M. A. Leibold, and R. D. Holt. 2005. *Metacommunities: Spatial Dynamics and Ecological Communities.* University of Chicago Press, Chicago.

Holyoak, M., and M. Loreau. 2006. Reconciling empirical ecology with neutral community models. *Ecology* 87: 1370–1377.

Howeth, J. G., and M. A. Leibold. 2010. Species dispersal rates alter diversity and ecosystem stability in pond metacommunities. *Ecology* 91: 2727–2741.

Hoyle, M., and F. Gilbert. 2004. Species richness of moss landscapes unaffected by short-term fragmentation. *Oikos* 105: 359–367.

Hu, X. S., F. He, and S. P. Hubbell. 2006. Neutral theory in macroecology and population genetics. *Oikos* 113: 548–556.

Hubbell, S. 2009. Neutral theory and the theory of island biogeography. Pages 240–261 *in* J. B. Losos and R. E. Ricklefs, editors. *The Theory of Island Biogeography Revisited.* Princeton University Press, Princeton, NJ.

Hubbell, S. P. 2001. *The Unified Neutral Theory of Biogeography and Biodiversity.* Princeton University Press, Princeton, NJ.

Hubbell, S. P. 2006. Neutral theory and the evolution of ecological equivalence. *Ecology* 87: 1387–1398.

Hubbell, S. P., and R. B. Foster. 1986. Biology, chance, and history and the structure of tropical rain forest tree communities. Pages 314–330 *in* J. M. Diamond and T. J. Case, editors. *Community Ecology.* Harper & Row, New York.

Hughes, A. R., J. E. Byrnes, D. L. Kimbro, and J. J. Stachowicz. 2007. Reciprocal relationships and potential feedbacks between biodiversity and disturbance. *Ecology* Letters 10:

849–864.

Hughes, A. R., B. D. Inouye, M. T. Johnson, N. Underwood, and M. Vellend. 2008. Ecological consequences of genetic diversity. *Ecology Letters* 11: 609–623.

Hughes, T. P. 1994. Catastrophes, phase shifts, and large-scale degradation of a Caribbean coral reef. *Science* 265: 1547–1551.

Huisman, J., and F. J. Weissing. 1999. Biodiversity of plankton by species oscillations and chaos. *Nature* 402: 407–410.

Huisman, J., and F. J. Weissing. 2001. Fundamental unpredictability in multispecies competition. *American Naturalist* 157: 488–494.

Huston, M. 1979. A general hypothesis of species diversity. *American Naturalist* 113: 81–101.

Huston, M. A. 1994. *Biological Diversity: The Coexistence of Species on Changing Landscapes*. Cambridge University Press, Cambridge.

Huston, M. A. 2014. Disturbance, productivity, and species diversity: Empiricism versus logic in ecological theory. *Ecology* 95: 2382–2396.

Hutchinson, G. E. 1959. Homage to Santa Rosalia or why are there so many kinds of animals? *American Naturalist* 93: 145–159.

Hutchinson, G. E. 1961. The paradox of the plankton. *American Naturalist* 95: 137–145.

Isbell, F., D. Tilman, S. Polasky, S. Binder, and P. Hawthorne. 2013. Low biodiversity state persists two decades after cessation of nutrient enrichment. *Ecology Letters* 16: 454–460.

Jablonski, D., K. Roy, and J. W. Valentine. 2006. Out of the tropics: Evolutionary dynamics of the latitudinal diversity gradient. *Science* 314: 102–106.

Jackson, S. T., and J. L. Blois. 2015. Community ecology in a changing environment: Perspectives from the Quaternary. *Proceedings of the National Academy of Sciences USA* 112: 4915–4921.

Jacobson, B., and P. R. Peres-Neto. 2010. Quantifying and disentangling dispersal in metacommunities: How close have we come? How far is there to go? *Landscape Ecology* 25: 495–507.

Jacquemyn, H., J. Butaye, M. Dumortier, M. Hermy, and N. Lust. 2001. Effects of age and distance on the composition of mixed deciduous forest fragments in an agricultural landscape. *Journal of Vegetation Science* 12: 635–642.

Jakobsson, A., and O. Eriksson. 2003. Trade-offs between dispersal and competitive ability: A comparative study of wind-dispersed Asteraceae forbs. *Evolutionary Ecology* 17: 233–246.

Janzen, D. H. 1970. Herbivores and the number of tree species in tropical forests. *American Naturalist* 104: 501–528.

Jetz, W., and P. V. Fine. 2012. Global gradients in vertebrate diversity predicted by historical area-productivity dynamics and contemporary environment. *PLoS Biology* 10: e1001292.

John, R., J. W. Dalling, K. E. Harms, J. B. Yavitt, R. F. Stallard, M. Mirabello, S. P. Hubbell, *et al*. 2007. Soil nutrients influence spatial distributions of tropical tree species. *Proceedings of the National Academy of Sciences USA* 104: 864–869.

Jolliffe, P. A. 2000. The replacement series. *Journal of Ecology* 88: 371–385.

Kadmon, R. 1995. Nested species subsets and geographic isolation: A case study. *Ecology* 76: 458–465.

Kadmon, R., and H. R. Pulliam. 1993. Island biogeography: Effect of geographical isolation on species composition. *Ecology* 74: 978–981.

Kalmar, A., and D. J. Currie. 2006. A global model of island biogeography. *Global Ecology and Biogeography* 15: 72–81.

Kareiva, P. 1994. Special feature: Space: The final frontier for ecological theory. *Ecology* 75: 1.

Kassen, R. 2014. *Experimental Evolution and the Nature of Biodiversity*. Roberts & Company, Greenwood Village, CO.

Keddy, P. A. 2001. *Competition*. Springer, New York.

Kerr, B., M. A. Riley, M. W. Feldman, and B. J. Bohannan. 2002. Local dispersal promotes biodiversity in a real-life game of rock-paper-scissors. *Nature* 418: 171–174.

Kettlewell, H. 1961. The phenomenon of industrial melanism in Lepidoptera. *Annual Review of Entomology* 6: 245–262.

Kimura, M. 1962. On the probability of fixation of mutant genes in a population. *Genetics* 47: 713.

Kingsland, S. E. 1995. *Modeling Nature: Episodes in the History of Population Ecology*. University of Chicago Press, Chicago.

Knapp, A. K., and C. D'Avanzo. 2010. Teaching with principles: Toward more effective pedagogy in ecology. *Ecosphere* 1: art15. doi: 10. 1890/ES10-00013. 1.

Kneitel, J. M., and J. M. Chase. 2004. Trade-offs in community ecology: Linking spatial scales and species coexistence. *Ecology Letters* 7: 69–80.

Kneitel, J. M., and T. E. Miller. 2003. Dispersal rates affect species composition in metacommunities of *Sarracenia purpurea* inquilines. *American Naturalist* 162: 165–171.

Kolasa, J., and C. D. Rollo. 1991. Heterogeneity of heterogeneity. Pages 1–23 *in* J. Kolasa and S. T. A. Pickett, editors. *Ecological Heterogeneity*. Springer, New York.

Kozak, K. H., and J. J. Wiens. 2012. Phylogeny, ecology, and the origins of climate-richness relationships. *Ecology* 93: S167–S181.

Kraft, N. J. B., and D. D. Ackerly. 2010. Functional trait and phylogenetic tests of community assembly across spatial scales in an Amazonian forest. *Ecological Monographs* 80: 401–422.

Kraft, N. J. B., O. Godoy, and J. M. Levine. 2015. Plant functional traits and the multidimensional nature of species coexistence. *Proceedings of the National Academy of Sciences USA* 112: 797–802.

Kraft, N. J. B., R. Valencia, and D. D. Ackerly. 2008. Functional traits and niche-based tree community assembly in an Amazonian forest. *Science* 322: 580–582.

Kraft, N. J. B., P. B. Adler, O. Godoy, E. C. James, S. Fuller, and J. M. Levine. 2015. Community assembly, coexistence and the environmental filtering metaphor. *Functional Ecology* 29: 592–599.

Krebs, C. J. 2009. *Ecology: The Experimental Analysis of Distribution and Abundance*, 6th ed. Pearson, Upper Saddle River, NJ.

Krug, A. Z., D. Jablonski, and J. W. Valentine. 2007. Contrarian clade confirms the ubiquity of spatial origination patterns in the production of latitudinal diversity gradients. *Proceedings of the National Academy of Sciences USA* 104: 18129–18134.

Krug, A. Z., D. Jablonski, J. W. Valentine, and K. Roy. 2009. Generation of Earth's first-order biodiversity pattern. *Astrobiology* 9: 113–124.

Kutschera, U., and K. Niklas. 2004. The modern theory of biological evolution: An expanded synthesis. *Naturwissenschaften* 91: 255–276.

Laanisto, L., R. Tamme, I. Hiiesalu, R. Szava-Kovats, A. Gazol, and M. Pärtel. 2013. Microfragmentation concept explains non-positive environmental heterogeneity-diversity relationships. *Oecologia* 171: 217–226.

Lacourse, T. 2009. Environmental change controls postglacial forest dynamics through interspecific differences in life-history traits. *Ecology* 90: 2149–2160.

Laland, K., T. Uller, M. Feldman, K. Sterelny, G. B. Müller, A. Moczek, E. Jablonka, *et al.* 2014. Does evolutionary theory need a rethink? *Nature* 514: 161.

Laliberté, E., and P. Legendre. 2010. A distance-based framework for measuring functional diversity from multiple traits. *Ecology* 91: 299–305.

Laliberté, E., G. Zemunik, and B. L. Turner. 2014. Environmental filtering explains variation in plant diversity along resource gradients. *Science* 345: 1602–1605.

Laurance, W. F., T. E. Lovejoy, H. L. Vasconcelos, E. M. Bruna, R. K. Didham, P. C. Stouffer, C. Gascon, *et al.* 2002. Ecosystem decay of Amazonian forest fragments: A 22-year investigation. *Conservation Biology* 16: 605–618.

Lawton, J. H. 1991. Warbling in different ways. *Oikos* 60: 273–274.

Lawton, J. H. 1999. Are there general laws in ecology? *Oikos* 84: 177–192.

Lee, S. C. 2006. Habitat complexity and consumer-mediated positive feedbacks on a Caribbean coral reef. *Oikos* 112: 442–447.

Legendre, P., D. Borcard, and P. R. Peres-Neto. 2005. Analyzing beta diversity: Partitioning the spatial variation of community composition data. *Ecological Monographs* 75: 435–450.

Legendre, P., and M. J. Fortin. 1989. Spatial pattern and ecological analysis. *Vegetatio* 80: 107–138.

Legendre, P., and L. F. J. Legendre. 2012. *Numerical Ecology*, 3rd ed. Elsevier Science, The Netherlands.

Leibold, M. A., M. Holyoak, N. Mouquet, P. Amarasekare, J. Chase, M. Hoopes, R. Holt, *et al.* 2004. The metacommunity concept: A framework for multi-scale community ecology. *Ecology Letters* 7: 601–613.

Leibold, M. A., and M. A. McPeek. 2006. Coexistence of the niche and neutral perspectives in community ecology. *Ecology* 87: 1399–1410.

Leishman, M. R. 2001. Does the seed size/number trade-off model determine plant community structure? An assessment of the model mechanisms and their generality. *Oikos* 93: 294–302.

Lerner, I. M., and E. R. Dempster. 1962. Indeterminism in interspecific competition. *Proceedings of the National Academy of Sciences USA* 48: 821.

Lessard, J.-P., J. Belmaker, J. A. Myers, J. M. Chase, and C. Rahbek. 2012. Inferring local ecological processes amid species pool influences. *Trends in Ecology & Evolution* 27: 600-607.

Letcher, S. G. 2010. Phylogenetic structure of angiosperm communities during tropical forest succession. *Proceedings of the Royal Society B: Biological Sciences* 277: 97-104.

Levene, H. 1953. Genetic equilibrium when more than one ecological niche is available. *American Naturalist* 87: 331-333.

Levin, S. A. 1972. A mathematical analysis of the genetic feedback mechanism. *American Naturalist* 106: 145-164.

Levin, S. A. 1992. The problem of pattern and scale in ecology: The Robert H. MacArthur award lecture. *Ecology* 73: 1943-1967.

Levin, S. A. 1998. Ecosystems and the biosphere as complex adaptive systems. *Ecosystems* 1: 431-436.

Levine, J. M., P. B. Adler, and J. HilleRisLambers. 2008. On testing the role of niche differences in stabilizing coexistence. *Functional Ecology* 22: 934-936.

Levine, J. M., and J. HilleRisLambers. 2009. The importance of niches for the maintenance of species diversity. *Nature* 461: 254-257.

Levine, J. M., and D. J. Murrell. 2003. The community-level consequences of seed dispersal patterns. *Annual Review of Ecology, Evolution, and Systematics* 34: 549-574.

Levine, J. M., and M. Rees. 2002. Coexistence and relative abundance in annual plant assemblages: The roles of competition and colonization. *American Naturalist* 160: 452-467.

Levins, R., and D. Culver. 1971. Regional coexistence of species and competition between rare species. *Proceedings of the National Academy of Sciences USA* 68: 1246-1248.

Levins, R., and R. Lewontin. 1980. Dialectics and reductionism in ecology. *Synthese* 43: 47-78.

Lewontin, R. C. 1969. The meaning of stability. *Brookhaven Symposia in Biology* 22: 13-23.

Lewontin, R. C. 1970. The units of selection. *Annual Review of Ecology and Systematics* 1: 1-18.

Lewontin, R. C. 1974. *The Genetic Basis of Evolutionary Change*. Columbia University Press, New York.

Lewontin, R. C. 2004. The problems of population genetics. Pages 5-23 *in* R. S. Singh and C. B. Krimbas, editors. *Evolutionary Genetics: From Molecules to Morphology*. Cambridge University Press, Cambridge.

Lilley, P. L., and M. Vellend. 2009. Negative native-exotic diversity relationship in oak savannas explained by human influence and climate. *Oikos* 118: 1373-1382.

Litchman, E., and C. A. Klausmeier. 2008. Trait-based community ecology of phytoplankton. *Annual Review of Ecology, Evolution, and Systematics* 39: 615-639.

Logue, J. B., N. Mouquet, H. Peter, and H. Hillebrand. 2011. Empirical approaches to metacommunities: A review and comparison with theory. *Trends in Ecology & Evolution* 26: 482-491.

Lomolino, M. V. 1982. Species-area and species-distance relationships of terrestrial mammals in the Thousand Island Region. *Oecologia* 54: 72-75.

Lomolino, M. V., B. R. Riddle, R. J. Whittaker, and J. H. Brown. 2010. *Biogeography*, 4th ed. Sinauer Associates, Sunderland, MA.

Loreau, M. 2010. *From Populations to Ecosystems: Theoretical Foundations for a New Ecological Synthesis*. Princeton University Press, Princeton, NJ.

Loreau, M. and A. Hector. 2001. Partitioning selection and complementarity in biodiversity experiments. *Nature* 412: 72-76.

Loreau, M., and N. Mouquet. 1999. Immigration and the maintenance of local species diversity. *American Naturalist* 154: 427-440.

Losos, J. B., and C. E. Parent. 2009. The speciation-area relationship. Pages 361-378 *in* J. B. Losos and R. E. Ricklefs, editors. *The Theory of Island Biogeography Revisited*. Princeton University Press, Princeton, NJ.

Losos, J. B., and R. E. Ricklefs. 2009. *The Theory of Island Biogeography Revisited*. Princeton University Press, Princeton, NJ.

Losos, J. B., and D. Schluter. 2000. Analysis of an evolutionary species-area relationship. *Nature* 408: 847-850.

Lowe, W. H., and M. A. McPeek. 2014. Is dispersal neutral? *Trends in Ecology & Evolution* 29: 444-450.

Lundholm, J. T. 2009. Plant species diversity and environmental heterogeneity: Spatial scale and competing hypotheses. *Journal of Vegetation Science* 20: 377-391.

Lundholm, J. T., and D. W. Larson. 2003. Temporal variability in water supply controls seedling diversity in limestone pavement microcosms. *Journal of Ecology* 91: 966-975.

MacArthur, R. H. 1958. Population ecology of some warblers of northeastern coniferous forests. *Ecology* 39: 599-619.

MacArthur, R. H. 1964. Environmental factors affecting bird species diversity. *American Naturalist* 98: 387-397.

MacArthur, R. H. 1969. Patterns of communities in the tropics. *Biological Journal of the Linnean Society* 1: 19-30.

MacArthur, R. H. 1972. *Geographical Ecology: Patterns in the Distribution of Species*. Princeton University Press, Princeton, NJ.

MacArthur, R. H., and J. W. MacArthur. 1961. On bird species diversity. *Ecology* 42: 594-598.

MacArthur, R. H., and E. O. Wilson. 1967. *The Theory of Island Biogeography*. Princeton University Press, Princeton, NJ.

MacDonald, G. M., K. D. Bennett, S. T. Jackson, L. Parducci, F. A. Smith, J. P. Smol, and K. J. Willis. 2008. Impacts of climate change on species, populations and communities: Palaeobiogeographical insights and frontiers. *Progress in Physical Geography* 32: 139-172.

MacDougall, A. S., J. R. Bennett, J. Firn, E. W. Seabloom, E. T. Borer, E. M. Lind, J. L. Orrock, *et al*. 2014. Anthropogenic-based regional-scale factors most consistently explain plot-level exotic diversity in grasslands. *Global Ecology and Biogeography* 23: 802-810.

MacDougall, A. S., B. Gilbert, and J. M. Levine. 2009. Plant invasions and the niche. *Journal of Ecology* 97: 609-615.

Mack, M. C., C. M. D'Antonio, and R. E. Ley. 2001. Alteration of ecosystem nitrogen dynamics by exotic plants: A case study of C_4 grasses in Hawaii. *Ecological Applications* 11: 1323–1335.

Mackey, R. L., and D. J. Currie. 2001. The diversity-disturbance relationship: Is it generally strong and peaked? *Ecology* 82: 3479–3492.

Magurran, A. E., and R. M. May. 1999. *Evolution of Biological Diversity*. Oxford University Press, Oxford.

Magurran, A. E., and B. J. McGill. 2010. *Biological Diversity: Frontiers in Measurement and Assessment*. Oxford University Press, Oxford.

Marcotte, G., and M. M. Grandtner. 1974. Étude écologique de la végétation forestière du Mont Mégantic. Gouvernement du Québec, Québec.

Margalef, R. 1978. Life-forms of phytoplankton as survival alternatives in an unstable environment. *Oceanologica Acta* 1: 493–509.

Marquet, P. A., A. P. Allen, J. H. Brown, J. A. Dunne, B. J. Enquist, J. F. Gillooly, P. A. Gowaty, *et al*. 2014. On theory in ecology. *BioScience* 64: 701–710.

Martin, P. R. 2014. Trade-offs and biological diversity: Integrative answers to ecological questions. Pages 291–308 *in* L. B. Martin, C. K. Ghalambor, and H. A. Woods, editors. *Integrative Organismal Biology*. Wiley, New York.

Maurer, B. A. 1999. *Untangling Ecological Complexity: The Macroscopic Perspective*. University of Chicago Press, Chicago.

May, R. M. 1974. Biological populations with nonoverlapping generations: Stable points, stable cycles, and chaos. *Science* 186: 645–647.

May, R. M. 1976. *Theoretical Ecology: Principles and Applications*. W. B. Saunders, Philadelphia.

Mayfield, M. M., and J. M. Levine. 2010. Opposing effects of competitive exclusion on the phylogenetic structure of communities. *Ecology Letters* 13: 1085–1093.

Mayr, E. 1982. *The Growth of Biological Thought: Diversity, Evolution, and Inheritance*. Belknap Press of Harvard University Press, Cambridge, MA.

McCann, K. S. 2011. *Food Webs*. Princeton University Press, Princeton, NJ.

McGill, B. J. 2003a. Strong and weak tests of macroecological theory. *Oikos* 102: 679–685.

McGill, B. J. 2003b. A test of the unified neutral theory of biodiversity. *Nature* 422: 881–885.

McGill, B. J., M. Dornelas, N. J. Gotelli, and A. E. Magurran. 2015. Fifteen forms of biodiversity trend in the Anthropocene. *Trends in Ecology & Evolution* 30: 104–113.

McGill, B. J., B. J. Enquist, E. Weiher, and M. Westoby. 2006. Rebuilding community ecology from functional traits. *Trends in Ecology & Evolution* 21: 178–185.

McGill, B. J., R. S. Etienne, J. S. Gray, D. Alonso, M. J. Anderson, H. K. Benecha, M. Dornelas, *et al*. 2007. Species abundance distributions: Moving beyond single prediction theories to integration within an ecological framework. *Ecology Letters* 10: 995–1015.

McGill, B. J., and J. C. Nekola. 2010. Mechanisms in macroecology: AWOL or purloined letter? Towards a pragmatic view of mechanism. *Oikos* 119: 591–603.

McIntosh, R. P. 1980. The background and some current problems of theoretical ecology. *Synthese*

43: 195–255.

McIntosh, R. P. 1985. *The Background of Ecology: Concept and Theory*. Cambridge University Press, Cambridge.

McIntosh, R. P. 1987. Pluralism in ecology. *Annual Review of Ecology and Systematics* 18: 321–341.

McKinney, M. L., and J. A. Drake. 1998. *Biodiversity Dynamics: Turnover of Populations, Taxa, and Communities*. Columbia University Press, New York.

McLachlan, J. S., J. S. Clark, and P. S. Manos. 2005. Molecular indicators of tree migration capacity under rapid climate change. *Ecology* 86: 2088–2098.

McPeek, M. A. 2007. The macroevolutionary consequences of ecological differences among species. *Palaeontology* 50: 111–129.

McShea, D. W., and R. N. Brandon. 2010. *Biology's First Law: The Tendency for Diversity and Complexity to Increase in Evolutionary Systems*. University of Chicago Press, Chicago.

Meijer, M. 2000. *Biomanipulation in the Netherlands: 15 Years of Experience*. Wageningen University, Wageningen, The Netherlands.

Menezes, S., D. J. Baird, and A. M. V. M. Soares. 2010. Beyond taxonomy: A review of macroinvertebrate trait-based community descriptors as tools for freshwater biomonitoring. *Journal of Applied Ecology* 47: 711–719.

Merriam, C. H. 1894. Laws of temperature control of the geographic distribution of terrestrial animals and plants. *National Geographic* 6: 229–238.

Mertz, D. B., D. Cawthon, and T. Park. 1976. An experimental analysis of competitive indeterminacy in *Tribolium*. *Proceedings of the National Academy of Sciences USA* 73: 1368–1372.

Mesoudi, A. 2011. *Cultural Evolution: How Darwinian Theory Can Explain Human Culture and Synthesize the Social Sciences*. University of Chicago Press, Chicago.

Mittelbach, G. G. 2012. *Community Ecology*. Sinauer Associates, Sunderland, MA.

Mittelbach, G. G., D. W. Schemske, H. V. Cornell, A. P. Allen, J. M. Brown, M. B. Bush, S. P. Harrison, *et al.* 2007. Evolution and the latitudinal diversity gradient: Speciation, extinction and biogeography. *Ecology Letters* 10: 315–331.

Molofsky, J., R. Durrett, J. Dushoff, D. Griffeath, and S. Levin. 1999. Local frequency dependence and global coexistence. *Theoretical Population Biology* 55: 270–282.

Montaña, C. G., K. O. Winemiller, and A. Sutton. 2013. Intercontinental comparison of fish ecomorphology: Null model tests of community assembly at the patch scale in rivers. *Ecological Monographs* 84: 91–107.

Moran, P. A. P. 1958. Random processes in genetics. Pages 60–71 *in Mathematical Proceedings of the Cambridge Philosophical Society*. Cambridge University Press, Cambridge.

Morin, P. J. 2011. *Community Ecology*. Wiley, New York.

Mouquet, N., and M. Loreau. 2003. Community patterns in sourcesink metacommunities. *American Naturalist* 162: 544–557.

Mumby, P. J. 2009. Phase shifts and the stability of macroalgal communities on Caribbean coral reefs. *Coral Reefs* 28: 761–773.

Mumby, P. J., A. Hastings, and H. J. Edwards. 2007. Thresholds and the resilience of Caribbean coral reefs. *Nature* 450: 98–101.

Munday, P. L. 2004. Competitive coexistence of coral-dwelling fishes: The lottery hypothesis revisited. *Ecology* 85: 623–628.

Murdoch, W. W., C. J. Briggs, and R. M. Nisbet. 2013. *Consumer-resource Dynamics*. Princeton University Press, Princeton, NJ.

Myers, J. A., and K. E. Harms. 2009. Seed arrival, ecological filters, and plant species richness: A meta-analysis. *Ecology Letters* 12: 1250–1260.

Naeem, S. 2001. Experimental validity and ecological scale as criteria for evaluating research programs. Pages 223–250 *in* R. H. Gardner, W. M. Kemp, V. S. Kennedy, and J. E. Petersen, editors. *Scaling Relations in Experimental Ecology*. Columbia University Press, New York.

Narwani, A., M. A. Alexandrou, T. H. Oakley, I. T. Carroll, and B. J. Cardinale. 2013. Experimental evidence that evolutionary relatedness does not affect the ecological mechanisms of coexistence in freshwater green algae. *Ecology Letters* 16: 1373–1381.

Nathan, R. 2001. The challenges of studying dispersal. *Trends in Ecology & Evolution* 16: 481–483.

Nathan, R. 2006. Long-distance dispersal of plants. *Science* 313: 786–788.

Neill, W. E. 1974. The community matrix and interdependence of the competition coefficients. *American Naturalist* 108: 399–408.

Nekola, J. C., and P. S. White. 1999. The distance decay of similarity in biogeography and ecology. *Journal of Biogeography* 26: 867–878.

Nemergut, D. R., S. K. Schmidt, T. Fukami, S. P. O'Neill, T. M. Bilinski, L. F. Stanish, J. E. Knelman, *et al*. 2013. Patterns and processes of microbial community assembly. *Microbiology and Molecular Biology Reviews* 77: 342–356.

Nicholson, A. J., and V. A. Bailey. 1935. The balance of animal populations. Part I. *Proceedings of the Zoological Society of London* 105: 551–598.

Noble, A., and W. Fagan. 2014. A niche remedy for the dynamical problems of neutral theory. *Theoretical Ecology* 8: 1–13.

Norberg, J. 2004. Biodiversity and ecosystem functioning: A complex adaptive systems approach. *Limnology and Oceanography* 49: 1269–1277.

Norberg, J., D. P. Swaney, J. Dushoff, J. Lin, R. Casagrandi, and S. A. Levin. 2001. Phenotypic diversity and ecosystem functioning in changing environments: A theoretical framework. *Proceedings of the National Academy of Sciences USA* 98: 11376–11381.

Norberg, J., M. C. Urban, M. Vellend, C. A. Klausmeier, and N. Loeuille. 2012. Eco-evolutionary responses of biodiversity to climate change. *Nature Climate Change* 2: 747–751.

Norden, N., S. G. Letcher, V. Boukili, N. G. Swenson, and R. Chazdon. 2011. Demographic drivers of successional changes in phylogenetic structure across life-history stages in plant communities. *Ecology* 93: S70–S82.

Nosil, P. 2012. *Ecological Speciation*. Oxford University Press, Oxford.

Nowak, M. A. 2006. *Evolutionary Dynamics*. Harvard University Press, Cambridge, MA.

Odenbaugh, J. 2013. Searching for patterns, hunting for causes: Robert MacArthur, the mathematical naturalist. Pages 181-198 *in* O. Harmon and M. R. Dietrich, editors. *Outsider Scientists: Routes to Innovation in Biology*. University of Chicago Press, Chicago.

Orr, H. A. 2009. Fitness and its role in evolutionary genetics. *Nature Reviews Genetics* 10: 531-539.

Orrock, J. L., and R. J. Fletcher Jr. 2005. Changes in community size affect the outcome of competition. *American Naturalist* 166: 107-111.

Orrock, J. L., and J. I. Watling. 2010. Local community size mediates ecological drift and competition in metacommunities. *Proceedings of the Royal Society B: Biological Sciences* 277: 2185-2191.

Otto, S. P., and T. Day. 2011. *A Biologist's Guide to Mathematical Modeling in Ecology and Evolution*. Princeton University Press, Princton, NJ.

Pacala, S. W., C. D. Canham, and J. Silander Jr. 1993. Forest models defined by field measurements: I. The design of a northeastern forest simulator. *Canadian Journal of Forest Research* 23: 1980-1988.

Paine, R. T. 1974. Intertidal community structure. *Oecologia* 15: 93-120.

Palmer, M. W. 1994. Variation in species richness: Towards a unification of hypotheses. *Folia Geobotanica et Phytotaxonomica* 29: 511-530.

Pandolfi, J. M., S. R. Connolly, D. J. Marshall, and A. L. Cohen. 2011. Projecting coral reef futures under global warming and ocean acidification. *Science* 333: 418-422.

Pardini, R., S. M. de Souza, R. Braga-Neto, and J. P. Metzger. 2005. The role of forest structure, fragment size and corridors in maintaining small mammal abundance and diversity in an Atlantic forest landscape. *Biological Conservation* 124: 253-266.

Parent, C. E., and B. J. Crespi. 2006. Sequential colonization and diversification of Galápagos endemic land snail genus *Bulimulus* (Gastropoda, Stylommatophora). *Evolution* 60: 2311-2328.

Park, T. 1954. Experimental studies of interspecies competition II. Temperature, humidity, and competition in two species of *Tribolium*. *Physiological Zoology* 27: 177-238.

Park, T. 1962. Beetles, competition, and populations: An intricate ecological phenomenon is brought into the laboratory and studied as an experimental model. *Science* 138: 1369-1375.

Parmesan, C. 2006. Ecological and evolutionary responses to recent climate change. *Annual Review of Ecology, Evolution, and Systematics* 37: 637-669.

Pärtel, M. 2002. Local plant diversity patterns and evolutionary history at the regional scale. *Ecology* 83: 2361-2366.

Pärtel, M., L. Laanisto, and M. Zobel. 2007. Contrasting plant productivity-diversity relationships across latitude: The role of evolutionary history. *Ecology* 88: 1091-1097.

Pärtel, M., and M. Zobel. 1999. Small-scale plant species richness in calcareous grasslands determined by the species pool, community age and shoot density. *Ecography* 22: 153-159.

Pärtel, M., M. Zobel, K. Zobel, and E. van der Maarel. 1996. The species pool and its relation to species richness: Evidence from Estonian plant communities. *Oikos* 75: 111–117.

Pedruski, M., and S. Arnott. 2011. The effects of habitat connectivity and regional heterogeneity on artificial pond metacommunities. *Oecologia* 166: 221–228.

Pelletier, F., D. Garant, and A. P. Hendry. 2009. Eco-evolutionary dynamics. *Philosophical Transactions of the Royal Society B: Biological Sciences* 364: 1483–1489.

Peters, R. H. 1991. *A Critique for Ecology*. Cambridge University Press, Cambridge.

Petraitis, P. 1998. How can we compare the importance of ecological processes if we never ask, "compared to what?" Pages 183–201 *in* W. J. Resetarits, Jr. and J. Bernardo, editors. *Experimental Ecology: Issues and Perspectives*. Oxford University Press, New York.

Pianka, E. R. 1967. On lizard species diversity: North American flatland deserts. *Ecology* 48: 334–351.

Pickett, S. T. A., S. L. Collins, and J. J. Armesto. 1987. Models, mechanisms and pathways of succession. *Botanical Review* 53: 335–371.

Pickett, S. T. A., J. Kolasa, and C. G. Jones. 2007. *Ecological Understanding: The Nature of Theory and the Theory of Nature*, 2nd ed. Elsevier/Academic Press, Burlington, MA.

Pickett, S. T. A., and P. S. White. 1985. *The Ecology of Natural Disturbance and Patch Dynamics*. Academic Press, San Diego.

Pigot, A. L., and R. S. Etienne. 2015. A new dynamic null model for phylogenetic community structure. *Ecology Letters* 18: 153–163.

Pimentel, D. 1968. Population regulation and genetic feedback: Evolution provides foundation for control of herbivore, parasite, and predator numbers in nature. *Science* 159: 1432–1437.

Pinto-Sánchez, N. R., A. J. Crawford, and J. J. Wiens. 2014. Using historical biogeography to test for community saturation. *Ecology Letters* 17: 1077–1085.

Platt, W. J. 1975. The colonization and formation of equilibrium plant species associations on badger disturbances in a tall-grass prairie. *Ecological Monographs* 45: 285–305.

Popper, K. 1959. *The Logic of Scientific Discovery*. Hutchinson, London.

Prugh, L. R., K. E. Hodges, A. R. Sinclair, and J. S. Brashares. 2008. Effect of habitat area and isolation on fragmented animal populations. *Proceedings of the National Academy of Sciences USA* 105: 20770–20775.

Putnam, R. 1993. *Community Ecology*. Springer, The Netherlands.

Pyron, R. A. 2014. Temperate extinction in squamate reptiles and the roots of latitudinal diversity gradients. *Global Ecology and Biogeography* 23: 1126–1134.

Pyron, R. A., and J. J. Wiens. 2013. Large-scale phylogenetic analyses reveal the causes of high tropical amphibian diversity. *Proceedings of the Royal Society B: Biological Sciences* 280: 20131622.

R Core Team. 2012. *R: A Language and Environment for Statistical Computing*. R Foundation for Statistical Computing, Vienna.

Rabosky, D. L. 2012. Testing the time-for-speciation effect in the assembly of regional biotas. *Methods in Ecology and Evolution* 3: 224–233.

Rabosky, D. L. 2013. Diversity-dependence, ecological speciation, and the role of competition in macroevolution. *Annual Review of Ecology, Evolution, and Systematics* 44: 481–502.

Ralph, C. J. 1985. Habitat association patterns of forest and steppe birds of northern Patagonia, Argentina. *Condor* 87: 471–483.

Recher, H. F. 1969. Bird species diversity and habitat diversity in Australia and North America. *American Naturalist* 103: 75–80.

Rees, M., and M. Westoby. 1997. Game-theoretical evolution of seed mass in multi-species ecological models. *Oikos* 78: 116–126.

Resetarits, W. J. Jr., and J. Bernardo. 1998. *Experimental Ecology: Issues and Perspectives*. Oxford University Press, New York.

Reynolds, H. L., A. Packer, J. D. Bever, and K. Clay. 2003. Grassroots ecology: Plant-microbe-soil interactions as drivers of plant community structure and dynamics. *Ecology* 84: 2281–2291.

Ricklefs, R. E. 1987. Community diversity: Relative roles of local and regional processes. *Science* 235: 167–171.

Ricklefs, R. E., and I. J. Lovette. 1999. The roles of island area per se and habitat diversity in the species-area relationships of four Lesser Antillean faunal groups. *Journal of Animal Ecology* 68: 1142–1160.

Ricklefs, R. E., and G. L. Miller. 1999. *Ecology*, 4th ed. W. H. Freeman, New York.

Ricklefs, R. E., and D. Schluter. 1993a. *Species Diversity in Ecological Communities: Historical and Geographic Perspectives*. University of Chicago Press, Chicago.

Ricklefs, R. E., and D. Schluter. 1993b. Species diversity: Regional and historical influences. Pages 350–363 *in* R. E. Ricklefs and D. Schluter, editors. *Species Diversity in Ecological Communities: Historical and Geographic Perspectives*. University of Chicago Press, Chicago.

Ricklefs, R. E., A. E. Schwarzbach, and S. S. Renner. 2006. Rate of lineage origin explains the diversity anomaly in the world's mangrove vegetation. *American Naturalist* 168: 805–810.

Rodríguez, A., G. Jansson, and H. Andrén. 2007. Composition of an avian guild in spatially structured habitats supports a competition-colonization trade-off. *Proceedings of the Royal Society B: Biological Sciences* 274: 1403–1411.

Rodríguez, M. Á., M. Á. Olalla-Tárraga, and B. A. Hawkins. 2008. Bergmann's rule and the geography of mammal body size in the Western Hemisphere. *Global Ecology and Biogeography* 17: 274–283.

Roff, D. A. 2002. *Life History Evolution*. Sinauer Associates, Sunderland, MA.

Rohde, K. 1992. Latitudinal gradients in species diversity: The search for the primary cause. *Oikos* 65: 514–527.

Rolland, J., F. L. Condamine, F. Jiguet, and H. Morlon. 2014. Faster speciation and reduced extinction in the tropics contribute to the mammalian latitudinal diversity gradient. *PLoS Biology* 12: e1001775.

Root, R. B. 1967. The niche exploitation pattern of the blue-gray gnatcatcher. *Ecological Monographs* 37: 317–350.

Rosenblum, E. B., B. A. Sarver, J. W. Brown, S. Des Roches, K. M. Hardwick, T. D.

Hether, J. M. Eastman, *et al.* 2012. Goldilocks meets Santa Rosalia: An ephemeral speciation model explains patterns of diversification across time scales. *Evolutionary Biology* 39: 255–261.

Rosenzweig, M. L. 1975. On continental steady states of species diversity. Pages 121–140 *in* M. L. Cody and J. M. Diamond, editors. *Ecology and Evolution of Communities*. Belknap Press of Harvard University Press, Cambridge, MA.

Rosenzweig, M. L. 1995. *Species Diversity in Space and Time*. Cambridge University Press, Cambridge.

Rosindell, J., S. J. Cornell, S. P. Hubbell, and R. S. Etienne. 2010. Protracted speciation revitalizes the neutral theory of biodiversity. *Ecology Letters* 13: 716–727.

Rosindell, J., S. P. Hubbell, and R. S. Etienne. 2011. The unified neutral theory of biodiversity and biogeography at age ten. *Trends in Ecology & Evolution* 26: 340–348.

Rosindell, J., S. P. Hubbell, F. He, L. J. Harmon, and R. S. Etienne. 2012. The case for ecological neutral theory. *Trends in Ecology & Evolution* 27: 203–208.

Rosindell, J., and A. B. Phillimore. 2011. A unified model of island biogeography sheds light on the zone of radiation. *Ecology Letters* 14: 552–560.

Roughgarden, J. 2009. Is there a general theory of community ecology? *Biology & Philosophy* 24: 521–529.

Roxburgh, S. H., K. Shea, and J. B. Wilson. 2004. The intermediate disturbance hypothesis: Patch dynamics and mechanisms of species coexistence. *Ecology* 85: 359–371.

Roy, K., J. W. Valentine, D. Jablonski, and S. M. Kidwell. 1996. Scales of climatic variability and time averaging in Pleistocene biotas: Implications for ecology and evolution. *Trends in Ecology & Evolution* 11: 458–463.

Rull, V. 2013. Some problems in the study of the origin of neotropical biodiversity using palaeoecological and molecular phylogenetic evidence. *Systematics and Biodiversity* 11: 415–423.

Rundle, H. D., and P. Nosil. 2005. Ecological speciation. *Ecology Letters* 8: 336–352.

Sagarin, R., and A. Pauchard. 2012. *Observation and Ecology: Broadening the Scope of Science to Understand a Complex World*. Island Press, Washington, DC.

Sattler, T., D. Borcard, R. Arlettaz, F. Bontadina, P. Legendre, M. K. Obrist, and M. Moretti. 2010. Spider, bee, and bird communities in cities are shaped by environmental control and high stochasticity. *Ecology* 91: 3343–3353.

Sax, D. F., and S. D. Gaines. 2003. Species diversity: From global decreases to local increases. *Trends in Ecology & Evolution* 18: 561–566.

Sax, D. F., J. J. Stachowicz, J. H. Brown, J. F. Bruno, M. N. Dawson, S. D. Gaines, R. K. Grosberg, *et al.* 2007. Ecological and evolutionary insights from species invasions. *Trends in Ecology & Evolution* 22: 465–471.

Scheffer, M. 2009. *Critical Transitions in Nature and Society*. Princeton University Press, Princeton, N. J.

Scheffer, M., S. Carpenter, J. A. Foley, C. Folke, and B. Walker. 2001. Catastrophic shifts in ecosystems. *Nature* 413: 591–596.

Scheffer, M., and S. R. Carpenter. 2003. Catastrophic regime shifts in ecosystems: Linking theory to observation. *Trends in Ecology & Evolution* 18: 648–656.

Scheffer, M., and E. H. van Nes. 2006. Self-organized similarity, the evolutionary emergence of groups of similar species. *Proceedings of the National Academy of Sciences USA* 103: 6230–6235.

Scheffer, M., S. Hosper, M. Meijer, B. Moss, and E. Jeppesen. 1993. Alternative equilibria in shallow lakes. *Trends in Ecology & Evolution* 8: 275–279.

Scheiner, S. M., and M. R. Willig. 2011. *The Theory of Ecology*. University of Chicago Press, Chicago.

Schluter, D. 2000. *The Ecology of Adaptive Radiation*. Oxford University Press, Oxford.

Schluter, D., and R. E. Ricklefs. 1993. Convergence and the regional component of species diversity. Pages 230 – 240 *in* R. E. Ricklefs and D. Schluter, editors. *Species Diversity in Ecological Communities: Historical and Geographic Perspectives*. University of Chicago Press, Chicago.

Schoener, T. W. 1974. Resource partitioning in ecological communities. *Science* 185: 27–39.

Schoener, T. W. 1983a. Field experiments on interspecific competition. *American Naturalist* 122: 240–285.

Schoener, T. W. 1983b. Rate of species turnover decreases from lower to higher organisms: A review of the data. *Oikos* 41: 372–377.

Schoener, T. W. 2011. The newest synthesis: Understanding the interplay of evolutionary and ecological dynamics. *Science* 331: 426–429.

Seabloom, E. W., E. T. Borer, K. Gross, A. E. Kendig, C. Lacroix, C. E. Mitchell, E. A. Mordecai, *et al.* 2015. The community ecology of pathogens: Coinfection, coexistence and community composition. *Ecology Letters* 18: 401–415.

Seiferling, I., R. Proulx, and C. Wirth. 2014. Disentangling the environmental-heterogeneity-Species-diversity relationship along a gradient of human footprint. *Ecology* 95: 2084–2095.

Shipley, B. 2002. *Cause and Correlation in Biology: A User's Guide to Path Analysis, Structural Equations and Causal Inference*. Cambridge University Press, Cambridge.

Shipley, B. 2010. *From Plant Traits to Vegetation Structure: Chance and Selection in the Assembly of Ecological Communities*. Cambridge University Press, Cambridge.

Shipley, B., D. Vile, and É. Garnier. 2006. From plant traits to plant communities: A statistical mechanistic approach to biodiversity. *Science* 314: 812–814.

Shmida, A., and M. V. Wilson. 1985. Biological determinants of species diversity. *Journal of Biogeography* 12: 1–20.

Shrader-Frechette, K. S. and D. McCoy. 1993. *Method in Ecology: Strategies for Conservation*. Cambridge University Press, Cambridge.

Shurin, J., and D. S. Srivastava. 2005. New perspectives on local and regional diversity: Beyond saturation. Pages 399–417 *in* M. Holyoak, R. D. Holt, and M. A. Leibold, editors. *Metacommunities*. University of Chicago Press, Chicago.

Shurin, J. B. 2000. Dispersal limitation, invasion resistance, and the structure of pond zooplankton communities. *Ecology* 81: 3074–3086.

Shurin, J. B., E. T. Borer, E. W. Seabloom, K. Anderson, C. A. Blanchette, B. Broitman, S.

D. Cooper, *et al.* 2002. A cross-ecosystem comparison of the strength of trophic cascades. *Ecology Letters* 5: 785–791.

Shurin, J. B., K. Cottenie, and H. Hillebrand. 2009. Spatial autocorrelation and dispersal limitation in freshwater organisms. *Oecologia* 159: 151–159.

Siepielski, A. M., K.-L. Hung, E. E. B. Bein, and M. A. McPeek. 2010. Experimental evidence for neutral community dynamics governing an insect assemblage. *Ecology* 91: 847–857.

Siepielski, A. M., and M. A. McPeek. 2010. On the evidence for species coexistence: A critique of the coexistence program. *Ecology* 91: 3153–3164.

Siepielski, A. M., and M. A. McPeek. 2013. Niche versus neutrality in structuring the beta diversity of damselfly assemblages. *Freshwater Biology* 58: 758–768.

Simberloff, D. 2004. Community ecology: Is it time to move on? *American Naturalist* 163: 787–799.

Simberloff, D., and B. Von Holle. 1999. Positive interactions of nonindigenous species: Invasional meltdown? *Biological Invasions* 1: 21–32.

Simonis, J. L., and J. C. Ellis. 2013. Bathing birds bias β-diversity: Frequent dispersal by gulls homogenizes fauna in a rock-pool metacommunity. *Ecology* 95: 1545–1555.

Sinervo, B., and C. M. Lively. 1996. The rock-paper-scissors game and the evolution of alternative male strategies. *Nature* 380: 240–243.

Slatkin, M. 1974. Competition and regional coexistence. *Ecology* 55: 128–134.

Smol, J. P., and E. F. Stoermer. 2010. *The Diatoms: Applications for the Environmental and Earth Sciences*. Cambridge University Press, Cambridge.

Sober, E. 1991. Models of cultural evolution. Pages 17–38 *in* P. Griffiths, editor. *Trees of Life: Essays in the Philosophy of Biology*. Kluwer, New York.

Sober, E. 2000. *Philosophy of Biology*, 2nd ed. Westview Press, Boulder, CO.

Soininen, J. 2014. A quantitative analysis of species sorting across organisms and ecosystems. *Ecology* 95: 3284–3292.

Soininen, J., R. McDonald, and H. Hillebrand. 2007. The distance decay of similarity in ecological communities. *Ecography* 30: 3–12.

Sommer, B., P. L. Harrison, M. Beger, and J. M. Pandolfi. 2013. Trait-mediated environmental filtering drives assembly at biogeographic transition zones. *Ecology* 95: 1000–1009.

Srivastava, D. S. 1999. Using local-regional richness plots to test for species saturation: Pitfalls and potentials. *Journal of Animal Ecology* 68: 1–16.

Stanley, S. M. 1979. *Macroevolution, Pattern and Process.* Johns Hopkins University Press, Baltimore.

Stauffer, R. C. 1957. Haeckel, Darwin, and ecology. *Quarterly Review of Biology* 32: 138–144.

Staver, A. C., S. Archibald, and S. A. Levin. 2011. The global extent and determinants of savanna and forest as alternative biome states. *Science* 334: 230–232.

Stein, A., K. Gerstner, and H. Kreft. 2014. Environmental heterogeneity as a universal driver of species richness across taxa, biomes and spatial scales. *Ecology Letters* 17: 866–880.

Stephens, P. R., and J. J. Wiens. 2003. Explaining species richness from continents to communities: The time-for-speciation effect in emydid turtles. *American Naturalist* 161: 112–128.

Stevens, H. 2009. *A Primer of Ecology with R*. Springer, New York.

Stockwell, C. A., A. P. Hendry, and M. T. Kinnison. 2003. Contemporary evolution meets conservation biology. *Trends in Ecology & Evolution* 18: 94–101.

Strong, D. R., D. Simberloff, L. G. Abele, and A. B. Thistle. 1984. *Ecological Communities: Conceptual Issues and the Evidence*. Princeton University Press, Princeton, NJ.

Suding, K. N., K. L. Gross, and G. R. Houseman. 2004. Alternative states and positive feedbacks in restoration ecology. *Trends in Ecology & Evolution* 19: 46–53.

Szava-Kovats, R. C., A. Ronk, and M. Pärtel. 2013. Pattern without bias: Local-regional richness relationship revisited. *Ecology* 94: 1986–1992.

Tamme, R., I. Hiiesalu, L. Laanisto, R. Szava-Kovats, and M. Pärtel. 2010. Environmental heterogeneity, species diversity and co-existence at different spatial scales. *Journal of Vegetation Science* 21: 796–801.

Tansley, A. 1917. On competition between *Galium saxatile* L. (*G. hercynicum* Weig.) and *Galium sylvestre* Poll. (*G. asperum* Schreb.) on different types of soil. *Journal of Ecology* 5: 173–179.

Tansley, A. G. 1939. *The British Isles and Their Vegetation.* Cambridge University Press, Cambridge.

Taylor, D. R., L. W. Aarssen, and C. Loehle. 1990. On the relationship between r/K selection and environmental carrying capacity: A new habitat templet for plant life history strategies. *Oikos* 58: 239–250.

Terborgh, J. W., and J. Faaborg. 1980. Saturation of bird communities in the West Indies. *American Naturalist* 116: 178–195.

Tews, J., U. Brose, V. Grimm, K. Tielbörger, M. C. Wichmann, M. Schwager, and F. Jeltsch. 2004. Animal species diversity driven by habitat heterogeneity/diversity: The importance of keystone structures. *Journal of Biogeography* 31: 79–92.

Tilman, D. 1977. Resource competition between plankton algae: An experimental and theoretical approach. *Ecology* 58: 338–348.

Tilman, D. 1981. Tests of resource competition theory using four species of Lake Michigan algae. *Ecology* 62: 802–815.

Tilman, D. 1982. *Resource Competition and Community Structure*. Princeton University Press, Princeton, NJ.

Tilman, D. 1994. Competition and biodiversity in spatially structured habitats. *Ecology* 75: 2–16.

Tilman, D. 1997. Community invasibility, recruitment limitation, and grassland biodiversity. *Ecology* 78: 81–92.

Tilman, D. 2004. Niche tradeoffs, neutrality, and community structure: A stochastic theory of resource competition, invasion, and community assembly. *Proceedings of the National Academy of Sciences USA* 101: 10854–10861.

Tilman, D. 2011. Diversification, biotic interchange, and the universal trade-off hypothesis. *American Naturalist* 178: 355–371.

Tilman, D. and P. M. Kareiva. 1997. *Spatial Ecology: The Role of Space in Population Dynamics and Interspecific Interactions*. Princeton University Press, Princeton, NJ.

Tilman, D., S. S. Kilham, and P. Kilham. 1982. Phytoplankton community ecology: The role of limiting nutrients. *Annual Review of Ecology and Systematics* 13: 349-372.

Tokeshi, M. 1999. *Species Coexistence: Ecological and Evolutionary Perspectives*. Wiley, Oxford.

Tucker, C., and M. Cadotte. 2013. Reinventing the wheel—why do we do it? *The EEB & Flow*. evol-eco. blogspot. ca/2013/01/reinventing-ecological-wheel-why-do-we. html.

Tucker, C. M., and T. Fukami. 2014. Environmental variability counteracts priority effects to facilitate species coexistence: Evidence from nectar microbes. *Proceedings of the Royal Society B: Biological Sciences* 281: 20132637.

Tuomisto, H., and K. Ruokolainen. 2006. Analyzing or explaining beta diversity? Understanding the targets of different methods of analysis. *Ecology* 87: 2697-2708.

Tuomisto, H., K. Ruokolainen, and M. Yli-Halla. 2003. Dispersal, environment, and floristic variation of western Amazonian forests. *Science* 299: 241-244.

Turgeon, J., R. Stoks, R. A. Thum, J. M. Brown, and M. A. McPeek. 2005. Simultaneous Quaternary radiations of three damselfly clades across the Holarctic. *American Naturalist* 165: E78-E107.

Turnbull, L. A., M. J. Crawley, and M. Rees. 2000. Are plant populations seed-limited? A review of seed sowing experiments. *Oikos* 88: 225-238.

Turnbull, L. A., J. M. Levine, M. Loreau, and A. Hector. 2013. Coexistence, niches and biodiversity effects on ecosystem functioning. *Ecology Letters* 16: 116-127.

Turnbull, L. A., M. Rees, and M. J. Crawley. 1999. Seed mass and the competition/colonization trade-off: A sowing experiment. *Journal of Ecology* 87: 899-912.

Urban, M. C., M. A. Leibold, P. Amarasekare, L. De Meester, R. Gomulkiewicz, M. E. Hochberg, C. A. Klausmeier, *et al*. 2008. The evolutionary ecology of meta-communities. *Trends in Ecology & Evolution* 23: 311-317.

USGS. 2013. North American Breeding Bird Survey FTP data set. Version 2013. 0. USGS Patuxent Wildlife Research Center, Laurel, MD.

Vamosi, S., S. Heard, J. Vamosi, and C. Webb. 2009. Emerging patterns in the comparative analysis of phylogenetic community structure. *Molecular Ecology* 18: 572-592.

van der Plas, F., T. Janzen, A. Ordonez, W. Fokkema, J. Reinders, R. S. Etienne, and H. Olff. 2015. A new modeling approach estimates the relative importance of different community assembly processes. *Ecology* 96: 1502-1515.

van der Valk, A. 2011. Origins and development of ecology. Pages 25-48 *in* K. deLaplante, B. Brown, and K. A. Peacock, editors. *Philosophy of Ecology*. Elsevier, Oxford.

van Geest, G. J., F. C. J. M. Roozen, H. Coops, R. M M. Roijackers, A. D. Buijse, E. T. H. M. Peeters, and M. Scheffer. 2003. Vegetation abundance in lowland flood plan lakes determined by surface area, age and connectivity. *Freshwater Biology* 48: 440-454.

van Valen, L., and F. A. Pitelka. 1974. Intellectual censorship in ecology. *Ecology* 55: 925-926.

Vandermeer, J. H. 1969. The competitive structure of communities: An experimental approach with protozoa. *Ecology* 50: 362–371.

Vanschoenwinkel, B., F. Buschke, and L. Brendonck. 2013. Disturbance regime alters the impact of dispersal on alpha and beta diversity in a natural metacommunity. *Ecology* 94: 2547–2557.

Vázquez-Rivera, H., and D. J. Currie. 2015. Contemporaneous climate directly controls broad-scale patterns of woody plant diversity: A test by a natural experiment over 14,000 years. *Global Ecology and Biogeography* 24: 97–106.

Vellend, M. 2004. Parallel effects of land-use history on species diversity and genetic diversity of forest herbs. *Ecology* 85: 3043–3055.

Vellend, M. 2006. The consequences of genetic diversity in competitive communities. *Ecology* 87: 304–311.

Vellend, M. 2010. Conceptual synthesis in community ecology. *Quarterly Review of Biology* 85: 183–206.

Vellend, M., L. Baeten, I. H. Myers-Smith, S. C. Elmendorf, R. Beauséjour, C. D. Brown, P. De Frenne, *et al*. 2013. Global meta-analysis reveals no net change in local-scale plant biodiversity over time. *Proceedings of the National Academy of Sciences USA* 110: 19456–19459.

Vellend, M., W. K. Cornwell, K. Magnuson-Ford, and A. O. Mooers. 2010. Measuring phylogenetic biodiversity. Pages 193–206 *in* A. E. Magurran and B. McGill, editors. *Biological Diversity: Frontiers in Measurement and Assessment*. Oxford University Press, New York.

Vellend, M., and M. A. Geber. 2005. Connections between species diversity and genetic diversity. *Ecology Letters* 8: 767–781.

Vellend, M., and I. Litrico. 2008. Sex and space destabilize intransitive competition within and between species. *Proceedings of the Royal Society B: Biological Sciences* 275: 1857–1864.

Vellend, M., J. A. Myers, S. Gardescu, and P. Marks. 2003. Dispersal of *Trillium* seeds by deer: Implications for long-distance migration of forest herbs. *Ecology* 84: 1067–1072.

Vellend, M., and J. L. Orrock. 2009. Genetic and ecological models of diversity: Lessons across disciplines. Pages 439–461 *in* J. B. Losos and R. E. Ricklefs, editors. *The Theory of Island Biogeography Revisited*. Princeton University Press, Princeton, NJ.

Vellend, M., D. S. Srivastava, K. M. Anderson, C. D. Brown, J. E. Jankowski, E. J. Kleynhans, N. J. B. Kraft, *et al*. 2014. Assessing the relative importance of neutral stochasticity in ecological communities. *Oikos* 123: 1420–1430.

Vellend, M., K. Verheyen, K. M. Flinn, H. Jacquemyn, A. Kolb, H. Van Calster, G. Peterken, B. J., *et al*. 2007. Homogenization of forest plant communities and weakening of species-environment relationships via agricultural land use. *Journal of Ecology* 95: 565–573.

Vellend, M., K. Verheyen, H. Jacquemyn, A. Kolb, H. van Calster, G. Peterken, and M. Hermy. 2006. Extinction debt of forest plants persists for more than a century following habitat fragmentation. *Ecology* 87: 542–548.

Verheyen, K., O. Honnay, G. Motzkin, M. Hermy, and D. R. Foster. 2003. Response of forest plant species to land-use change: A life-history trait-based approach. *Journal of Ecology* 91: 563–577.

Verhoef, H. A., and P. J. Morin. 2010. *Community Ecology: Processes, Models, and Applications*. Oxford University Press, New York.

Vermeij, G. J. 1991. When biotas meet: Understanding biotic interchange. *Science* 253: 1099–1104.

Vermeij, G. J. 2005. Invasion as expectation: A historical fact of life. Pages 315–339 *in* D. F. Sax, J. J. Stachowicz, and S. D. Gaines, editors. *Species Invasions: Insights Into Ecology, Evolution, and Biogeography*. Sinauer Associates, Sunderland, MA.

Violle, C., M. L. Navas, D. Vile, E. Kazakou, C. Fortunel, I. Hummel, and E. Garnier. 2007. Let the concept of trait be functional! *Oikos* 116: 882–892.

Wagner, C. E., L. J. Harmon, and O. Seehausen. 2014. Cichlid species-area relationships are shaped by adaptive radiations that scale with area. *Ecology Letters* 17: 583–592.

Waide, R. B., M. R. Willig, C. F. Steiner, G. Mittelbach, L. Gough, S. I. Dodson, G. P. Juday, *et al*. 1999. The relationship between productivity and species richness. *Annual Review of Ecology and Systematics* 30: 257–300.

Wardle, D. A., O. Zackrisson, G. Hörnberg, and C. Gallet. 1997. The influence of island area on ecosystem properties. *Science* 277: 1296–1299.

Warren, P. H. 1996. Dispersal and destruction in a multiple habitat system: An experimental approach using protist communities. *Oikos* 77: 317–325.

Warton, D. I., S. D. Foster, G. De'ath, J. Stoklosa, and P. K. Dunstan. 2015. Model-based thinking for community ecology. *Plant Ecology* 216: 669–682.

Webb, C. O., D. D. Ackerly, M. A. McPeek, and M. J. Donoghue. 2002. Phylogenies and community ecology. *Annual Review of Ecology and Systematics* 33: 475–505.

Weiher, E. 2010. A primer of trait and functional diversity. Pages 175–193 *in* A. E. Magurran and B. J. McGill, editors. *Biological Diversity: Frontiers in Measurement and Assessment*. Oxford University Press, New York.

Weiher, E., D. Freund, T. Bunton, A. Stefanski, T. Lee, and S. Bentivenga. 2011. Advances, challenges and a developing synthesis of ecological community assembly theory. *Philosophical Transactions of the Royal Society B: Biological Sciences* 366: 2403–2413.

Weiher, E., and P. A. Keddy. 1995. Assembly rules, null models, and trait dispersion: New questions from old patterns. *Oikos* 74: 159–164.

Weiher, E., and P. A. Keddy. 2001. *Ecological Assembly Rules: Perspectives, Advances, Retreats*. Cambridge University Press, Cambridge.

Weir, J. T., and D. Schluter. 2007. The latitudinal gradient in recent speciation and extinction rates of birds and mammals. *Science* 315: 1574–1576.

Werner, E. E. 1998. Ecological experiments and a research program in community ecology. Pages 3–26 *in* W. J. Resetarits, Jr. and J. Bernardo, editors. *Experimental Ecology: Issues and Perspectives*. Oxford University Press, New York.

White, E. P., and A. H. Hurlbert. 2010. The combined influence of the local environment and regional enrichment on bird species richness. *American Naturalist* 175: E35–E43.

Whittaker, R. H. 1956. Vegetation of the Great Smoky Mountains. *Ecological Monographs* 26: 1–

80.

Whittaker, R. H. 1960. Vegetation of the Siskiyou Mountains, Oregon and California. *Ecological Monographs* 30: 279–338.

Whittaker, R. H. 1975. *Communities and Ecosystems*. Macmillan, New York.

Whittaker, R. J., and J. M. Fernandez-Palacios. 2007. *Island Biogeography: Ecology, Evolution, and Conservation*. Oxford University Press, Oxford.

Wiens, J. J. 2011. The causes of species richness patterns across space, time, and clades and the role of "ecological limits." *Quarterly Review of Biology* 86: 75–96.

Wiens, J. J., and M. J. Donoghue. 2004. Historical biogeography, ecology and species richness. *Trends in Ecology & Evolution* 19: 639–644.

Wiens, J. J., G. Parra-Olea, M. García-París, and D. B. Wake. 2007. Phylogenetic history underlies elevational biodiversity patterns in tropical salamanders. *Proceedings of the Royal Society B: Biological Sciences* 274: 919–928.

Wiens, J. J., R. A. Pyron, and D. S. Moen. 2011. Phylogenetic origins of local-scale diversity patterns and the causes of Amazonian megadiversity. *Ecology Letters* 14: 643–652.

Williams, J. W, and S. T. Jackson. 2007. Novel climates, no-analog communities, and ecological surprises. *Frontiers in Ecology and the Environment* 5: 475–482.

Williamson, M. 1988. Relationship of species number to area, distance and other variables. Pages 91–115 *in* A. A. Myers and P. S. Giller, editors. *Analytical Biogeography: An Integrated Approach to the Study of Animal and Plant Distributions*. Chapman & Hall, London.

Wilson, E. O. 2013. *Letters to a Young Scientist*. Liveright, New York.

Wilson, J. B., and A. D. Q. Agnew. 1992. Positive-feedback switches in plant communities. *Advances in Ecological Research* 23: 263–336.

Wolkovich, E. M., B. I. Cook, J. M. Allen, T. M. Crimmins, J. L. Betancourt, S. E. Travers, S. Pau, *et al*. 2012. Warming experiments underpredict plant phenological responses to climate change. *Nature* 485: 494–497.

Worster, D. 1994. *Nature's Economy: A History of Ecological Ideas*. Cambridge University Press, Cambridge.

Wright, D. H. 1983. Species-energy theory: An extension of species-area theory. *Oikos* 41: 496–506.

Wright, I. J., P. B. Reich, M. Westoby, D. D. Ackerly, Z. Baruch, F. Bongers, *et al*. 2004. The worldwide leaf economics spectrum. *Nature* 428: 821–827.

Wright, S. 1940. Breeding structure of populations in relation to speciation. *American* Naturalist 74: 232–248.

Wright, S. 1964. Biology and the philosophy of science. *Monist* 48: 265–290.

Wright, S. D., R. D. Gray, and R. C. Gardner. 2003. Energy and the rate of evolution: Inferences from plant rDNA substitution rates in the western Pacific. *Evolution* 57: 2893–2898.

Wright, S. J., K. Kitajima, N. J. B. Kraft, P. B. Reich, I. J. Wright, D. E. Bunker, R. Condit, *et al*. 2010. Functional traits and the growth-mortality trade-off in tropical trees. *Ecology* 91: 3664–3674.

Yawata, Y., O. X. Cordero, F. Menolascina, J.-H. Hehemann, M. F. Polz, and R. Stocker. 2014. Competition-dispersal tradeoff ecologically differentiates recently speciated marine bacterioplankton populations. *Proceedings of the National Academy of Sciences USA* 111: 5622-5627.

Yeaton, R., and W. Bond. 1991. Competition between two shrub species: Dispersal differences and fire promote coexistence. *American Naturalist* 138: 328-341.

Yi, X., and A. M. Dean. 2013. Bounded population sizes, fluctuating selection and the tempo and mode of coexistence. *Proceedings of the National Academy of Sciences USA* 110: 16945-16950.

Yodzis, P. 1988. The indeterminacy of ecological interactions as perceived through perturbation experiments. *Ecology* 69: 508-515.

Yu, D. W., and H. B. Wilson. 2001. The competition-colonization trade-off is dead; long live the competition-colonization trade-off. *American Naturalist* 158: 49-63.

Zobel, M. 1997. The relative of species pools in determining plant species richness: An alternative explanation of species coexistence? *Trends in Ecology & Evolution* 12: 266-269.

译后记

我第一次接触到 Mark Vellend 教授关于生态群落理论的概念框架是在 2010 年。当时，我在加拿大阿尔伯塔大学读生态学专业的博士研究生，正在被解释物种共存和生物多样性维持的众多理论和假说所困惑，也正在为如何把这些错综复杂的理论知识整合到我的研究论文写作中去而犯难。记得 2010 年的一天中午，我跟当时就职于阿尔伯塔大学的胡新生博士一块儿吃饭聊天，他跟我提起 Vellend 教授在 *Quarterly Review of Biology* 发表的一篇文章，里面提到群落生态学的四个核心过程，即本书中提到的选择、生态漂变、扩散与成种。胡老师说，如果在论文写作过程中，能够从这几个过程思考和入手，写出的东西一定不会差。随后，我试着去读这篇论文，并尝试理解这四个过程的重要性，但一直懵懵懂懂。

在接下来的几年时间内，我多次在几位国内外著名生态学家（Stephen Hubbell，张大勇等）的报告和文章中看到讨论或推荐 Vellend 教授的这一理论框架。2016 年，我看到 Vellend 教授的这本《生态群落理论》由普林斯顿大学出版社出版，毫不犹豫地买了一本来学习。这本书对我来说，真有一种相见恨晚的感觉。正如 Vellend 教授在第一章所说："这是我在研究生学习期间想要读的书。"（It is the book I would have liked to read during grad school.）2018 年春季，我在华东师范大学开设了一门研究生课程"群落生态学与宏生态学研究进展"，毫不犹豫地把这本书推荐给上课的研究生。这本书顺其自然成为该课程的核心参考书，我和学生一起花了整整一个学期的时间来精读它。尽管系统地读一本英文的生态学专著，对几乎所有这些中国学生都是第一次，但我能感受到他们对这本书的厚爱，也觉察到他们从中收获满满。因此，我们觉得有必要把这本书推荐给更多初涉生态学领域的研究生和年轻教师，也就有了这本呈现在你面前的中文版《生态群落理论》。

本书的翻译得益于 2018 年与我一起享受阅读和翻译这本书的所有同学，包括没有出现在翻译人员名单中的四位同学：孔嘉鑫，张凤麟，孟陈和余秀丽。谢谢你们的不懈努力！同时，我也感谢何芳良教授，胡新生教授，郝占庆教授，Jens-Christian Svenning 教授和 Scott Nielsen 教授等带我进入群落生态学和宏生态学的世界！感谢 Mark Vellend 教授在本书翻译过程中给予的诸多支持和鼓励！感谢诸多同事和朋友（储诚进，徐驰，何东，刘金亮，倪明，吴颖彤，牛克昌，沈国春，斯幸峰等）对翻译稿修改提出了很多中肯的建议！感谢赵云鹏教授以及王浥尘、陈项境和邓千一 3 位同学为本书提供插图！

本书的出版获得华东师范大学生态学学科建设经费和华东师范大学紫江优秀青年学者项目的支持，出版过程中也得到华东师范大学生态与环境科学学院陈小勇院长、高等教育出版社殷鸽编辑给予的诸多支持和帮助，对此我们表示衷心的感谢！

由于译者水平有限，翻译过程中难免有疏漏之处，敬请各位读者批评指正。

华东师范大学生态与环境科学学院

张健

2019 年 1 月于樱桃河畔

索　引

普林斯顿大学“种群生物学专论”系列书目

普林斯顿大学的“种群生物学专论”是一套旨在涵盖植物和动物生态学中重要发展方向的系列丛书，目前由资深生态学家、美国科学院院士 Simon A. Levin 教授和资深种群生物学家 Henry S. Horn 教授作为丛书的主编。该丛书以强调系统综合、新颖性与原创性为特色，涵盖了理论和实验研究中的诸多研究方向。该丛书的第一本是 Robert MacArthur 和 Edward Wilson 的《岛屿生物地理学理论》这一经典著作。从 1967 年至今，该丛书已经出版了60 余本，对生态学和进化生物学的发展起到了非常重要的影响。现将目前已经出版或正在出版的著作按时间倒序罗列于此，以供读者参考。

2019 年

（62）《鱼类生态、进化与利用：一种新的理论综合》

Fish Ecology, Evolution, and Exploitation: A New Theoretical Synthesis

作者：Andersen，K.

（61）《生态学的时间维度：一个理论框架》

Time in Ecology: A Theoretical Framework

作者：Post，E.

2018 年

（60）《全球生物多样性理论》

A Theory of Global Biodiversity

作者：Worm，B. and Tittensor，D.

（59）《集合群落生态学》

Metacommunity Ecology

作者：Leibold，M. and Chase，J.

2017 年

（58）《进化群落生态学》

Evolutionary Community Ecology

作者：McPeek，M.

2016 年

(57)《生态群落理论》

The Theory of Ecological Communities

作者：Vellend，M.

(56)《植物化学景观：联结营养级相互作用与养分动态》

The Phytochemical Landscape: Linking Trophic Interactions and Nutrient Dynamics

作者：Hunter，M. D.

(55)《数量病毒生态学：病毒及其微生物宿主的动态》

Quantitative Viral Ecology: Dynamics of Viruses and Their Microbial Hosts

作者：Weitz，J.

2015 年

(54)《结核病种群生物学》

The Population Biology of Tuberculosis

作者：Dye，C.

2014 年

(53)《互惠网络》

Mutualistic Networks

作者：Bascompte，J. and Jordano，P.

2013 年

(52)《气候变化生态学：生物间相互作用的重要性》

Ecology of Climate Change: The Importance of Biotic Interactions

作者：Post，E.

(51)《个体发育中的种群和群落生态学》

Population and Community Ecology of Ontogenetic Development

作者：de Roos，A. M. and Persson，L.

2012 年

(50)《食物网》

Food Webs

作者：McCann，K. S.

(49)《生态位和物种的地理分布》

Ecological Niches and Geographic Distributions

作者：Peterson，A. T.，Soberón，J.，Pearson，R. G.，Anderson，R. P.，Martínez-Meyer，E.，Nakamura M. and Araíjo M. B.

2011 年

（48）《适应性分化》

Adaptive Diversification

作者：Doebeli，M.

2010 年

（47）《破解生态系统的复杂性》

Resolving Ecosystem Complexity

作者：Schmitz，O. J.

（46）《从种群到生态系统：一种新的生态综合的理论基础》

From Populations to Ecosystems：Theoretical Foundations for a New Ecological Synthesis

作者：Loreau，M.

（45）《性分配》

Sex Allocation

作者：West，S.

（44）《尺度、异质性与生态群落的结构和多样性》

Scale，Heterogeneity，and the Structure and Diversity of Ecological Communities

作者：Ritchie，M. E.

2006 年

（43）《机理性的家域分析》

Mechanistic Home Range Analysis

作者：Moorcroft，P. R. and Lewis，M. A.

（42）《复杂生态系统的自组织》

Self-Organization in Complex Ecosystems

作者：Solé，R. V. and Bascompte，J.

2004 年

（41）《适合度景观与物种起源》

Fitness Landscapes and the Origin of Species

作者：Gavrilets，S.

（40）《亚种群的遗传结构与选择》

Genetic Structure and Selection in Subdivided Populations

作者：Rousset，F.

(39)《意大利的血缘、近亲繁殖与遗传漂变》

Consanguinity，Inbreeding，and Genetic Drift in Italy

作者：Cavalli-Sforza，L. L.，Moroni，A. and Zei，G

2003 年

(38)《地理遗传学》

Geographical Genetics

作者：Epperson，B. K.

(37)《生态位构建：进化中被忽视的过程》

Niche Construction：The Neglected Process in Evolution

作者：Odling-Smee，F. J.，Laland，K. N. and Feldman，M. W.

(36)《消费者-资源动态》

Consumer-Resource Dynamics

作者：Murdoch，W. W.，Briggs，C. J. and Nisbet，R. M.

(35)《复杂的种群动态：一个理论或实证的综合》

Complex Population Dynamics：A Theoretical/Empirical Synthesis

作者：Turchin，P.

2002 年

(34)《群落与生态系统：联结它们的地上和地下组分》

Communities and Ecosystems：Linking the Aboveground and Belowground Components

作者：Wardle，D.

(33)《生物多样性的功能结果：实证研究的进展与理论扩展》

The Functional Consequences of Biodiversity：Empirical Progress and Theoretical Extensions

作者：Kinzig，A. P.，Pacala，S. J. and Tilman，D.

2001 年

(32)《生物多样性和生物地理学的统一中性理论》

The Unified Neutral Theory of Biodiversity and Biogeography

作者：Hubbell，S. P.

(31)《模拟种群的稳定性》

Stability in Model Populations

作者：Mueller，L. D. and Joshi，A.

1998 年

（30）《空间生态学：空间在种群动态和种间相互作用中的重要性》

Spatial Ecology：The Role of Space in Population Dynamics and Interspecific Interactions

作者：Tilman，D. and Kareiva，P.

1997 年

（29）《三个营养级间的进化生态学：植物、寄生昆虫和自然天敌》

Evolutionary Ecology across Three Trophic Levels：Goldenrods，Gallmakers，and Natural Enemies

作者：Abrahamson，W. G. and Weis，A. E.

（28）《生态学的推断：模型与数据》

The Ecological Detective：Confronting Models with Data

作者：Hilborn，R. and Mangel，M.

1989 年

（27）《种群管理：鱼类、森林和动物资源的种群统计学模型》

Population Harvesting：Demographic Models of Fish，Forest，and Animal Resources

作者：Getz，W. M. and Haight，R. G.

1988 年

（26）《植物策略与植物群落的动态和结构》

Plant Strategies and the Dynamics and Structure of Plant Communities

作者：Tilman，D.

（25）《基于个体的种群生态学》

Population Ecology of Individuals

作者：Lomnicki，A.

（24）《合作繁殖鸟类的种群生态学——以橡树啄木鸟为例》

Population Ecology of the Cooperatively Breeding Acorn Woodpecker

作者：Koenig，W. D. and Mumme，R. L.

1987 年

（23）《生态系统的等级概念》

A Hierarchical Concept of Ecosystems

作者：O' Neill，R. V.，DeAngelis，D. L.，Waide，J. B. and Allen，T. F. H.

1986 年

(22)《性比率进化的理论研究》

Theoretical Studies on Sex Ratio Evolution

作者：Karlin，S. and Lessard，S.

(21)《荒野中的自然选择》

Natural Selection in the Wild

作者：Endler，J. A.

1985 年

(20)《合作繁殖鸟类的种群统计学——以佛罗里达松鸦为例》

The Florida Scrub Jay：Demography of a Cooperative-Breeding Bird

作者：Woolfenden，G. E. and Fitzpatrick，J. W.

1984 年

(19)《植物的配偶选择：策略、机制与后果》

Mate Choice in Plants：Tactics，Mechanisms，and Consequences

作者：Willson，M. F. and Burley，N.

1983 年

(18)《性分配理论》

The Theory of Sex Allocation

作者：Charnov，E. L.

1982 年

(17)《资源竞争与群落结构》

Resource Competition and Community Structure

作者：Tilman，D.

1981 年

(16)《文化传承与进化：一种定量分析方法》

Cultural Transmission and Evolution：A Quantitative Approach

作者：Cavalli-Sforza，L. L. and Feldman，M. W.

1980 年

(15)《寄生虫进化生物学》

Evolutionary Biology of Parasites

作者：Price，P. W.

(14)《沼泽筑巢黑鸟的适应性》

Some Adaptations of Marsh-Nesting Blackbirds

作者：Orians，G. H.

1979 年

(13)《节肢动物捕食-被捕食系统的动态》

The Dynamics of Arthopod Predator-Prey Systems

作者：Hassell，M. P.

(12)《社会性昆虫的等级与生态学》

Caste and Ecology in the Social Insects

作者：Oster，G. F. and Wilson，E. O.

1978 年

(11)《食物网与生态位空间》

Food Webs and Niche Space

作者：Cohen，J.

(10)《地理变异、成种与渐变群》

Geographic Variation，Speciation and Clines

作者：Endler，J. A.

1975 年

(9)《捕食-被捕食群落的集团选择》

Group Selection in Predator-Prey Communities

作者：Gilpin，M. E.

(8)《性与进化》

Sex and Evolution

作者：Williams，G. C.

1974 年

(7)《鸟类群落的竞争与结构》

Competition and the Structure of Bird Communities

作者：Cody，M. L.

1972 年

(6)《生态系统模型的稳定性和复杂性》

Stability and Complexity in Model Ecosystems

作者：May，R. M.

(5)《季节性环境下的种群》

Populations in a Seasonal Environment

作者：Fretwell，S. D.

(4)《种群遗传学的理论问题》

Theoretical Aspects of Population Genetics

作者：Kimura，M. and Ohta，T.

1971 年

(3)《树木的适应性构型》

Adaptive Geometry of Trees

作者：Horn，H. S.

1968 年

(2)《变化环境中的进化：一些理论探索》

Evolution in Changing Environments: Some Theoretical Explorations

作者：Levins，R.

1967 年

(1)《岛屿生物地理学理论》

The Theory of Island Biogeography

作者：MacArthur，R. H. and Wilson，E. O.